Thomas Gersthagen

Künstliche ditopische Rezeptormoleküle zur Erkennung von RGD-Schleifen

Thomas Gersthagen

Künstliche ditopische Rezeptormoleküle zur Erkennung von RGD-Schleifen

Synthese, Modelling und Untersuchung

Südwestdeutscher Verlag für Hochschulschriften

Impressum/Imprint (nur für Deutschland/only for Germany)
Bibliografische Information der Deutschen Nationalbibliothek: Die Deutsche Nationalbibliothek verzeichnet diese Publikation in der Deutschen Nationalbibliografie; detaillierte bibliografische Daten sind im Internet über http://dnb.d-nb.de abrufbar.
Alle in diesem Buch genannten Marken und Produktnamen unterliegen warenzeichen-, marken- oder patentrechtlichem Schutz bzw. sind Warenzeichen oder eingetragene Warenzeichen der jeweiligen Inhaber. Die Wiedergabe von Marken, Produktnamen, Gebrauchsnamen, Handelsnamen, Warenbezeichnungen u.s.w. in diesem Werk berechtigt auch ohne besondere Kennzeichnung nicht zu der Annahme, dass solche Namen im Sinne der Warenzeichen- und Markenschutzgesetzgebung als frei zu betrachten wären und daher von jedermann benutzt werden dürften.

Verlag: Südwestdeutscher Verlag für Hochschulschriften GmbH & Co. KG
Heinrich-Böcking-Str. 6-8, 66121 Saarbrücken, Deutschland
Telefon +49 681 37 20 271-1, Telefax +49 681 37 20 271-0
Email: info@svh-verlag.de

Zugl.: Essen, Universität Duisburg-Essen, Diss., 2011

Herstellung in Deutschland:
Schaltungsdienst Lange o.H.G., Berlin
Books on Demand GmbH, Norderstedt
Reha GmbH, Saarbrücken
Amazon Distribution GmbH, Leipzig
ISBN: 978-3-8381-1352-4

Imprint (only for USA, GB)
Bibliographic information published by the Deutsche Nationalbibliothek: The Deutsche Nationalbibliothek lists this publication in the Deutsche Nationalbibliografie; detailed bibliographic data are available in the Internet at http://dnb.d-nb.de.
Any brand names and product names mentioned in this book are subject to trademark, brand or patent protection and are trademarks or registered trademarks of their respective holders. The use of brand names, product names, common names, trade names, product descriptions etc. even without a particular marking in this works is in no way to be construed to mean that such names may be regarded as unrestricted in respect of trademark and brand protection legislation and could thus be used by anyone.

Publisher: Südwestdeutscher Verlag für Hochschulschriften GmbH & Co. KG
Heinrich-Böcking-Str. 6-8, 66121 Saarbrücken, Germany
Phone +49 681 37 20 271-1, Fax +49 681 37 20 271-0
Email: info@svh-verlag.de

Printed in the U.S.A.
Printed in the U.K. by (see last page)
ISBN: 978-3-8381-1352-4

Copyright © 2011 by the author and Südwestdeutscher Verlag für Hochschulschriften GmbH & Co. KG and licensors
All rights reserved. Saarbrücken 2011

Inhaltsverzeichnis

1. Einleitung 1

   1.1 Integrine 1

      1.1.1 Struktur und Funktion der Integrine 1

      1.1.2 Integrinliganden und die RGD-Sequenz 5

   1.2 Therapeutika 9

      1.2.2 RGD-Cyclopeptide als Integrin-Antagonisten 11

   1.3 Molekulare Erkennung 14

      1.3.1 Rezeptoren für Carboxylat-Anionen 14

      1.3.2 Von Arginin- zu RGD-Rezeptoren 17

      1.3.3 Molekulare Pinzetten zur Argininerkennung 21

2. Aufgabenstellung 23

3. Durchführung und Ergebnisse 27

   3.1. Synthese des Gründgerüstes der molekularen Pinzette 27

      3.1.1 Synthese der zentralen Benzolspacereinheit 27

      3.1.2 Synthese der Dien-Seitenwand 28

      3.1.3 Synthese der Diacetoxy- und Dihydroxypinzette 29

   3.2 Synthese der Bisphosphatpinzette 30

      3.2.1 Bindungsstudien mit der Bisphosphatpinzette 31

   3.3 Synthese und Eigenschaften der Monophosphatpinzette 36

      3.3.1 Bindungsstudien mit Arginin und Lysin 39

      3.3.3 Bindungsstudien mit RGD-haltigen Substraten 42

   3.4 Ditopische RGD-Rezeptormoleküle 44

      3.4.1 Molecular Modelling von ditopischen RGD-Rezeptormolekülen mit Esterbindung 45

3.4.2 Versuche zur Synthese von ditopischen RGD-Rezeptormolekülen mit Esterbindung 48

3.4.3 Molecular Modelling von ditopischen RGD-Rezeptormolekülen mit Etherbindung 53

3.4.4 Synthese von ditopischen RGD-Rezeptormolekülen mit Etherbindung 56

3.4.5 Eigenschaften und Selbstassoziationsverhalten der RGD-Rezeptormoleküle 69

3.4.6 Bindungsstudien mit den RGD-Rezeptormolekülen 76

3.5 Versuche zur Synthese der Diphosphonatpinzette 85

3.5.1 Diphosphonatsynthesen mit Phenol als Modellverbindung 85

3.5.2 Versuche zur Diphosphonatsynthese mit der Pinzette 87

3.5 Versuche zur Methylierung und Deuterierung der Pinzette 91

3.5.1 Methylierungsversuche 91

3.5.2 Deuterierungsversuche 92

4. Zusammenfassung und Ausblick 95

4.1 Zusammenfassung 95

4.2 Ausblick 98

5. Experimenteller Teil 102

5.1 Synthesen 106

5.1.1 Synthese der Pinzette 106

5.1.2 Synthese des Guanidiniocarbonylpyrrols 128

5.1.3 Synthese der Monophosphatpinzette 141

5.1.4 Linkersynthesen 149

5.1.5 Rezeptormolekülsynthesen 168

5.1.6 Anknüpfung der Linker an das Guanidiniocarbonylpyrrol 260

5.17 Synthese der RGD-Cyclopeptide 271

5.18 Synthese der linearen Peptide 278

5.1.9 Diphosphonatsynthesen 285

5.1.10 Methylierungsversuche 295

5.1.11 Deuterierungsversuche 299

5.2 Bindungsexperimente 301

5.2.1 ^{1}H-NMR-Titrationen mit konstanter Substratkonzentration 302

5.2.2 ^{1}H-NMR-Verdünnungstitrationen 303

5.2.3 ^{1}H-NMR-Verdünnungsexperimente zur Bestimmung der Eigenassoziation 304

5.2.4 Aufnahme von ^{1}H-NMR 1:1 und 2:1 Komplexen 306

5.2.5 Fluoreszenztitrationen 306

5.2.6 Molecular Modelling 307

6. Literaturverzeichnis 308

Abkürzungsverzeichnis

abs.	absolut
Ac	Acetyl
AcOH	Essigsäure
Ala (A)	Alanin
Arg (R)	Arginin
Asp (D)	Aspartat
Asn	Asparaginsäure
Äq.	Äquivalent
Boc	*tert*-Butyloxycarbonyl
BuLi	Butyllithium
Cbz	Carbobenzoxy
CH	Cyclohexan
COSY	*Correlated Spectroscopy*
DCM	Dichlormethan
DDQ	2,3-Dichloro-5,6-dicyanobenzochinon
DEPT	*Distortionless Enhancement by Polarization Transfer*
dest.	Destilliert
d.h.	das heißt
DMF	Dimethylformamid
DMSO	Dimethylsulfoxid
ECM	Extrazelluläre Matrix

Abkürzungsverzeichnis

EE	Essigester
f	D-Phenylalanin
Fmoc	Fluorenylmethoxycarbonyl
ges.	gesättigt
h	Stunde(n)
Gly (G)	Glycin
HCTU	5-Chloro-1-[bis(dimethylamino)methylen]-1H-benzotriazolium-3-oxid-hexa-fluorphosphat
HI-Virus	Humanes-Immundefizienz Virus
HMQC	*Heteronuclear Multiple Quantum Coherence*
HMBS	*Heteronuclear Multiple Bond Correlation*
HOBt	1-Hydroxybenzotrizol
HRMS	*High Resolution Mass Spectrometry*
Ile	Isoleucin
IR	Infrarot
kat.	katalytisch
Leu (L)	Leucin
LDV	Leucin-Aspartat-Valin
Lsg.	Lösung
MeOH	Methanol
MIDAS	*Metal Ion-dependent Adhesion Site*
NEt$_3$	Triethylamin
NMP	N-Methylpyrrolidon

Abkürzungsverzeichnis

NMR	*Nuclear magnetic resonance*
NOESY	*Nuclear Overhauser Effect Spectroscopy*
org.	organische
p	para
p.a.	per analysis
Pbf	2,2,5,7,8-Pentamethyl-dihydrobenzofuran-5-sulfonyl
Phe	Phenylalanin
PM3	*Parameterized Method 3*
Pr	Propyl
Pro (P)	Prolin
PyBOP	Benzotriazole-1-yl-oxy-tris-pyrrolidino-phosphoniumhexafluorophosphat
RP	*Reversed Phase*
rpm	*rounds per minute*
RNA	Ribonucleinsäure
RT	Raumtemperatur
R_t	Retentionszeit
SC	Säulenchromatographie
Ser (S)	Serin
Tab.	Tabelle
TAR	Transaktivierungsantwort
Tat	Transaktivator der Transkription
TBTU	O-(Benzotriazol-1-yl)-N,N,N',N'-tetramethyluronium-hexafluorborat

Abkürzungsverzeichnis

TFA	Trifluoressigsäure
Tf$_2$O	Triflatanhydrid
THF	Tetrahydrofuran
Thr (T)	Threonin
TMSBr	Trimethylbromsilan
TMSI	Trimethyliodsilan
TsCl	Tosylchlorid
Tyr	Tyrosin
T3P	Propanphosphonsäureanhydrid
UV	Ultraviolett
Val (V)	Valin
VIS	*visible*

1. Einleitung

1.1 Integrine

1.1.1 Struktur und Funktion der Integrine

Die extrazelluläre Matrix (ECM) bildet zusammen mit einer Ansammlung von gleichartig differenzierten Zellen das tierische Gewebe, wobei mehrere unterschiedliche Gewebe wiederum für die Bildung eines Organs verantwortlich sind. Für vielzellige Organismen wie dem Menschen, sind deshalb ein stabiler Verbund ihrer Zellen und der Kontakt mit dem sie umgebenden interzellulären Zwischenraum, der ECM, essentiell. Die ECM besteht aus verschiedenen Makromolekülen, hauptsächlich Glykoproteinen, Proteinen und Polysacchariden.[1] Zell-Zell und Zell-Matrix Kontakte werden durch Proteine der Zelloberfläche vermittelt, den sogenannten Zelladhäsionsrezeptoren. Diese sind in vier verschiedene Klassen einteilbar, die größte und vielseitigste Klasse ist die der Integrine. Sie bilden eine große Familie aus Zelloberflächenrezeptoren, die auf der Plasmamembran lokalisiert sind. Integrine dienen als Bindungsstellen für extrazelluläre Matrixproteine und vermitteln adhäsive Zellkontakte und erfüllen damit zwei Hauptaufgaben, die Bindung der Zelle an die ECM und die Signalübertragung von der ECM in das Innere der Zelle. Sie vermitteln so die Organisation von Zellen in Organen und Geweben und sind verantwortlich für Zelldifferenzierung, Zellproliferation, Zellmigration und Zellinvasion. Als Zelloberflächenrezeptoren haben sie Einfluss auf das Wachstum von Tumorzellen, Apoptose, Wundheilung, Knochenbau, Blutgerinnung und Entzündungsprozessen.[2-4] Die Bindung an intrazelluläre Adhäsionsmoleküle von Nachbarzellen führt zu einer Vernetzung bzw. einer Anhäufung von Integrinen. Dieses *Clustering* von Integrinen führt wiederum zur Fokaladhäsion, wo Integrine mit Hilfe von Adapterproteinen wie Talin, Aktinin oder Vinculin mit dem intrazellulären Cytoskelett und Aktinfilamenten verbunden werden (Abb.1.1). Durch dieses komplexe Netzwerk der Fokaladhäsion wird die ECM mit dem Aktincytoskelett verlinkt. Diese Proteinansammlung spielt eine entscheidende Rolle in der Modulierung der Zelladhäsion und der Veränderung der Zellform.[5-7]

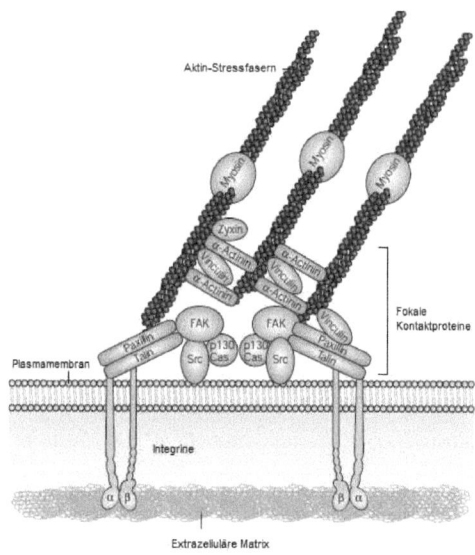

Abb. 1.1: Schema zur Bindung der ECM an das Aktincytoskelett (Abbildung entnommen aus *Lockusch et al.*, 1995).[8]

Integrine verbinden intra- und extrazelluläre Umgebung durch eine bidirektionale Signalgebung. Bei dem sogenannten *outside-in signaling* aktiviert die Ligandenbindung intrazelluläre Signalwege. *Inside-out signaling* führt zu extrazellulären Veränderungen wie z.B. der Vorbereitung der extrazellulären Domäne der Integrine zur Ligandenbindung, das von der cytoplasmatischen Domäne des Integrins empfangene intrazelluläre Signal wird dabei von anderen Rezeptoren ausgelöst (Abb.1.2).[9, 10] *Inside-out*-Signale führen in den meisten Fällen zur Konformationsänderung des Integrins und somit zu einer Aktivierung von individuellen Integrinen gegenüber ECM-Liganden und ermöglichen so eine hochaffine Bindung. Durch die Konformationsänderung ist die „Bindungstasche", welche von den ineinandergreifenden α- und β-Ketten des Rezeptors gebildet werden, besser für die makromolekularen Liganden zugänglich.[11] Durch diese Aktivierung und anschließendes Integrin-Clustering sind die Integrine nun in der Lage eine Vielzahl von intrazellulären Veränderungen zu übermitteln.[12]

Einleitung 3

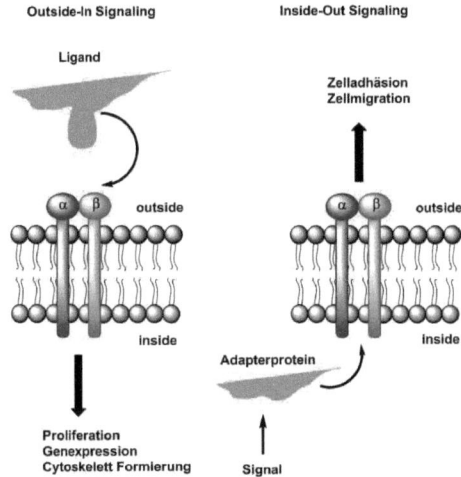

Abb. 1.2: Schema zur Bidirektionalen Signalgebung der Integrine.

Alle Integrine sind als Typ I Transmembranproteine hetereodimere Glykoproteine, die aus zwei nicht-kovalent miteinander verknüpften Untereinheiten, der α- und der ß-Untereinheit, bestehen (Abb.1.3). Jede Untereinheit besteht aus einer großen extrazellulären Domäne, einer Transmembranhelix und einer kleinen intrazellulären Domäne.[13, 14] Die extrazelluläre Domäne ist für die Ligandenbindung zuständig, wobei neben Proteinen aus der extrazellulären Matrix auch andere integrale Plasmamembranrezeptoren gebunden werden. Die Interaktionen finden abhängig von zweiwertigen Metallkationen, wie z.b. Mn^{2+}, statt.[15] Die intrazelluläre Domäne interagiert mit Komponenten aus dem Cytoplasma und dient zur Signalweiterleitung. Die α-Untereinheit hat eine Größe von 120-180 kDa und besitzt am extrazellulären NH_2-Terminus sieben sich wiederholende homologe Domänen, eine Bindungsseite für divalente Metallionen befindet sich im Zentralen Teil der α-Untereinheit. Die ß-Untereinheit besitzt eine Größe von 95-117 kDa, wobei jede ß-Untereinheit eine Bindungsseite für divalente Metallionen besitzt, welche sich ca. 100 Aminosäurereste vom NH_2-Terminus entfernt befindet. Eine cysteinreiche Sequenz ist das Charakteristikum aller ß-Untereinheiten. Beide Untereinheiten haben eine Stäbchenform mit einer Kopfgruppe, welche für die nichtkovalente Verbindung der beiden Dimere auf der extrazellulären Seite sorgt. Die Kopfgruppe der α-Untereinheit besteht aus einem siebenblättrigen Propeller, wobei jedes Blatt vier ß-Faltblatt Strukturen besitzt. Es wird angenommen, dass sich die *Loops*, die die ß-Faltblätter miteinander verbinden, auf entgegengesetzten Seiten befinden. Einer dieser *Loops* beinhaltet die Ligandenbindungsstelle, ein entgegengesetzter *Loop* die Metallionenbindungsstelle (Abb.1.3). [16, 17]

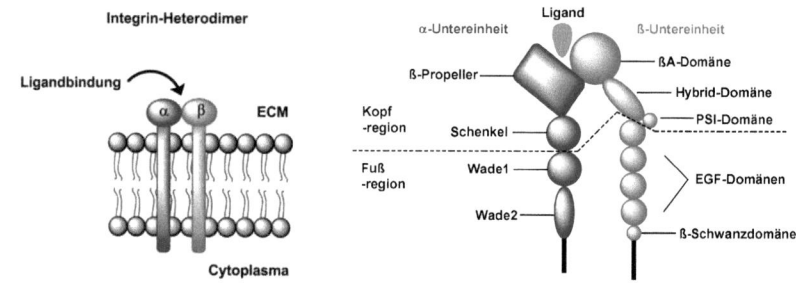

Abb. 1.3: Die Basis-Struktur von Integrinen. Rechts: Integrin aufgebaut aus zwei Untereinheiten und eingeteilt in eine Kopfregion (Propeller – und Schenkelregion der α-Untereinheit und ßA-, Hybrid- und PSI-Domäne der ß-Untereinheit) und eine Fußregion, welche aus zwei Wadenregionen der α-Untereinheit und den EGF-Domänen, sowie der ß-Schwanzdomäne aufgebaut ist.[18]

Unterschiedliche Kombinationen der Untereinheiten führen zu verschiedenen Ligandspezifitäten. Bis heute sind 18 α- und 8 ß-Untereinheiten, die 24 Heterodimere formen, bekannt.[19]

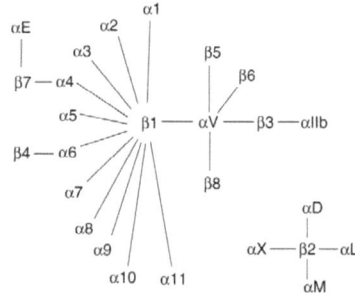

Abb. 1.4: Die Mitglieder der Integrin Superfamilie und wie sie sich zu heterodimeren Integrinen kombinieren. Integrinuntereinheiten, die miteinander kombiniert sind mit durchgezogenen Linien verbunden.[20]

1.1.2 Integrinliganden und die RGD-Sequenz

Ein besonderes Merkmal vieler Integrine ist die Fähigkeit eine Vielzahl verschiedener Liganden binden zu können. Die Integrin-Ligand-Kombinationen lassen sich in vier Klassen, die die strukturelle Basis der molekularen Interaktionen widerspiegeln, unterscheiden. Diese sind LDV(Leucin-Aspartat-Valin)-bindende Integrine, A-Domänen-ß1-Integrine, nicht αA-Domänen enthaltende Laminin-bindende Integrine und RGD (Arginin-Glycin-Aspartat)-bindende Integrine. Zu den RGD erkennenden Integrinen gehören alle fünf αV-Integrine, α5ß1, α8ß1, und αIIbß3.[21] Über die Hälfte aller Integrine sind in der Lage die RGD-Sequenz zu erkennen.[22] Zu den RGD tragenden Proteinen gehören unter anderem Vitronektin, Fibronektin, Fibrinogen, Laminin, der von Willebrand Faktor, Thrombospondin, Entactin, Tenascin, Osteopontin, und Kollagen.[23] Die RGD-Sequenz (Abb.1.4) wurde 1984 von Pirschbacher und Ruoslahti erstmalig als eine Erkennungseinheit in Fibronektin für die vermittelte Zelladhäsion identifiziert.[24] Seitdem sind zahlreiche andere ECM- und Adhäsionsproteine, die diese Erkennungseinheit aufweisen, entdeckt worden. [25-27] Heute ist die RGD-Sequenz als bedeutendstes Erkennungsmotiv für die Ligand-Integrin-Bindung etabliert.[28] Fundamentale Prozesse wie Zelldifferenzierung, Signalgebung und Apoptose hängen vom Zusammenspiel dieser RGD-tragenden Proteine und ihrer zugehörigen Integrine ab. Eine Fehlfunktion in diesem kritischen Erkennungssystem kann zu pathogenen Effekten wie Tumor-induzierter Angiogenese, Osteoporose, Herzinfarkt oder Thrombose führen.[29-34] Desweiteren machen sich auch Viren und Bakterien das weitreichend vorkommende RGD-Erkennungssystem zunutze, indem sie wie im Falle der Viren entweder selbst das RGD-Motiv anbieten (z.B. Gelbfiebervirus) oder im Falle von Bakterien sich an RGD-Proteinen anheften (z.B. Streptokokken). In beiden Fällen können sie sich so mit Hilfe der RGD-Sequenz im Wirtsorganismus festsetzen.[35-39]

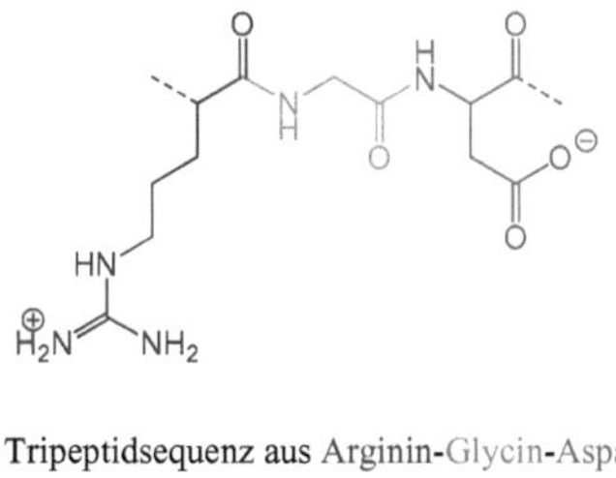

Abb. 1.5: Die RGD-Sequenz: Eine Tripeptidsequenz aus Arginin-Glycin-Aspartat.

Daneben enthalten zahlreiche Schlangengifte sogenannte Disintegrine, dies sind Proteine mit einer Länge von ca. 40 bis 100 Aminosäuren, welche die RGD-Sequenz enthalten. Diese können an Integrine binden und somit als Integrin-Antagonisten wirken. Durch Bindung an das $\alpha_{IIb}\beta_3$-Integrin auf Blutplättchen kommt deren antikoagulante Wirkung zustande.[40] Neben der RGD-Sequenz gibt es noch eine Anzahl von weiteren Erkennungseinheiten für Integrine. Da die RGD-Sequenz die weitaus häufigste Erkennungseinheit darstellt, kommt ihr auch die größte Bedeutung zu. Die RGD-Sequenz ist die minimale Erkennungseinheit, daher sind manchmal noch eine oder mehrere weitere Aminosäuren um die RGD-Sequenz herum an der Bindung beteiligt. Außerdem ist es möglich, dass für eine selektive Erkennung auch noch zusätzlich ein zweites Erkennungsmotiv vorhanden ist und so durch kooperative Effekte die Ligandenbindung verstärkt wird.[41-45]

Tab. 1.1: Integrinerkennungseinheiten (orange) und ihre erkennenden Integrine (schwache Bindungen oder Bindungen, die nur unter speziellen Bedingungen sichtbar sind, sind mit Klammern umgeben).[23]

KQAGDV	LDV/IDS	RLD/KRLDGS	RGD	L/IET	R...D	YYGDLR/FYFDLR
$(\alpha_5\beta_1)$	$(\alpha_5\beta_1)$		$\alpha_5\beta_1$			
			$\alpha_8\beta_1$			
		$\alpha_v\beta_3$	$\alpha_v\beta_3$			
			$\alpha_v\beta_5$			
			$\alpha_v\beta_6$			
			$\alpha_v\beta_8$			
$\alpha_{IIb}\beta_3$			$\alpha_{IIb}\beta_3$			
			$(\alpha_2\beta_1)$			$\alpha_2\beta_1$
			$(\alpha_3\beta_1)$			
			$(\alpha_4\beta_1)$			
			$(\alpha_7\beta_1)$			
	$\alpha_4\beta_1$					
		$\alpha_M\beta_2$				
					$\alpha_L\beta_2$	
					$\alpha_1\beta_1$	

Tab. 1.2: RGD-erkennende Integrine und ihre Liganden, ihre Zelluläre Verteilung, sowie potentielle Implikationen (Fn = Fibronektin, Vn = Vitronektin, Fg = Fibrinogen, Tn = Tenascin, Osp = Osteopontin, Tsp = Thrombospondin, vWF = von Willebrand Faktor).[46]

Integrin	Ligand	Zell-und Gewebeverteilung	potentielle Implikationen
$\alpha_5\beta_1$	Fn, Fibrillin-1, Tsp	Chondrocyten, Endothelzellen	Angiogenese
$\alpha_8\beta_1$	Fn, LAP-TGFß	Glatte Muskelzellen	fibrotische Antwort
$\alpha_v\beta_3$	Fg, Vn, Tn, Opn, Tsp, Fn u.a.	Endothelzellen, Osteoclasten, Tumorzellen, Fibroplasten, Thrombozyten u.a.	Angiogenese, Osteoporose, Restenose, Gefäßstörungen
$\alpha_v\beta_5$	Opn, Fg, Vn, Fn, Tsp	Endothelzellen, Osteoclasten, Thrombocyten, Leukocyten u.a.	Angiogenese, Gefäßstörungen •
$\alpha_v\beta_6$	Fn, Vn, Fg, Tn u.a.	Epithelzellen, Karzinome	Zellmigration, Zellproliferation, Unterdrückung der Apoptose u.a.
$\alpha_v\beta_8$	Vn	Melanome, Niere, Gehirn, Uterus, Plazenta	Gehirn Blutgefäßbildung
$\alpha_{IIb}\beta_3$	Fg, Fn, vWF	Thrombocyten	Blutgerinnsel, Hämostase

Wichtige und häufig vorkommende RGD-Liganden sind z.B. Fibronektin, Vitronektin und Fibrinogen.

Fibronektin ist ein multifunktionales extrazelluläres Matrixprotein, das sich zu Fibrillen anordnen kann und so an die Zelle gebunden wird. Außerdem existiert eine kompakte lösliche Form des Fibronektins, welche im Blutkreislauf zirkuliert. Fibronektin spielt eine wichtige Rolle in der Zellproliferation, Adhäsion und Migration.[47] Die lösliche Form des Fibronektins liegt als dimeres Glykoprotein vor. Jede Untereinheit besteht aus den sich wiederholenden Modulen Typ I, Typ II, Typ III und aus einer variablen Untereinheit (V) die nicht homolog zu anderen Untereinheiten des Fibronektins ist.[48] An die Integrine $\alpha_5\beta_1$ und $\alpha_{IIb}\beta_3$ wird Fibronektin über die Module III8-III10 gebunden, wobei sich in Modul III10 das primäre Bindungsmotiv befindet, die RGD-Erkennungseinheit.[49] Die RGD-Sequenz wird auf einem *Loop* präsentiert, der die G- und F-Stränge des Fn-III10 Modules verbindet. Der RGD-*Loop* ist so angeordnet, dass er konformationelle Änderungen eingehen kann und so die Integrinerkennung kontrollieren kann.[50]

Vitronektin ist ebenfalls ein Glykoprotein, welches sowohl in der extrazellulären Matrix als auch im Blutkreislauf vorkommt. Es spielt z.b. bei der Blutgerinnung, Fibrinolyse, Zelladhäsion, Angiogenese oder Metastasierung eine wichtige Rolle. Vitronektin ist aufgebaut aus funktionellen Domänen, welche die nötigen Strukturelemente für die Bindung von verschiedenen Bindungspartnern enthalten.[51] Die Somatomedin-B Dömäne ist über eine Verbindungsregion, die u.a die RGD-Erkennungseinheit enthält (Reste 45-47), mit der Kollagenbindungsdomäne verbunden. Vitronektin wird von insgesamt vier verschiedenen Integrinrezeptoren erkannt: $\alpha_v\beta_3$, $\alpha_v\beta_5$, $\alpha_{IIb}\beta_3$ und $\alpha_v\beta_5$. Mutageneseversuche zeigen, dass die RGD-Sequenz absolut notwendig ist, damit Vitronektin die Adhäsion über Integrine steuern kann.[52, 53] Im Blutkreislauf unterliegt Vitronektin einer geschlossenen Konformation und bindet nicht an Integrine, wird es jedoch an einer Oberfläche gebunden, wie z.B. an Kollagen, unterliegt es einer konformationellen Änderung und die RGD-Sequenz wird zugänglich für die Integrin-Bindung.[54]

Fibrinogen ist ein hexameres Glykoprotein, welche aus je zwei α-, β- und γ –Untereinheiten besteht. Diese Untereinheiten sind in zwei äußere D-Domänen und einer zentralen E-Domäne angeordnet. Es ist eines der am häufigsten vorkommenden löslichen Adhäsionsmoleküle. Es spielt eine zentrale Rolle bei der Blutgerinnung, der Thrombosenbildung, sowie in zellulären und Matrix-Interaktionen.[55, 56] Fibrinogen exponiert multiple Interaktionsseiten die als Bindungsmotiv für Zellrezeptoren dienen. Es enthält drei putative β_3-Integrin Bindungsseiten, wobei zwei davon das RGD-Motiv enthalten. So befinden sich die beiden Erkennungssequenzen RGDF und RGDS innerhalb der Aα-Kette des Fibrinogens. Die Bindung an $\alpha_v\beta_3$ hängt essentiell von der RGD-Sequenz ab.[57, 58] Alle drei Proteine, sowie auch alle andere RGD-Liganden, weisen unterschiedliche Konformationen der RGD-Sequenz auf (Abb. 1.6).

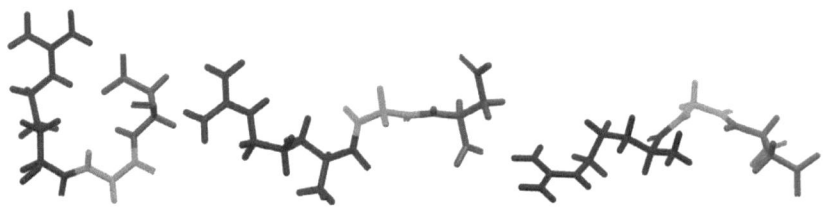

Abb. 1.6: Konformationen der RGD-Sequenz aus Proteinkristallstrukturen (von links: Vitronektin, Fibronektin, Fibrinogen. Arginin ist blau, Glycin grün und Aspartat rot dargestellt).[59]

Dies scheint ein weiterer entscheidender Punkt bei der Bindung an die Integrine zu sein. Durch Konformationsunterscheidung der individuellen RGD-Schleifen sind die Integrine in der Lage, aus mehreren potentiellen Bindungspartnern den passenden auszuwählen.[60-63] So kann man zwischen linearer, gefalteter und voll gestreckter Konformation unterscheiden. Nachgewiesen wurde die Abhängigkeit der Integrinselektivität von der RGD-Konformation durch die *Kessler*-Gruppe. Sie schuf zu diesem Zweck konformativ eingeschränkte, cyclisch aufgebaute RGD-Peptide. Durch *spatial screening* konnte nachgewiesen werden, dass diese je nach Konformation stark oder schwach von den unterschiedlichen Integrinen gebunden werden.[64, 65]

1.2 Therapeutika

Fehlfunktionen in den Integrin-Ligand-Wechselwirkungen führen zu schwerwiegenden pathologischen Folgen. Die daraus resultierenden schweren Krankheiten zeigen die enorme medizinische und pharmazeutische Bedeutung dieses RGD-Erkennungssystems auf und führten dazu, dass bis heute intensive Versuche unternommen wurden nach geeigneten Inhibitoren zu suchen, die in dieses System eingreifen und so als Therapeutika dienen können. Die Inhibierung der RGD-Integrin Interaktion kann im Prinzip auf zwei verschiedene Arten erfolgen, zum einen durch den Einsatz von Integrin-Antagonisten, welche die Liganden des Integrins nachahmen und statt der natürlichen Liganden an das Integrin binden, und zum anderen durch den Einsatz von künstlichen Rezeptormolekülen, die die RGD-Einheit selbst erkennen können und so die Bindung des Protein-Liganden an das Integrin verhindern. Während der zweite, schwierigere Ansatz bisher kaum verfolgt wurde, war der erste Ansatzpunkt bereits Teil intensiver Bemühungen der pharmazeutischen Forschung. Dabei wurden zahlreiche verschiedene peptidische und nicht-peptidische RGD-Mimetika entwickelt.

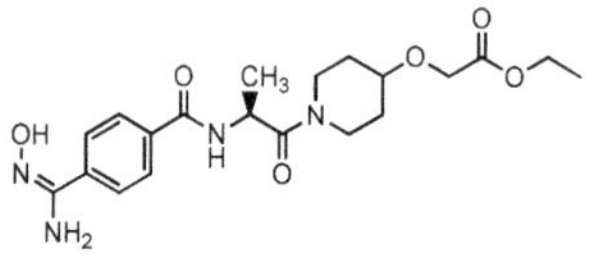

Sibrafiban

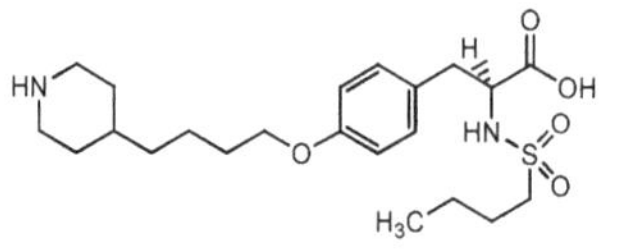

Tirofiban

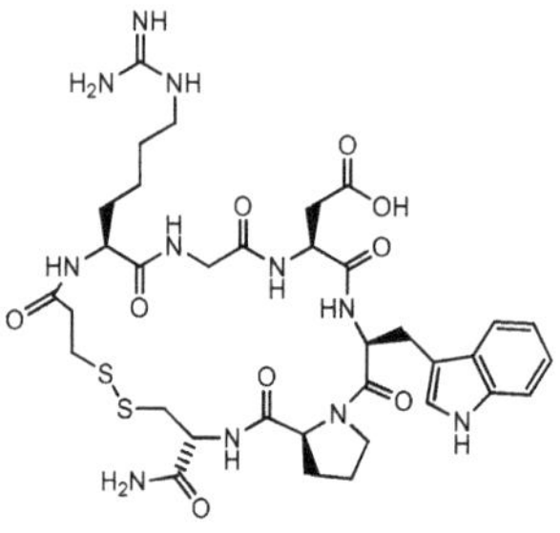

Eptifibatide

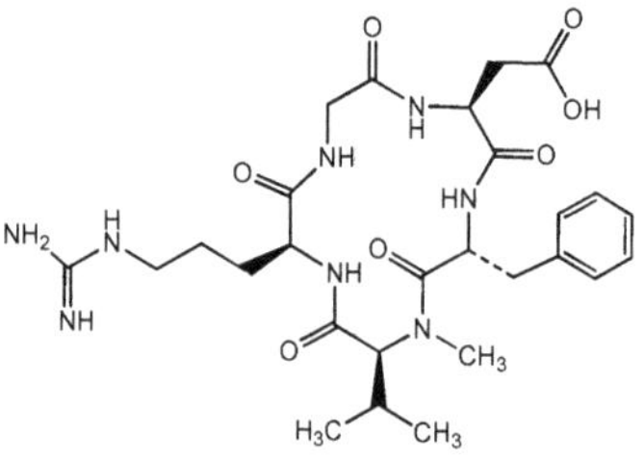

cRGDf[NMe]V

Abb. 1.7: Beispiele für verschiedene peptidische und nichtpeptidische RGD-Mimetika.

Hauptangriffspunkte waren bisher die Integrine $\alpha_{IIb}\beta_3$ und $\alpha_v\beta_3$. Das Integrin $\alpha_{IIb}\beta_3$ zeigt sich für die Blutplättchenaggregation verantwortlich und spielt somit bei Herzinfarkten und Schlaganfällen eine Rolle. Das Integrin $\alpha_v\beta_3$ rückte etwas später in den Fokus der Pharmaindustrie und ist vor allem in der Krebsentstehung von enormer Bedeutung, da es von malignen Tumoren verstärkt exprimiert wird. Das von *Hoffman-LaRoche* entwickelte Sibrafiban ist ein Beispiel für einen nichtpeptidischen $\alpha_{IIb}\beta_3$-Antagonisten. Für diesen Antagonisten wurde eine doppelte Prodrug-Strategie verwendet und soll bei der Prävention von Herzinfarkten helfen. Allerdings konnte in klinischen Tests kein gewünschter Effekt nachgewiesen werden.[66] Ein anderer, bereits als Medikament zugelassener, nichtpeptidischer $\alpha_{IIb}\beta_3$-Antagonist ist das von *Merck & Co.* entwickelte Tirofiban, welches als Plättchenaggregationshemmer zur Behandlung der instabilen Angina eingesetzt wird. Ein Beispiel für ein peptidisches Mimetikum ist das u.a. von *GlaxoSmithKline* entwickelte Integrillin® (Eptifibatide). Es wird aktuell als zugelassenes Medikament für Herzinfarkt verwendet. Integrillin® ist ein cyclisches Heptapeptid welches die RGD-Sequenz enthält. Es wirkt als kompetitiver Inhibitor des $\alpha_{IIb}\beta_3$-Integrins.[67] Ein sehr erfolgreicher peptidischer Ansatz wurde von *Kessler* entwickelt. Das von ihm entwickelte cyclo-RGDf[NMe]V ist ein $\alpha_v\beta_3$-Antagonist und befindet sich momentan als Angiogenesehemmer unter dem Namen

Cilengitide bei *Merck KGaA* in der klinischen Erprobungsphase und zeigt erste positive Ergebnisse bei der Krebsbehandlung.[68] Ein wichtiger Nachteil all dieser Integrin-Antagonisten besteht allerdings darin, dass auch diese synthetischen Liganden konformationelle Änderungen im Integrin bewirken und so Signalwege aktivieren können. Somit können zwar direkte Adhäsionskontakte mit dem Integrin vermieden werden, sekundäre Stoffwechselwege allerdings werden trotzdem angeregt.[69] Ebenfalls ist, bei sehr geringer Antagonist-Konzentration, eine Superaktiverung des Integrins möglich.[70] Dies kann zu zahlreichen Nebenwirkungen oder dem Ausbleiben des inhibitorischen Effekts führen und hat vor allem bei $\alpha_{IIb}\beta_3$-Antagonisten in klinischen Tests oftmals ein Scheitern zur Folge gehabt. Die Verwendung von künstlichen RGD-Rezeptoren könnte dieses Problem umgehen, weil diese direkt an die Liganden der Integrine binden und so keinerlei intrazelluläre Signalwege ausgelöst werden. Überraschenderweise wurde dieser Ansatz bisher kaum verfolgt; neben dem rationalen Design von *Schrader* wurde der einzige weitere künstliche RGD-Rezeptor von *Ruoslahti* beschrieben, der mit Hilfe von *Phage Display* Technologie und Mutagenese ein Cyclopeptid entwickelte, welches als Integrin-Mimetikum dienen kann. Er zeigte, dass das cyclo-CWDDGWLC die Zell-Anbindung an Vitronektin und Fibronektin inhibieren kann. Jedoch wurde dieser Ansatz nicht mehr weiterverfolgt.[71, 72]

1.2.2 RGD-Cyclopeptide als Integrin-Antagonisten

Die von *Kessler* entwickelten Cyclopeptide ahmen gezielt die unterschiedlichen Konformationen der RGD-Sequenz in den unterschiedlichen Liganden nach. Um RGD-Cyclopeptide mit einer für Integrinliganden spezifischen Konformation zu entwickeln wurde zunächst ein sogenannter D-*Scan* durchgeführt. Dafür wurde im Peptid sukzessive jede Aminosäure gegen sein D-Enantiomer ausgetauscht und so ein erster Hinweis auf „*turn*-Strukturen" erlangt. Im nächsten Schritt wurde der konformationelle Spielraum durch Cyclisierung des Peptides eingeschränkt und anschließend das RGD-Bindungsmotiv in die Cyclopeptide eingebaut. Durch Verschieben der Position des RGD-Bindungsmotivs innerhalb der Cyclopeptide, unter systematischer Verwendung von D- und L-Aminosäuren, wurden unterschiedliche räumliche Anordnungen der pharmakophoren Gruppe erreicht. Dadurch konnte letztendlich die Nachahmung der bioaktiven Konformationen der RGD-Sequenz erreicht werden. Eine Reihe von unterschiedlichen Cyclopeptiden sind synthetisiert und systematisch untersucht worden. Konformationsanalysen in wässriger Lösung zeigen, dass

Cyclopentapeptide bevorzugt Konformationen mit einem Knick einnehmen, während Cyclohexapeptide eher eine gestreckte Konformation des RGD-Rückgrates aufweisen. Geknickte Cyclopeptide sind selektiv für das $\alpha_v\beta_3$-Integrin, während eher gestreckte Cycopeptide das $\alpha_{IIb}\beta_3$-Integrin besser inhibieren.[73] Dies wurde auch durch zahlreiche andere Untersuchungen nachgewiesen, die zeigten, dass eine kürzere Arg-zu-Asp Distanz eher von $\alpha_v\beta_3$-Integrinen erkannt werden als von $\alpha_{IIb}\beta_3$-Integrinen.[64]

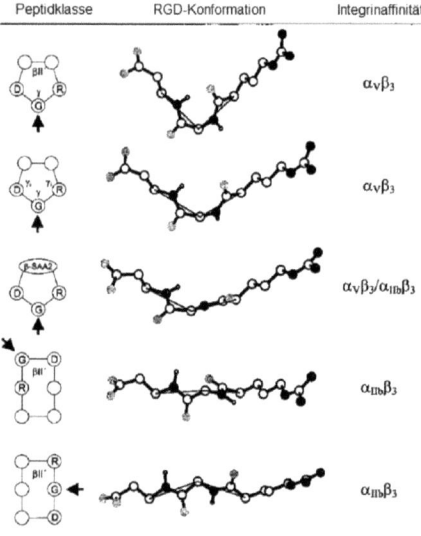

Abb. 1.8: Darstellung der konformationellen Voraussetzungen für $\alpha_v\beta_3$- und $\alpha_{IIb}\beta_3$-Selektivität. Abgebildet sind fünf verschiedene Peptidklassen und ihre repräsentativen RGD-Anordnungen. Die Blickrichtung auf die jeweilige Kante des Peptidringes wird durch die Pfeile angegeben. Nur die RGD-Reste werden gezeigt, die Kohlenstoffatome des Peptidrückgrates sind durch Linien miteinander verbunden, um die Knickstelle darstellen zu können. Alle Ketten liegen vollständig in der Antistellung vor (Abbildung entnommen aus *Dechantsreiter et al.*, 1999).[73]

Die Konformation des $\alpha_v\beta_3$-Antagonisten cyclo-RGDf[NMe]V wurde 2002 von *Arnaout* bestätigt. Es gelang die Aufnahme einer Kristallstruktur des extrazellulären-Segmentes von dem $\alpha_v\beta_3$-Integrin im Komplex mit cyclo-RGDf[NMe]V. In dieser Struktur sitzt das Cyclopentapeptid in einer Spalte zwischen dem Propeller und der ßA-Domäne des Integrin-Kopfes. Die RGD-Sequenz macht die Hauptkontaktfläche mit dem Integrin aus. Die Arg- und Asp-Seitenketten zeigen voneinander weg und das Peptid bildet insgesamt ein Fünfeck. Die Arg-Seitenkette liegt dabei in einer engen Grube an der Spitze der Propeller-Domäne. Die Guanidinium-Gruppe des Arg bildet hier zwei Salzbrücken zum Asp[218] und Asp[150] des

Integrins aus. Das Asp-Carboxylat des Liganden ragt in die Spalte der ßA-Domäne hinein und ist für zahlreiche polare Interaktionen verantwortlich. Eines der Carboxylat-Sauerstoffatome steht im Kontakt mit Mn^{2+} an der MIDAS in ßA. Das zweite Sauerstoffatom bildet Wasserstoffbrückenbindungen mit dem Amidrückgrat von Tyr^{122} und Asn^{215} aus und steht zusätzlich in Kontakt mit dem aliphatischen Teil der Arg^{214} Seitenkette. Im Gegensatz zum Arg des Liganden ist das Asp des Liganden komplett in dem Komplex begraben. Der Gly-Rest des Liganden liegt an der Grenzfläche zwischen den α- und ß-Untereinheiten des Integrins. Es bildet zahlreiche hydrophobe Kontakte mit αV, wobei der kritischste zum Carbonylsauerstoffatom des Arg^{216} ausgebildet wird. Der enge Raumanspruch erklärt, dass nur das Glycin, welches keine Seitenkette besitzt, hierfür klein genug ist, denn ersetzt man das Glycin durch das nächstgrößere Alanin, geht die Ligandenbindung weitestgehend verloren. Diese räumlichen Anforderungen lassen einen gewissen Teil der Ligandenspezifität erklären. Die verbleibenden anderen Reste zeigen von der αβ-Berührungsfläche weg und spielen bei der Bindung keine Rolle. Insgesamt führt die Ligandenbindung zu tertiären und quartiären Änderungen des Integrins, wodurch auch die Zugänglichkeit der MIDAS kontrolliert werden kann.[74]

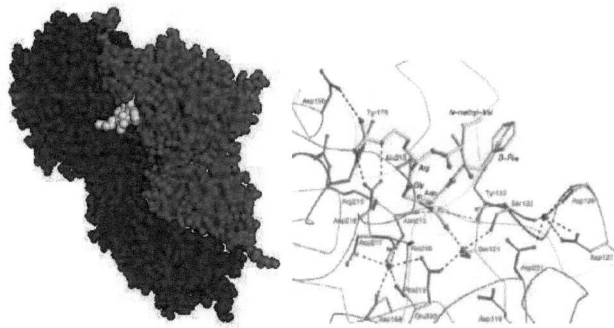

Abb. 1.9: Das Integrin αvß3 im Komplex mit dem künstlichen Integrinliganden cRGD([NMe]V. Die α-Domäne ist in blau und die ß-Dömäne in rot dargestellt. Der künstliche Ligand ist in grauer bzw. gelber Farbe dargestellt. Übersichtsdarstellung des Integrins mit Ligand (links). Stäbchenmodell von Integrin und Ligand (rechts). Wechselwirkungen zwischen Ligand, Integrin und Metallkation (lila, blau) sind mit gepunkteten Linien dargestellt (Rechte Abbildung entnommen aus *Xiong et al.*, 2002).[74]

1.3 Molekulare Erkennung

Die supramolekularen Erkennungsprozesse beruhen auf der Ausbildung von nicht-kovalenten Wechselwirkungen. Dazu zählen Wasserstoffbrückenbindungen, ionische Wechselwirkungen, elektrostatische Wechselwirkungen, hydrophobe Interaktionen, Kation-π-Wechselwirkungen, und π-Stapelwechselwirkungen. Wasserstoffbrückenbindungen nehmen eine große Bedeutung ein, z.B. bei der Enzym-Substrat-Bindung oder bei der Ausbildung von DNA-Helixes. Diese Erkennungsprozesse spielen sowohl in der Natur, als auch beim Einsatz von kleinen künstlichen Liganden in der medizinischen Chemie, eine entscheidende Rolle. Für ein besseres Verständnis dieser nicht-kovalenten Wechselwirkungen sind in den vergangen Jahren und Jahrzehnten zahlreiche künstliche Rezeptoren entwickelt und untersucht worden. Die Bindungsstärke eines Rezeptors hängt neben den oben erwähnten Wechselwirkungen auch von der richtigen Größe, Form und Präorganisation des Rezeptors ab. Desweiteren spielt auch hier wie z.B. bei der Enzym-Substrat-Bindung, das Schlüssel-Schloss-Prinzip bzw. dessen Erweiterung des „*induced fits*" eine wichtige Rolle.[75-78]

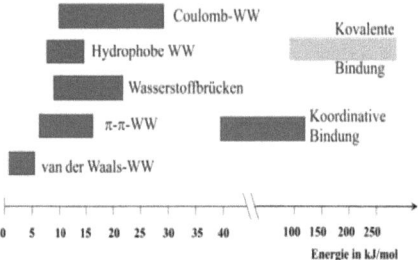

Abb.1.10: Übersicht der Energiebeiträge der unterschiedlichen molekularen Wechselwirkungen (Abbildung entnommen aus *Gloe et al.*, 2007).[79]

1.3.1 Rezeptoren für Carboxylat-Anionen

Anionen kommen ubiquitär in biologischen Systemen vor. Sie sind Bestandteil von vielen wichtigen biochemischen Vorgängen, wie Erkennungsprozesse, Aktivierung von Signalwegen oder Beibehaltung des Zellvolumens. Sie sind mit nahezu 70% in enzymatisch aktiven Stellen vertreten, spielen eine wichtige Rolle bei der Strukturgebung von Proteinen und spielen auch bei der Lagerung von genetischen Informationen in der DNA eine wichtige Rolle. Von allen Anionen spielen vor allem Carboxylate eine große Rolle bei der molekularen Erkennung in biologischen Systemen. Sie sind Teil von Aminosäuren, Enzymen, Antikörpern und anderen biologischen Molekülen. Dies führte zu zahlreichen verschiedenen Ansätzen zur Entwicklung von Carboxylat-Erkennungseinheiten. Rezeptoren sind sowohl für einfache Carboxylat-Einheiten, als auch für komplexere Systeme entwickelt worden. Es wurden metallbasierte Rezeptoren, Rezeptoren basierend auf Ammoniumsalzen oder auch Amidiniumsalzen für die Carboxylat-Erkennung entwickelt. Ein weiterer wichtiger Ansatz ist die von der Natur abgeleitete Erkennung von Carboxylat-Anionen auf Guanidinium-Basis. Die Guanidinium-Funktion ist Bestandteil der Aminosäure Arginin und spielt wiederum eine wichtige Rolle in vielen biologischen Peptiden und Proteinen. Grund für die starken Interaktionen die das Guanidinium eingehen kann, insbesondere mit Oxoanionen wie im Carboxylat, sind die Ausbildung von zwei parallelen Wasserstoffbrückenbindungen parallel zu elektrostatischen Wechselwirkungen. Ein großer Vorteil ist der pKs-Wert (13.5) der Guanidiniumfunktion, der es erlaubt, dass der kationische Zustand über einen weiten pH-Bereich erhalten bleibt. Dies macht die Guanidiniumfunktion besonders für künstliche Rezeptoren interessant.[80, 81] *Lehn* gehörte zu den ersten, der Guanidiniumsalze zur Komplexierung von Carboxylaten eingesetzt hat. 1979 bestimmte er die Bindungskonstanten verschiedener Guanidiniumsalze in einem Gemisch aus 10% H_2O in MeOH.[82] Später entwickelte *Hamilton* ein rigides konkaves Gerüst, welches zwei vororientierte Guanidinium-Einheiten enthielt. Dieser Rezeptor konnte spezifisch zwei Asp-Carboxylate in i+3 Relation einer α-Helix binden. In 10% H_2O in MeOH konnten kleine Modelpeptide mit mikromolaren Affinitäten gebunden werden.[83] Diese Ergebnisse, wie auch die Ergebnisse von *Schmidtchen* zeigten, dass mehr als nur eine Guanidiniumeinheit bzw. zusätzliche Elemente zu molekularen Erkennung von Carboxylaten notwendig sind um höhere Affinitäten zu erreichen.[84-86] *Schmuck* zeigte, dass die Bindung von Carboxylaten durch zusätzliche Wasserstoffbrückenbindungen verstärkt werden kann. Er entwickelte neuartige Guanidiniocarbonylpyrrole, die zusätzlich zu Ionenpaaren, multiple Wasserstoffbrückenbindungen vom Guanidiniumsalz, dem Pyrrol und einer Amideinheit zum Carboxylat formen. Diese Guanidiniocarbonylpyrrole sind in der Lage N-Ac-α-aminosäurecarboxylate mit K ≈ $10^3 M^{-1}$ in 40% H_2O/DMSO zu binden.[87] Der Nachteil dieser Acylguanidine ist allerdings der verminderte pKs-Wert von 6-8, der die Anwendung dieser Rezeptoren auf einen sauren pH beschränkt.[88] Der Vorteil wiederum ist ihre erhöhte Fähigkeit stabile Wasserstoffbrückenbindungen auszubilden. Auch liegen diese Acylguanidine im planaren Zustand vor und sind relativ rigide, was zu einer idealen

Präorganisation zur Bindung von planaren Ionen wie Carboxylaten führt. Durch Variation der Seitenkette des Pyrrols können zusätzliche Interaktionen erreicht werden, um so eine mögliche Selektivität gegenüber verschiedenen Substraten zu erreichen. Ebenso kann durch den Einbau von chiralen Aminosäuren in die Seitenkette eine stereoselektive Erkennung von chiralen Substraten erreicht werden.

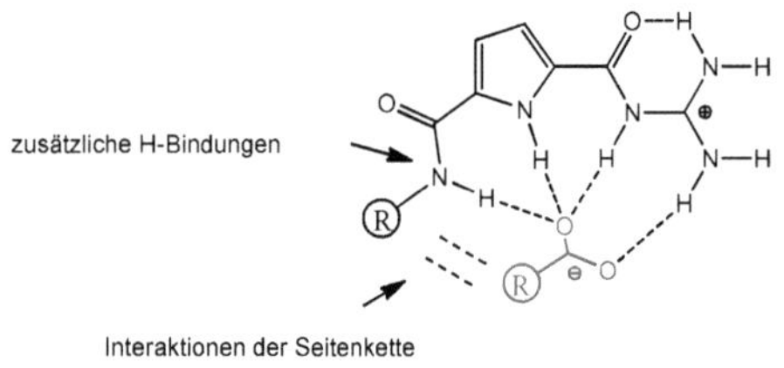

Abb. 1.11: Guanidiniocarbonylpyrrol als Carboxylatrezeptormolekül nach *Schmuck*. Interaktionen zwischen Carboxylat und Rezeptor sind mit gestrichelten Linien dargestellt.[89]

Zur experimentellen Ermittlung der individuellen Energiebeiträge der einzelnen beteiligten Funktionen wurde eine systematisch variierende Reihe von Guanidinen untersucht. Als Substrat diente das Carboxylat vom N-Acetylalanin. In 40% H_2O/DMSO zeigt das einfache Guanidiniumkation keine Bindung. Das mehr acide Acetylguanidiniumkation zeigt eine Bindungskonstante von $K_a = 50$ M^{-1}. Das Guanidiniocarbonylpyrrol führt zu einer Verdreifachung der Bindungskonstante, aufgrund der zusätzlichen Wasserstoffbrückenbindung des Pyrrols. Eine weitere Amidgruppe in der Seitenkette erhöht die Bindungskonstante um Faktor fünf auf $K_a = 770$ M^{-1}. Durch die Wahl einer geeigneten Seitengruppe des Pyrrols (in diesem Falle Valin) kann die Bindungskonstante nochmal mehr als verdoppelt werden. Die Ergebnisse zeigen auch, dass nicht alle Funktionen in gleichem Maße zur Bindung beitragen, so scheint das Amidproton in der Seitenkette des Pyrrols den wichtigsten zusätzlichen Beitrag zur Bindung beizusteuern.[89, 90]

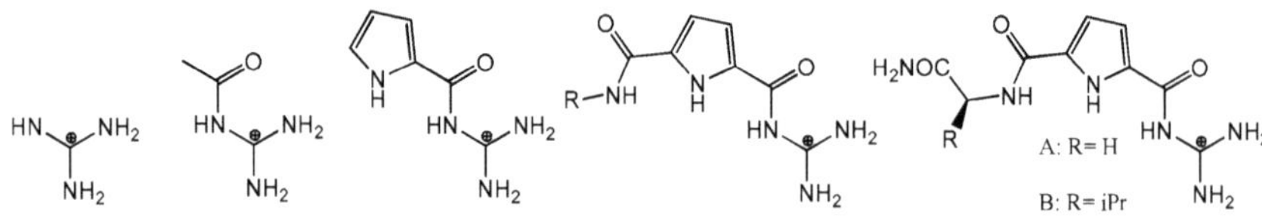

Abb. 1.12: Systematisch variierende Reihe von Guanidinen zur Ermittlung der einzelnen Bindungsbeiträge der verschiedenen Funktionen.[89]

Durch Erweiterung der Bindungsstellen können zusätzliche Wechselwirkungen erreicht und damit stärkere Bindungskonstanten realisiert werden. So kann die Seitenkette zum Beispiel über einen starren Linker mit einer Imidazoleinheit verknüpft werden und so N-Acetylierte Dipeptide mit $2\text{-}5 \cdot 10^4 \text{ M}^{-1}$ in Wasser binden.[91] Durch Einführen von mehreren Aminosäureresten können auch längere Aminosäuresequenzen wie Val-Val-Ile-Ala mit hoher Affinität gebunden werden.[92] Durch geeignete Wahl des Seitenarms konnte auch eine Sequenzselektivität der Dipeptidsequenz Ac-D-Ala-D-Ala-OH gegenüber anderen Dipeptiden teilweise um den Faktor zehn erreicht werden.[93] *Schmuck* konnte auch zeigen, dass modifizierte Guanidiniocarbonylpyrrole als Transporter für N-Acetylierte Aminosäuren, zur Erkennung spezifischer DNA- und RNA-Sequenzen sowie zur pH-abhängigen Vesikelformierung dienen können.[94-96]

1.3.2 Von Arginin- zu RGD-Rezeptoren

Arginin spielt in der Natur eine wichtige Rolle in biologischen Prozessen. Die molekulare Erkennung von einzelnen Argininresten ist ein Schlüsselmechanismus für viele biologische Kontrollmechanismen. Thrombin und Trypsin spalten Peptide z.b. direkt nach einem Arginin-Rest.[97] Vor allem in RNA-bindenden Proteinen spielen Arginine eine kritische Rolle. Die eine Guanidiniumfunktion enthaltende Arginin-Seitenkette kann z.B. zur spezifischen Erkennung von RNA-Strukturen dienen. So erkennt das Transkriptionsaktivatorprotein Tat, aus dem HI-Virus 1, eine TAR-RNA-Konformation in der ein Arginin gleichzeitig von zwei Phosphaten gebunden wird, auch bekannt als „Arginingabel".[98] Die Arginyl-tRNA-Synthetase wiederum benötigt für ihre katalytische Aktivität einen Liganden der Arginin enthält.[99] Der potentielle pharmakologische Wert von kleinen Rezeptormolekülen, die in der Lage sind Arginin zu erkennen, stimulierte die Arbeit auf dem Gebiet der Entwicklung von künstlichen Rezeptoren. Ein solcher Rezeptor muss hohen Ansprüchen genügen, um für biologische Anwendungen nützlich zu sein. Zum einen muss er wasserlöslich sein, zum anderen sollte er, neben einer hohen Affinität für das Arginin, eine Selektivität gegenüber anderen Kationen, insbesondere der N-Alkylammoniumkette des Lysins aufweisen. Die besten bis heute existierenden Argininbinder wurden zunächst von *Dougherty* 1999 entwickelt. Er synthetisierte einen großen hochgeladenen Cyclophan Rezeptor, welcher selektiv für Arginin- und Lysin-Dipeptide ist. Mit nahezu mikromolarer Affinität werden diese in wässriger Lösung gebunden. Dabei werden Kation-π-Interaktionen mit elektronenreichen π-Rezeptor-Oberflächen und die Ausbildung multipler Salzbrücken kombiniert. Eine Aminosäure wird dabei vollständig in der Kavität eingeschlossen und die andere bleibt dem Lösungsmittel zugänglich.[100] Im gleichen Jahr entwickelt *Bell* seinen sogenannten „Arginin-Korken". Hierbei handelt es sich um einen halbmondförmiges Molekül, welches multiple annulierte Pyridine und Dihydrobenzolringe enthält. Dieser „Arginin-Korken" bevorzugt Diarginin-Gäste und bindet diese mit niedrigen mikromolaren K_d in wässrigem Medium. Das Konzept beruht auf einem rigiden Wirtsgerüst, welches zu einem hohen Maß an Präorganisation der Wasserstoffbrückenakzeptoren führt. Unterstützt wird die Bindung mit zwei strategisch platzierten Carboxylaten, die neben einer besseren Wasserlöslichkeit, für zusätzliche ionische Bindungen zwischen dem dianionischen Wirt und dem dikationischen Gast sorgen.[101] Später entwickelte *Wennemers* ein Diketopiperazin-Rezeptormolekül, mit dem sie selektiv argininreiche Peptide in Wasser binden kann. So wird z.B. das Tripeptid Ac-Arg-Arg-Arg-NHPr mit einer Bindungskonstante von $K_a \approx 14000$ M^{-1} gebunden.[102]

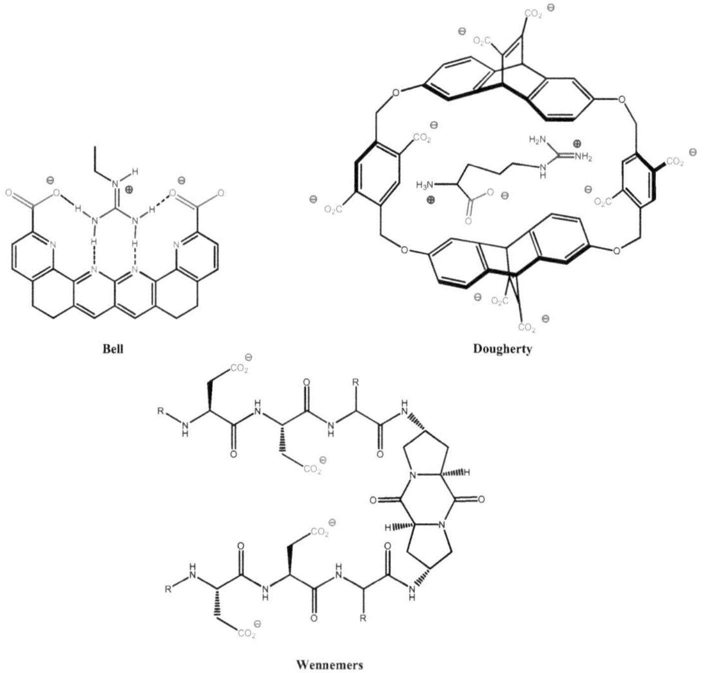

Abb. 1.13: Bells „Arginin-Korken" im Komplex mit N-Methylguanidin, Doughertys Kavitand im Komplex mit Arginin, Wennemers Diketopiperazin-Rezeptormolekül.

Schrader entdeckte 1997, dass benzylische Bisphosphonate in DMSO starke Guanidiniumbinder sind und eine Anordnung ähnlich dem Tat-TAR-Komplex bilden. Dieses Erkennungsmotiv bevorzugt weiche Guanidiniumkationen vor harten Ammoniumionen und damit auch Arginin gegenüber Lysin. Durch systematische Studien wurde das Zusammenspiel nichtkovalenter Kräfte untersucht. Neben elektrostatischen Interaktionen und Wasserstoffbrückenbindungen sind Kation-π-Interaktionen an der Bindung beteiligt.[103, 104] Das Einführen eines dritten Phosphonatanions erhöhte noch einmal die Bindungsstärke gegenüber Arginin. Monte-Carlo-Simulationen und NOESY-Untersuchungen belegten die zusätzlichen Wasserstoffbrückenbindungen zu den Guanidinium NH-Protonen. Nun konnte eine starke Bindung in MeOH mit einem $K_d \approx 30\ \mu M$, sowie eine hohe Selektivität von Arginin gegenüber Lysin nachgewiesen werden.[105, 106]

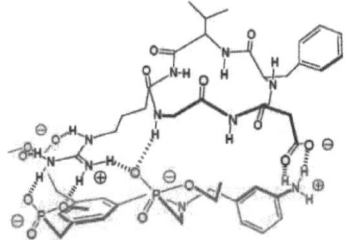

Abb. 1.14: Der erste künstliche RGD-Rezeptor nach *Schrader* im Komplex mit dem Cyclopeptid cRGDfV (Rezeptor rot, Substrat blau, Interaktionen sind mit gestrichelten Linien dargestellt).[106]

Ausgehend von dieser Triphosphonateinheit wurde der erste primitive RGD-Rezeptor entwickelt. Dabei wurde der Rezeptor um eine *m*-Aminobenzyleinheit verlängert, wobei die Ammoniumgruppe am starren Benzylspacer als Bindungsstelle für das Aspartat dienen sollte. NMR-Titrationen des neuen RGD-Rezeptor Moleküls mit dem freien RGD-Peptid und cRGDfV in wässriger ungepufferter Lösung zeigten Bindungskonstanten von $K_a = 1300\ M^{-1}$ und $700\ M^{-1}$. Da die Bindung, im Gegensatz zum einfachen Triphosphonat, bei dem keine Bindung gegenüber dem cRGDfV sichtbar war, nun deutlich stärker war, konnte man hier von einem kooperativen Effekt der beiden Bindungsstellen ausgehen.[106] 2007 wurde von *Schrader* in Kooperation mit *Schmuck* die nächste Rezeptor-Generation entwickelt. Das Bisphosphonatmotiv wurde dafür mit dem Guanidiniocarbonylpyrrol als Aspartatbindungsmotiv verbunden. Um den Einfluss der Spacereinheit, welche die beiden Motive miteinander verbindet, zu untersuchen, wurden vier verschiedene Rezeptoren mit unterschiedlichen Spacern, welche in Länge und Rigidität variierten, synthetisiert.

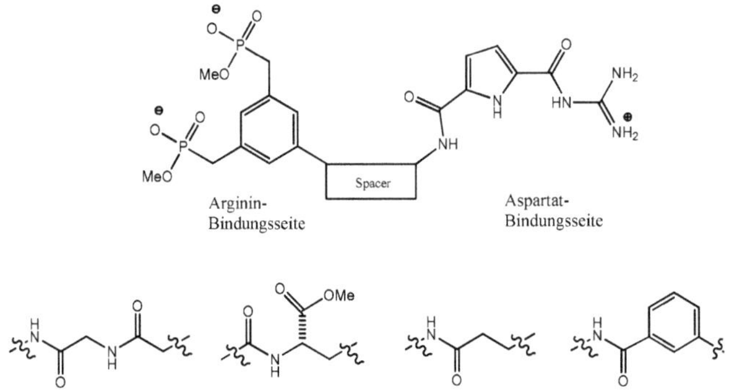

Abb. 1.15: Serie von ditopischen RGD-Rezeptoren mit verschiedenen Spacern unterschiedlicher Länge und Rigidität.[107]

Während die Rezeptoren mit flexiblen Spacern, keine oder nur eine schwache Bindung gegenüber dem freien und dem N/C geschützten RGD-Peptid aufweisen, zeigt der Rezeptor mit starrem aromatischen Spacer Bindungskonstanten von $K_a \approx 3000 \text{ M}^{-1}$ in wässriger gepufferter Lösung. Die Selektivität und die kooperative Bindung beider Bindungsmotive wurden nachgewiesen, indem Ac-RGG-NH$_2$, Ac-GGD-NH$_2$ und Ac-GGG-NH$_2$ gegen den Rezeptor titriert wurden und nur Bindungskonstanten kleiner als 1000 M^{-1} aufwiesen. Die Ergebnisse zeigen, dass die Wahl des Spacers von entscheidender Bedeutung ist, um hohe Bindungskonstanten zu erreichen; flexible Spacer erweisen sich dabei als ungeeignet, da sie keine intramolekulare Selbstassoziation verhindern können oder eine intermolekulare Dimerisierung induzieren.[107]

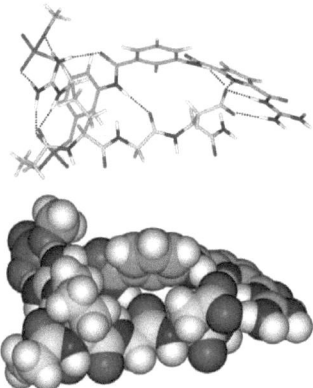

Abb. 1.16: Berechneter Komplex zwischen dem RGD-Rezeptor mit starrem benzylischem Spacer und Ac-RGD-NH$_2$.[107]

1.3.3 Molekulare Pinzetten zur Argininerkennung

Whitlock stellte als erster ein Rezeptormolekül vor, das als molekulare Pinzette bezeichnet wurde. Ein Molekül, welches zwei Bindungsstellen enthält und von einem Spacer in einem definierten und fixierten Abstand gehalten wird und einen Gast somit sandwichartig umschließen kann, wurde von *Whitlock* als eine molekulare Pinzette definiert. Er verwirklichte diese indem er zwei Koffeinmoleküle über einen rigiden Spacer miteinander verband.[108] *Zimmermann* entwickelte später Pinzetten mit Aciridin-, Anthracen- oder Phenanthren-Seitenwänden, um so das Problem der freien Rotation der Seitenwände zu verhindern.[109, 110] *Klärner* stellte später eine neue Klasse von molekularen Pinzetten vor. Diese nach unten offenen Moleküle setzten sich aus Norbornadien, Benzol- und Naphtalieneinheiten zusammen.[111] Nach weiteren Arbeiten konnten Benzolpinzetten dargestellt werden die bevorzugt elektronenarme aliphatische Gäste binden.[112] Untersuchungen der elektrostatischen Potentialoberfläche (EPS) mittels quantenmechanischer Rechnungen zeigten, dass die konkave Seite der Rezeptoren ein hohes negatives Potential (hohe Elektronendichte) aufweist, während die Substrate eine geringe Elektronendichte aufweisen. Dies ist ein Anzeichen für eine ausgeprägte Komplementarität der elektrostatischen Potentiale von Wirt und Gast.[113, 114] Die Kavität der Pinzette ist also mit ihrer hohen Elektronendichte gut für einfache aliphatisch-kationische Gäste geeignet. Die Bindung erfolgt dabei über disperse Wechselwirkungen z.B. CH_2-π- oder Kation-π- Wechselwirkungen.[113, 115]

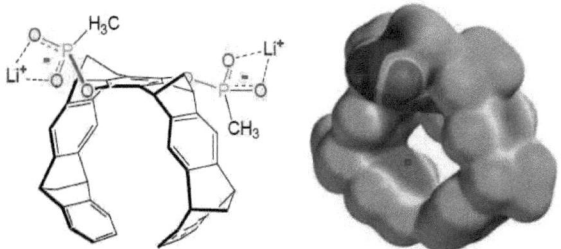

Abb. 1.17: Die wasserlösliche Bisphosphonatpinzette und ihr mit PM3 ermitteltes elektrostatisches Oberflächenpotential (rechts). Die rote Farbe stellt Orte hoher Elektronendichte dar. [115]

Später konnte *Schrader* in weiteren Arbeiten mit *Klärner* eine wasserlösliche molekulare Pinzette entwickeln, welche selektiv Arginin und Lysin in Wasser bindet. Diese Pinzette ist aus neun annelierten Ringen mit einer zentralen Hydrochinoneinheit aufgebaut. Die zwei Phosphonateinheiten an der zentralen Einheit verleiht ihr die nötige Wasserlöslichkeit. Die Seitenketten von Lysin und Arginin schieben sich dabei in die Kavität der Pinzette und die Ammonium- bzw. Guanidiniumgruppe bildet zusätzlich eine Salzbrücke zum Phosphonat aus. In wässriger Lösung kann dadurch Ac-Lys-OMe mit K_a = 23000 M^{-1} und in Puffer bei pH 7.0 immerhin noch mit 4400 M^{-1} gebunden werden. Etwas schwächer wird Tos-Arg-OEt gebunden. Die Bindungskonstante beträgt K_a = 7800 M^{-1} in wässriger Lösung und 1800 M^{-1} in wässriger gepufferter Lösung bei pH 7.0 Alle übrigen Aminosäuren werden gar nicht gebunden bzw. einzig im Falle des Histidins nur sehr schwach.[115] Durch die Einführung von Phosphat-Substituenten und Überführung in das entsprechende Natrium- bzw. Lithiumsalz konnte die Wasserlöslichkeit der molekularen Pinzette verbessert werden. Außerdem konnte die Bindungsstärke gegenüber Arginin und Lysin aufgrund zusätzlicher ionischer Wechselwirkungen noch einmal gesteigert werden.[116] Die Bindungsstärke beider Pinzetten, sowohl der Bisphosphonat-, als auch der Bisphosphatpinzette gegenüber dem freien RGD-Peptid wurde überprüft. Während die Phosphonat-Pinzette eine moderate Bindungsaffinität von 1200 M^{-1} in wässriger gepufferter Lösung aufweist, zeigt die Bisphosphatpinzette mit nahezu 12000 M^{-1} eine noch nie zuvor dagewesene Bindungsstärke auf. Diese hervorragenden Ergebnisse prädestinieren eine solche molekulare Pinzette als Basis für eine starke RGD-Erkennung mit Hilfe eines künstlichen RGD-Rezeptormoleküls.[115, 117]

2. Aufgabenstellung

Die Integrin-RGD-Wechselwirkungen nehmen eine Schlüsselrolle in der Zell-Zell und Zell-Matrix-Adhäsion ein.[118] Sie sind für zahlreiche Signaltransduktionswege verantwortlich und spielen bei fundamentalen biologischen Prozessen wie Angiogenese, Apoptose, Zellmigration oder Zellproliferation eine zentrale Rolle. Fehlfunktionen in diesem Erkennungssystem können zu schweren pathologischen Prozessen führen. Resultierende Krankheitsbilder sind z.b. Thrombosen, Infarkte, tumorinduzierte Angiogenese oder Osteoporose.[119-123] Therapieansätze beschränken sich bis heute auf die Entwicklung von Integrinantagonisten, die diese Wechselwirkungen inhibieren. Ein Problem dieser Inhibitoren ist jedoch, dass auch sie intrazelluläre Signalwege induzieren können.[124] Die Entwicklung kleiner künstlicher Rezeptormoleküle als Integrin-Mimetika könnte eine neuartige Therapie hervorbringen, bei der die Integrin-RGD-Wechselwirkungen unterbunden werden, indem das entsprechende RGD-Protein mit dem künstlichen Rezeptormolekül „verkappt" wird und so nicht mehr an das Integrin andocken kann. Die RGD-Sequenz bietet als Ansatzpunkt für die Entwicklung solcher Rezeptormoleküle zwei mögliche Haftpunkte, nämlich zum einen die positiv geladene Guanidiniumfunktion des Arginins und zum anderen die negativ geladene Carboxylat-Gruppe des Aspartats. Ein künstliches RGD-Rezeptormolekül sollte also aus drei Bausteinen bestehen: Einem Argininbinder und einem Aspartatbinder, die beide über einen geeigneten Linker miteinander verbunden sind.

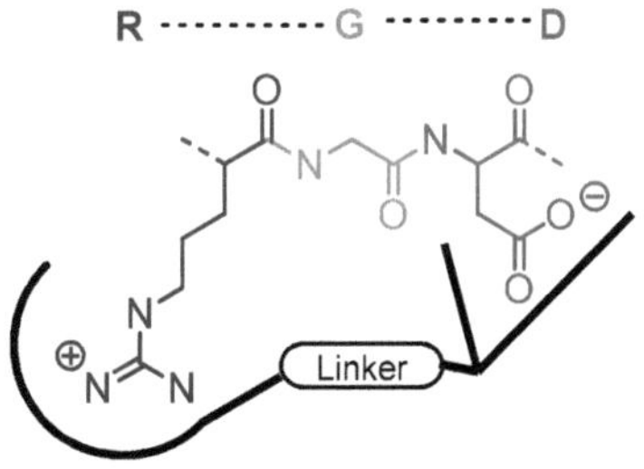

Abb. 2.1: Schematische Abbildung eines RGD-Rezeptors.

Durch die positive kooperative Bindung zweier Bindungsmotive sollte eine hohe Gesamtbindungsstärke im Vergleich zu den einzelnen Bindungen vorliegen. Als Argininbinder sollte in dieser Arbeit die von *Klärner* und *Schrader* entwickelte Molekulare

Pinzette dienen. Diese neuartige Pinzette enthält durch die relativ starren Seitenwende Elemente einer Präorganisation und kann mit seiner Kavität aliphatische Kationen wie das Guanidiniumion des Arginins binden, ohne dabei eine hohe Desolvatisierungsstrafe zu zahlen. So kann das Guanidiniumion in den unpolaren Innenraum aufgenommen werden und die Phosphatgruppe kann trotz Ausbildung eines Ionenpaares zum Guanidiniumion weiterhin solvatisiert bleiben. Der von *Schmuck* entwickelte Carboxylatbinder, ein Guanidiniocarbonylpyrrol, sollte in dieser Arbeit als Aspartatbindungsmotiv dienen.

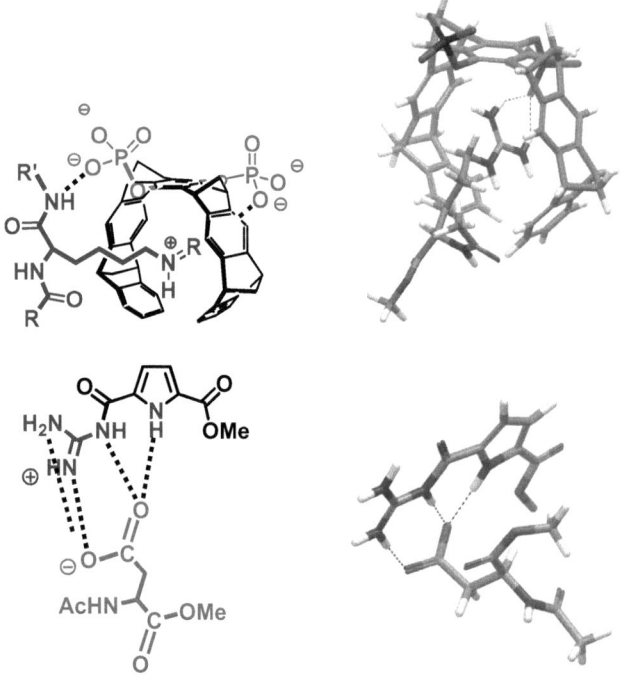

Abb. 2.2: Oben links: Die Bisphosphatpinzette im Komplex mit einem peptidisch geschützten Arginin-Derivat. Oben rechts: Berechneter Komplex aus der Bisphosphatpinzette und Ac-Arg-OMe (MacroModel 9.0, Amber*, H$_2$O, Monte-Carlo-Simulation, 500 Schritte). Unten links: Guanidiniocarbonylpyrrol im Komplex mit Ac-Asp-OMe. Unten rechts: Berechneter Komplex aus Guanidiniocarbonylpyrrol und Ac-Asp-OMe (MacroModel 9.0, Amber*, H$_2$O, Monte-Carlo-Simulation, 500 Schritte).

Die beiden Bindungsmotive sollten im Rahmen dieser Arbeit über einen geeigneten Linker kovalent miteinander verknüpft werden. Dieser Linker dient als Abstandshalter und könnte im Idealfall noch zusätzliche Wechselwirkungen zum Peptid ausbilden. Die RGD-Sequenz liegt in ihren natürlich vorkommenden Proteinen in unterschiedlichen Konformationen vor; durch einen geeigneten Linker sollte eine Vororientierung des Rezeptormoleküls erreicht werden, um so zwischen verschiedenen RGD-Konformationen unterscheiden zu können. Zur Ermittlung eines geeigneten Linkers mussten intensive Modellingstudien unternommen werden. Hierbei sollten Modellverbindungen, welche die natürliche Konformation der RGD-Sequenz in Proteinen nachahmen, behilflich sein. Als Modellverbindungen dienen hierbei die von *Kessler* entwickelten RGD-Cyclopeptide, insbesondere das cRGDfV, welches die RGD-Konformation in Vitronektin nachahmen kann. Im Molecular Modelling sollte eine Serie von potentiellen Rezeptormolekülen mit unterschiedlichen Linkern, die sich in Länge und Flexibilität unterscheiden, im Komplex mit diesen Cyclopeptiden berechnet werden. Der Vergleich der Ursprungskonformation des Cyclopeptides, mit der berechneten energieärmsten Konformation des Cyclopeptides im Komplex mit dem Rezeptormolekül, sollte ein Hinweis darauf liefern, welche Konformation des Cyclopeptides von welchem Rezeptormolekül bevorzugt gebunden wird. Außerdem sollten mit Hilfe der Kraftfeldrechnungen die Anzahl und Art der möglichen nichtkovalenten Kontakte zwischen Rezeptor und Substrat vorhergesagt werden.

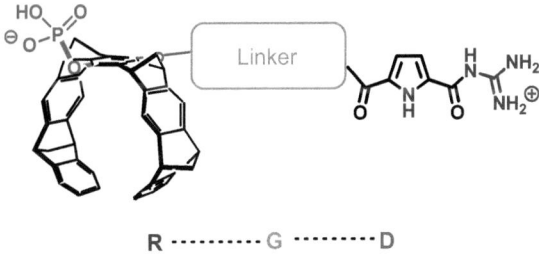

Abb. 2.3: Prinzipieller Aufbau des künstlichen RGD-Rezeptors.

Basierend auf diesen in silico-Arbeiten sollten dann erste Prototypen maßgeschneiderter Rezeptormoleküle zur Bindung des cRGDfV-Modellpeptids synthetisiert werden. Hierfür musste eine geeignete Synthesestrategie für eine erstmals unsymmetrisch substituierte molekulare Pinzette mit zwei Erkennungseinheiten entwickelt werden. Zunächst sollte der Linker dazu in geeigneter Form an eine Erkennungseinheit angebracht werden und anschließend mit der anderen Erkennungseinheit kovalent verknüpft werden. Zu beachten ist hierbei die geeignete Reihenfolge der Anbringung, sowie die Verwendung von geeigneten orthogonalen Schutzgruppen.

Letztendlich sollte die Entwicklung einer geeigneten Syntheseroute, die auch auf andere Erkennungseinheiten übertragbar ist, einen universellen Zugang zu asymmetrisch substituierten Pinzetten liefern. Die hergestellten RGD-Rezeptormoleküle sollten dann zunächst auf Selbstassoziation untersucht und anschließend gegenüber verschiedenen Arginin-, Lysin-Derivaten und RGD-Peptiden getestet werden. Neben linearen RGD-Peptiden sollten dabei auch RGD-Cyclopeptide zum Einsatz kommen, vor allem das cRGDfV, cRGDFPA und cGRGDfL, um eine eventuelle konformative Unterscheidung zu überprüfen. Für diese physikalisch-organischen Untersuchungen sollten sowohl NMR-, als auch Fluoreszenztitrationen zum Einsatz kommen, um so die Bindungsstärke zu bestimmen und auch strukturelle Hinweise auf die zugrunde liegenden Interaktionen zu bekommen. Neben der Entwicklung der künstlichen RGD-Rezeptormoleküle, sollte in einem Nebenprojekt zunächst eine monosubstituierte Phosphatpinzette hergestellt werden. Ziel sollte es sein, die Bindungsaffinität gegenüber verschiedenen Arginin- und Lysin-Derivaten, sowie gegenüber RGD-Peptiden zu bestimmen. Durch Vergleich mit der Bisphosphatpinzette sollte der Einfluss der zweiten Phosphatgruppe auf die Bindung solcher Substrate ermittelt werden.

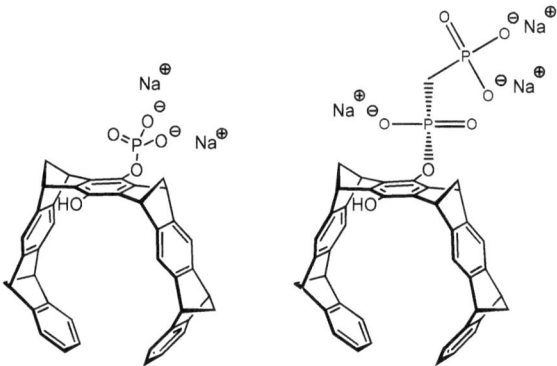

Abb. 2.4: Monophosphatpinzette und Diphosphonatpinzette.

Desweiteren sollte durch Vergleich der Bindungsstärke dieser monosubstituierten Pinzette mit der Bindungsstärke der künstlichen RGD-Rezeptoren der Anteil der Pinzette an der Substratbindung ermittelt werden. In einem zweiten Nebenprojekt sollte eine Diphosphonatpinzette entwickelt werden. Die Erweiterung um eine weitere negative Phosphonat-Ladung sollte die Wasserlöslichkeit des Gesamtmoleküls auch im Komplex mit dem zwitterionischen Peptidgast deutlich erhöhen.

3. Durchführung und Ergebnisse

3.1. Synthese des Gründgerüstes der molekularen Pinzette

Zu Beginn der Arbeit musste zunächst die molekulare Pinzette resynthetisiert werden. Die Darstellung erfolgte nach einer bereits von *Klärner et al.* etablierten Syntheseroute. Sie setzt sich aus der Synthese der zentralen Benzol-Spacereinheit, der Synthese der Seitenwand, sowie der sich daran anschließende Aufbau des Grundgerüstes mit Hilfe einer Diels-Alder-Reaktion des Spacers mit drei-vier Moläquivalenten der Seitenwand zusammen. In einem weiteren Schritt wird die Diacetoxypinzette bzw. in weiteren zwei Schritten die Dihydroxypinzette synthetisiert, welche als Ausgangsverbindungen für die weiteren darauffolgenden Synthesen dienten.

3.1.1 Synthese der zentralen Benzolspacereinheit

Die Synthese des Diacetoxybenzolspacers umfasste insgesamt vier Reaktionsschritte.[125, 126] Im ersten Reaktionsschritt wurde in einer Diels-Alder-Reaktion frisch destilliertes Cyclopentadien **1** mit *p*-Benzochinon **2** umgesetzt. Nach Bildung des 1:1 Adduktes **3** wurde dieses basenkatalysiert mit Triethylamin in die Enolform **4** überführt. Die anschließende Oxidation zum Chinon **5** erfolgte mit *p*-Benzochinon **2**. Durch eine weitere Diels-Alder-Reaktion mit frisch destilliertem Cyclopentadien **1** erhielt man ein Isomerengemisch aus *syn* und *anti* **6a/6b**. Durch fraktionierende Kristallisation konnte man das *syn*-Addukt **6** isolieren und in einer weiteren Reaktion, durch basenkatalysierte zweifache Enolisierung, in Anwesenheit der Acylierungsreagenz Essigsäureanhydrid, in das gewünschte Bisdienophil **7** überführen. Der Syntheseweg von **7** ist in Abbildung 3.1 dargestellt.

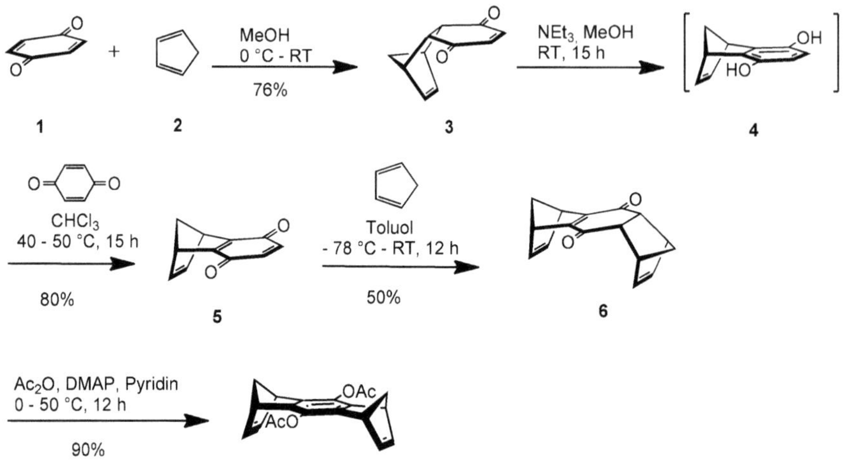

Abb. 3.1: Syntheseschema der zentralen Benzolspacereinheit **7**.

3.1.2 Synthese der Dien-Seitenwand

Die Synthese das Diens erfolgte in sechs Schritten ausgehend von Inden **8** mit Maleinsäureanhydrid **9**.[127-129] Bei Temperaturen oberhalb von 180 °C erfolgt im ersten Reaktionsschritt eine 1,5-*H*-sigmatrope Umlagerung des Indens **8** unter Bildung des instabileren 2*H*-Indens. Dieses Isoinden kann als *o*-chinoides System mit Maleinsäureanhydrid **9** als Dienophil in einer Diels-Alder-Reaktion zum 1:1 Endo-Addukt **10** umgesetzt werden. Trotz dieser hohen Temperaturen wird ausschließlich das Endo-Produkt gebildet. Nach saurer Methanolyse zum *cis*-Diester **11**, erfolgte die basenkatalysierte Epimerisierung zum *trans*-Diester **12**. Die nachfolgende Reduktion mit Lithiumaluminiumhydrid lieferte das *trans*-Diol **13**, welches anschließend mit dem Chlorierungsreagenz Triphenylphosphindichlorid in das *trans*-Dichlorid **14** umgesetzt wurde. Durch zweifache basische Eliminierung mit einem Überschuss an Kaliumhydroxid unter Zugabe katalytischer Mengen 18-Krone-6 erhielt man im letzten Schritt das gewünschte Dien **15**. Abbildung 3.2 gibt das Syntheseschema zur Darstellung der Dien-Seitenwand **15** wider.

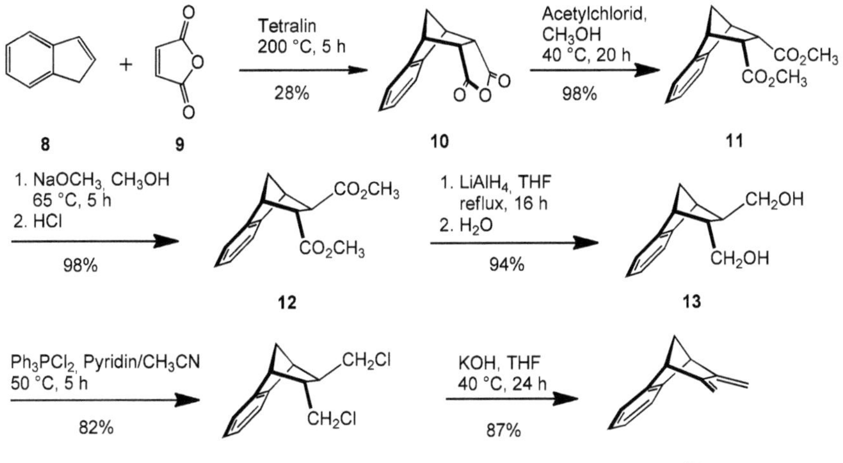

Abb. 3.2: Syntheseschema der Dien-Seitenwand **15**.

3.1.3 Synthese der Diacetoxy- und Dihydroxypinzette

Ausgehend von den beiden synthetisierten Einheiten, der Benzolspacereinheit **7** und der Dien-Seitenwand **15**, wurde das Grundgerüst der Pinzette aufgebaut.[111, 115] Beide Moleküle wurden zusammen in einer Diels-Alder-Reaktion für vier Tage in einer geschlossenen abgeschmolzenen Ampulle bei 175°C thermolysiert. Durch Zugabe von geringen Mengen an Triethylamin kann eine etwaige kationische Polymerisation des Diens weitgehend verhindert werden. Aufgrund der *exo*-Selektivität der Norbornendoppelbindung und der *endo*-Selektivität des 1,3-Diensystems von Bisexomethylennorbornan und seinen Derivaten entsteht ausschließlich die Verbindung **16** mit *syn* zueinander ausgerichteten Methylenbrücken.[130, 131] Durch diesen Schlüsselschritt wird die konkave Topologie der Pinzette festgelegt. Im nächsten Schritt erfolgte die Synthese der Diacetoxypinzette **17**, durch Oxidation mit DDQ. Durch Reduktion der Acetoxygruppen mit Lithiumaluminiumhydrid erhielt man die Dihydroxypinzette **18**. Nachfolgend ist in Abbildung 3.3 die Synthese des Pinzettengrundgerüstes dargestellt.

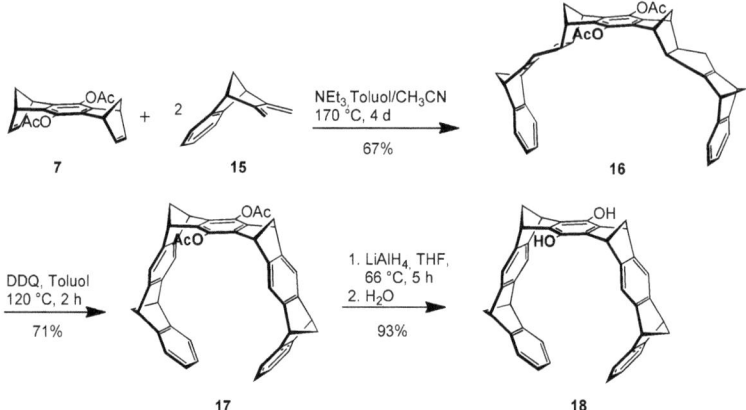

Abb. 3.3: Syntheseschema Pinzette **18**.

3.2 Synthese der Bisphosphatpinzette

Die Synthese der Bisphosphatpinzette erfolgt ausgehend von der Dihydroxypinzette **18** in 2 Schritten.[116] Zunächst wurden die Hydroxy-Gruppen mit POCl$_3$ in die entsprechenden Phosphorsäureesterchloride **19** überführt und anschließend mit Wasser hydrolysiert. Die freie Phosphorsäure **20** wurde dann durch Neutralisation mit genau vier Äquivalenten Natriumhydroxid-Monohydrat in das Tetranatriumsalz **21** überführt.

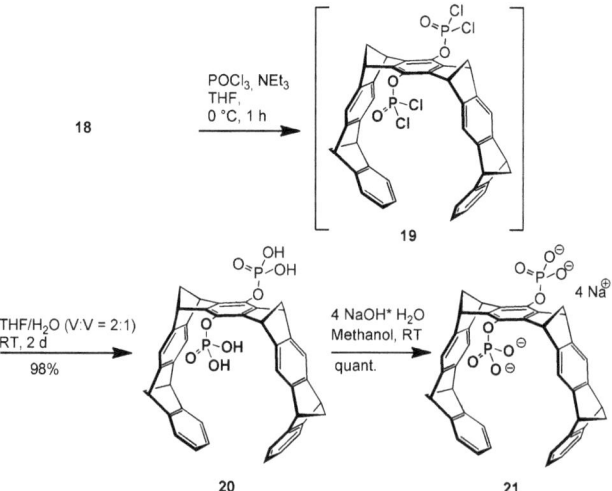

Abb. 3.4: Syntheseschema der Bisphosphatpinzette **21**.

3.2.1 Bindungsstudien mit der Bisphosphatpinzette

Bastkowski konnte in seinen Arbeiten zeigen, dass die Bisphosphatpinzette in wässriger gepufferter Lösung dimerisiert. Der jedoch relativ geringe Dimerisierungsgrad von $K_{dim} = 60\ M^{-1}$ hat dabei kaum einen Einfluss auf die Komplexierungseigenschaften des Rezeptormoleküls. So wird z.b. *N*- und *C*-terminal geschütztes Lysin über seine freie ε-Ammoniumgruppe mit einer sehr hohen Bindungskonstante von 58000 M^{-1} gebunden.[116] Untersuchungen des Komplexierungsverhaltens der Bisphosphatpinzette erfolgten in dieser Arbeit in Phosphatpuffer bei pH 7.4, damit eine Deprotonierung der Phosphatgruppen gewährleistet war (1-2 negative Ladungen pro Phosphatgruppe). In Vorarbeiten zur vorliegenden Dissertation wurde die Bisphosphatpinzette 21 als Referenz von mir auch auf ihr Komplexierungsverhalten gegenüber verschiedenen RGD-haltigen Peptiden untersucht. Untersucht wurden die Bindungsstärken gegenüber argininhaltigen Peptiden, die die RGD-Sequenz beinhalten, in diesem Falle GRGDTP und den RGD-Cyclopeptiden cRGDfV, cGRGDfL und cRGDFPA. Bei dem käuflich erworbenen linearen Peptid GRGDTP handelt es sich um ein Fragment aus Fibronektin. Es ist in der Lage die Zellanbindung von Fibronektin zu unterbinden.[132-134] Bei den anderen drei Cyclopeptiden handelt es sich im Gegensatz zu dem linearen Peptid um konformativ eingeschränkte Peptide nach *Kessler*, die alle spezifisch eine bestimmte natürliche RGD-Konformation nachahmen (Abb.3.5). Das Cyclopeptid cRGDfV inhibiert effektiv die Anbindung von Vitronektin, aber auch von Laminin und Fibronektin an das Integrin $\alpha_v\beta_3$. Es dient als Vitronektin-Rezeptorantagonist und verhindert die Tumorzelladhäsion. Dieses Peptid bietet sich daher als Modelverbindung für die natürliche RGD-Konformation in Vitronektin an.[135-138] Das Cyclohexapeptid cRGDFPA kann die Zelladhäsion von Laminin effektiv unterbinden, während das cGRGDfL vor allem die Bindung von Fibrinogen an das Integrin $\alpha_{IIb}\beta_3$ inhibiert. Das cGRGDfL weist einen für Somatostatin-Analoge typischen Knick zwischen dem Gly^1- und Asp^4-Rest auf.[139-141] Alle Peptide unterscheiden sich im ß-Schleifentyp, was zu einem bestimmten Selektivitätsprofil gegenüber verschiedenen Integrinen aufgrund unterschiedlicher RGD-Konformationen führt. ß-Schleifen in RGD-Cyclopeptiden dienen also als eine Art Selektivitätsschalter.[142]

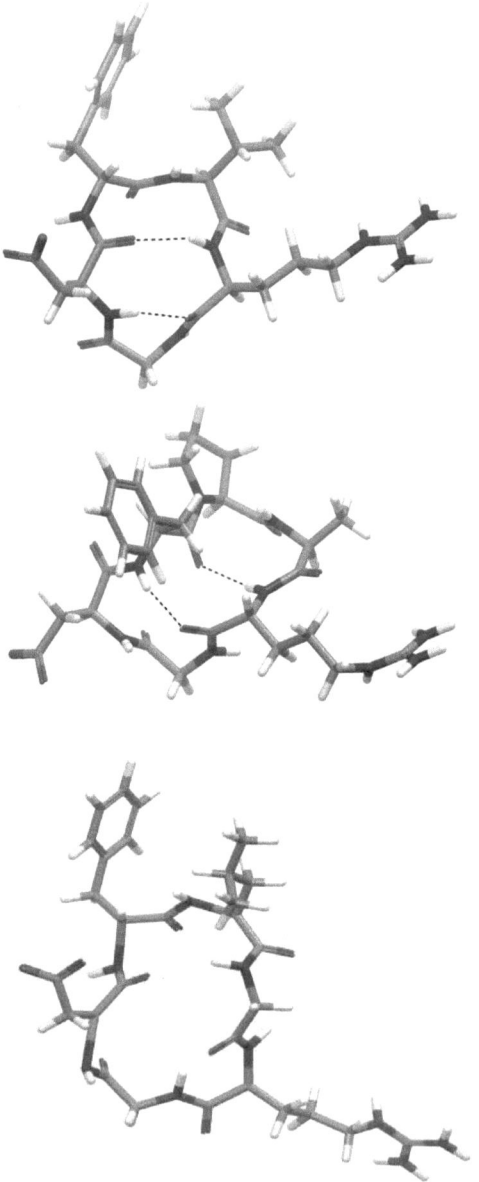

Abb. 3.5: Das cRGDfV liegt in der all-*trans* Konformation vor und besitzt einen ßII´-*turn* und γ-*turn*, die durch essentielle Wasserstoffbrückenbindungen stabilisiert werden (oben). Das in der all-*trans* Konformation vorliegende cRGDFPA besitzt eine ßI und ßII´ Schleifenanordnung (Mitte). cGRGDfL enthält stabilisierende γ-*turns* um Asp[4] und Gly[1], welche die Ausbildung einer gestreckten ß-*turn* Struktur verhindern (unten). Gepunktete Linien geben Wasserstoffbrückenbindungen an.[135, 140, 141]

Die RGD-Cyclopeptide wurden nach einer Literaturvorschrift nach *Dai et al.* mit gegebenenfalls leichter Modifizierung per manueller Festphasensynthese hergestellt (Abb. 3.6).[143] Dazu wurden die linearen RGD-Peptide zunächst in einem Peptidsynthesegefäß mit Hilfe von 2-Chlorotritylresin unter Verwendung der Fmoc-Strategie hergestellt. Als Kupplungsreagenzien kamen TBTU und HOBT mit DIEA als Base zum Einsatz. Die selektive Abspaltung von der festen Phase, unter Beibehaltung der übrigen Schutzgruppen, erfolgte mit Hilfe von Essigsäure/TEA/DCM 1:1:3. Im Kolben wurde das lineare Peptid anschließend mit Propanphosphonsäureanhydrid (T3P) und DMAP/Triethylamin als Hilfsbasen in DCM in großer Verdünnung cyclisiert. Im letzten Schritt wurden die restlichen Schutzgruppen mit TFA/Wasser 19:1 abgespalten.

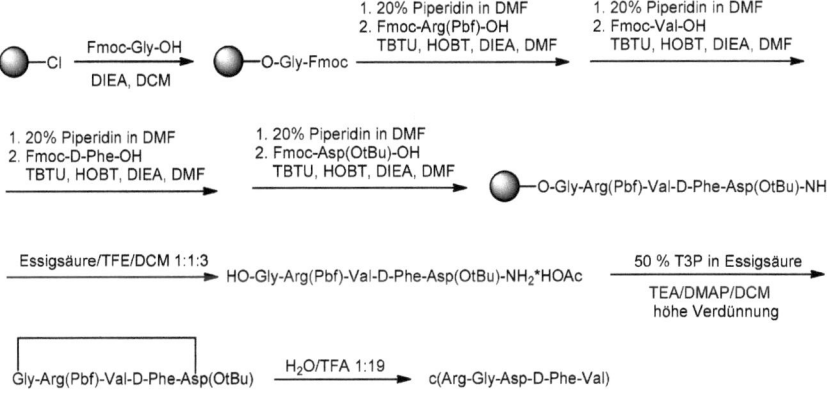

Abb. 3.6: Beispielhafte Synthese der Cyclopeptide anhand von cRGDfV.

Für die Erkennung dieser RGD-haltigen Peptide durch die Bisphosphatpinzette **21** sollte die Konformation der Peptide kaum eine Rolle spielen, hier geht es zunächst einmal um die generelle Erkennung des Arginins im Peptid. Jedoch spielt die Konformation dieser Cyclopeptide eine mögliche Rolle bei der Erkennung von Rezeptoren, die sowohl ein Arginin- als auch ein Aspartat-Bindungsmotiv besitzen, wie bei den später herzustellenden ditopischen RGD-Rezeptoren bestehend aus der molekularen Pinzette und dem Guanidiniocarbonylpyrrol.

Für Bindungsstudien der Bisphosphatpinzette **21** mit den RGD-haltigen Peptiden wurden hauptsächlich spektrofluorometrische Titrationen durchgeführt. Um einen strukturellen Hinweis auf einen Einschluss des Gastes in die Kavität der Pinzette zu erhalten, wurde eine ^{1}H-NMR-Titration durchgeführt. Die K_a-Werte der Fluoreszenztitrationen sind in der nachfolgenden Tabelle dargestellt.

Tab. 3.1: In Fluoreszenztitrationen ermittelte Bindungskonstanten von **21** mit verschiedenen RGD-Peptiden in wässriger gepufferter Lösung.

Substrat	Lösungsmittel	Bindungskonstante K_a [M^{-1}]
GRGDTP	Bis-Tris Puffer 10 mM pH 6.0	12923 +/- 1701
GRGDTP	Phosphatpuffer 10 mM pH 7.4	25194 +/- 963
cRGDfV	Phosphatpuffer 10 mM pH 7.4	16791 +/- 1817
cGRGDfL	Phosphatpuffer 10 mM pH 7.4	38706 +/- 3125
cRGDFPA	Phosphatpuffer 10 mM pH 7.4	18705 +/- 2158

Es zeigte sich erwartungsgemäß, dass alle Peptidsequenzen mit in etwa derselben Stärke vom Rezeptor **21** gebunden werden. Das lineare GRGDTP zeigte dabei eine etwas stärkere Bindungskonstante als cRGDfV und cRGDFPA, während cGRGDfL, mit einem K_a von 38706 M^{-1}, fast doppelt so stark gebunden wird wie die beiden anderen Cyclopeptide. Der leichte Unterschied in der Bindungsstärke ist möglicherweise durch sterische Effekte zu erklären, da in den beiden stärker gebundenen Peptiden das Arginin von zwei Glycinen umgeben ist und so keine Seitenketten bei der Bindung des Arginins stören könnten. Der Einfluss des pH-Wertes auf die Bindung wurde untersucht indem eine Fluoreszenztitration bei pH 6.0 durchgeführt wurde. Wie erwartet sank hier die Bindungskonstante, da dem Rezeptor **21** nun weniger negative Ladungen der Phosphatgruppen für ionische Wechselwirkungen zu Verfügung stehen. Um zu überprüfen, ob ein Einschluss des Gastes in der Kavität der Pinzette **21** erfolgt, wurde beispielhaft eine ^{1}H-NMR Titration mit cRGDfV als Substrat durchgeführt. Die ^{1}H-NMR-Verdünnungstitration (Abb.3.7) zeigt deutlich einen Hochfeldshift der Seitenketten-CH_2-Gruppen des Arginins im cRGDfV. Diese deutlichen Shifts von mehr als zwei ppm sind ein klarer Hinweis auf den Einschluss der Guanidin-Gruppe in die Kavität der Pinzette. Verfolgt werden konnte hier nur die δ-CH_2 des Arginins, die Verschiebung der β-CH_2 und γ-CH_2 Gruppen sind jedoch deutlich erkennbar. Auch die ermittelte Bindungskonstante von 9428 M^{-1} stimmt gut mit dem durch Fluoreszenztitration ermittelten Wert überein.

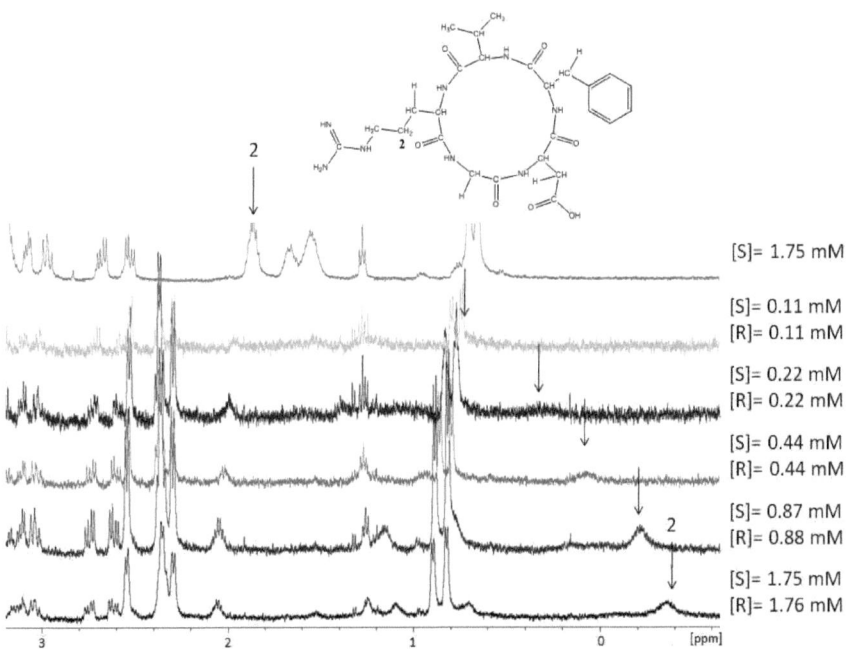

Abb. 3.7: ^{1}H-NMR-Spektren (500 MHz) der Verdünnungstitration zwischen Rezeptor **21** und cRGDfV in Phosphatpuffer pH 7.4 bei 25 °C. Rezeptor und Substrat liegen im 1:1 Verhältnis vor, mit der Konzentration 1.75 mM. In jedem Titrationsschritt wird die Konzentration um die Hälfte reduziert.

3.3 Synthese und Eigenschaften der Monophosphatpinzette

Die Synthese der Monophosphatpinzette erfolgte ausgehend vom Grundgerüst der Diacetoxypinzette **17** nach dem in Abb.3.8 abgebildeten Syntheseweg.

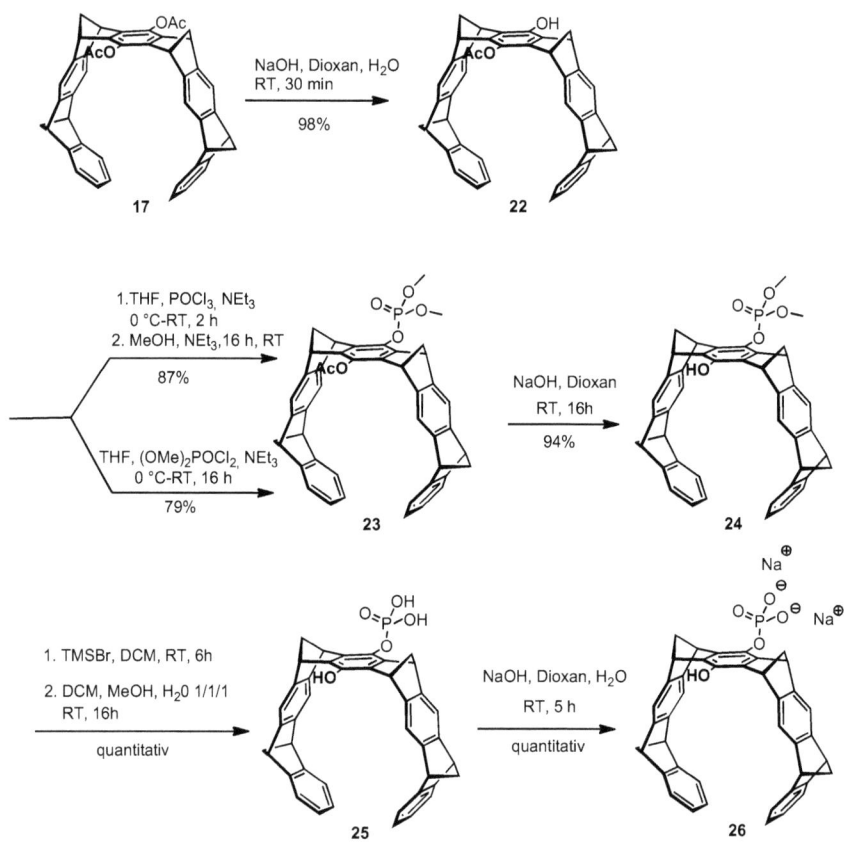

Abb. 3.8: Schema zur Darstellung der Monophosphatpinzette.

Bei dem ersten Schritt handelt es sich um eine bereits in der Doktorarbeit von *Kamieth* etablierte Synthese. Die Diacetoxypinzette **17** konnte dabei durch Natronlauge selektiv von nur einer Acetoxygruppe befreit werden. Die Ausbeute ist nahezu quantitativ. Die zweite Acetoxy-Gruppe wird durch die Bildung eines Phenolat-Anions stabilisiert und so vor einer

Abspaltung geschützt. Im zweiten Schritt wurde zunächst versucht, die Einführung einer methylgeschützten Phosphatgruppe auf direktem Wege zu erreichen. Dabei wurde Dimethylchlorophosphat im hohen Überschuss (bis zu 40 Äquivalente) eingesetzt. Die Ausbeuten waren mit 79% recht zufriedenstellend. Aufgrund des hohen benötigten Überschusses und den damit verbundenen Kosten wurde jedoch versucht auf einem anderen Weg an das gewünschte Produkt zu kommen. Dabei wurde die Synthese, die auch schon bei der Darstellung der freien Säure **20** der Bisphosphatpinzette **21** verwendet wurde, modifiziert. Statt das Lösungsmittel zu entfernen und das freie Phosphorsäureesterchlorid mit Wasser in die freie Säure zu überführen, wurde es *in situ* mit Methanol in hohem Überschuss zur Reaktion gebracht. Durch gleichzeitige Zugabe von zwei Äquivalenten Triethylamin (bezogen auf die Pinzette **22**) wurde die freie werdende Säure abgefangen. Auf diesem Wege gelang die Synthese von **23** auf einem kostengünstigeren Weg mit höheren Ausbeuten (87%). Die Einführung einer geschützten Phosphatgruppe eröffnete außerdem die Möglichkeit die Pinzette auf dieser und auch auf nachfolgenden Stufen per Säulenchromatographie aufzureinigen. Schließlich erhält man dadurch die Option weitere Synthesen an der freien OH-Gruppe auf der anderen Seite der Pinzette durchzuführen. Im nächsten Schritt wurden für die Abspaltung der Acetoxygruppe die gleichen Bedingungen wie für die Synthese von **22** gewählt. Hier zeigte sich jedoch, dass eine Reaktionszeit von 30 min nicht mehr ausreichend für eine vollständige Spaltung der Acetoxygruppe ist. Durch Verlängern der Reaktionszeit auf 16 h konnte ein vollständiger Umsatz mit Ausbeuten für **24** von 94% erzielt werden. Da die Acetoxygruppe die bessere Abgangsgruppe ist, konnte aufgrund der nachfolgenden Bildung des Phenolatanions eine Abspaltung des methylgeschützten Phosphates verhindert werden. Im nächsten Schritt für die freie Säure **25** dargestellt; dafür musste die Phosphatgruppe demethyliert werden. Für die Spaltung solcher Methylester eignen sich Verbindungen wie TMSBr oder TMSI, diese spalten selektiv die Bindung zwischen einer $O-CH_3$-Bindung, ihre Nucleophilie ist jedoch nicht ausreichend, um eine Methylether-Bindung zu einem Phenol zu brechen. Für die Abspaltung wurde in diesem Fall das mildere Reagenz TMSBr verwendet. Für eine vollständige Umsetzung benötigte man 10 Äquivalenten TMSBr und eine Reaktionszeit von 6 h bei Raumtemperatur. Nach Abdestillation des überschüssigen TMSBr im Hochvakuum mussten die Silylester mit Wasser verseift werden. Da die Zwischenstufe jedoch nicht ausreichend wasserlöslich ist wurde ein Gemisch aus Wasser/MeOH/DCM benutzt und unter kräftigem Rühren über mehrere Stunden erfolgte nun die gewünschte Umsetzung zur freien Phosphorsäure **25**. Im letzten Schritt wurde **25** durch Neutralisation mit genau 2 Äquivalenten Natriumhydroxid-Monohydrat in das entsprechende Natriumsalz **26** überführt. Dabei wurde ein Gemisch aus Dioxan mit wenig Wasser verwendet, um ein vollständig gelöstes Edukt zu gewährleisten. Die Monophosphatpinzette ist als Natriumsalz ebenfalls noch sehr gut wasserlöslich, in Puffer jedoch ist ihre maximale Löslichkeit bei ungefähr 1 mM erreicht.

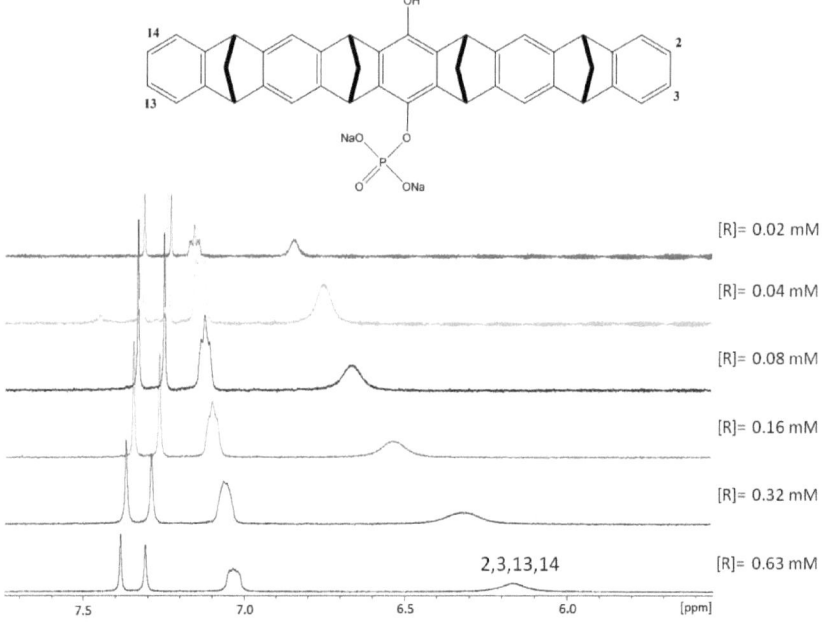

Abb. 3.9: Verdünnungsexperiment zu Bestimmung der Dimerisierungsstärke von **26**.

Im ¹H-NMR-Spektrum von **26** (Abb.3.9) ist im Vergleich zur symmetrischen Bisphosphatpinzette eine leichte Verbreiterung und ein Hochfeldshift der äußeren Protonen der äußersten Benzoleinheiten (2,3,13,14) zu erkennen. Dies ist ein starkes Indiz für eine Dimerisierung der Pinzette. Um die Stärke der Dimerisierung zu bestimmen, wurde ein Verdünnungsexperiment durchgeführt. Dieses ergab erfreulicherweise eine relativ geringe Dimerisierungskonstante von 80 M^{-1}. Im Gegensatz zur Phosphonat-substituierten Pinzette mit Naphthalin-Spacereinheit, die in Wasser äußerst stabile Dimere bildet (K_{dim} = 22.8 · 10^5 M^{-1})[116], hat die neue Monophosphatpinzette **26** nur eine geringe Dimerisierungstendenz.

3.3.1 Bindungsstudien mit Arginin und Lysin

Die Monophosphatpinzette **26** wurde zunächst auf ihr Bindungsverhalten gegenüber Lysin, Arginin sowie einigen ihrer geschützten Derivate getestet. Dabei sollte untersucht werden, in wie weit sich das Bindungsverhalten von der Bisphosphatpinzette **21** unterscheidet. Hierfür wurden wiederum Fluoreszenztitrationen durchgeführt. Die geeignete Anregungswellenlänge wurde zuvor durch die Aufnahme eines UV-Spektrums ermittelt.

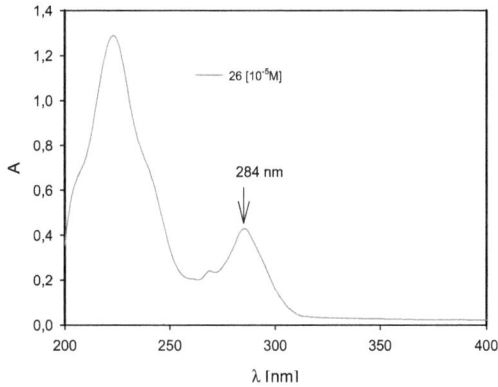

Abb. 3.10: UV-Spektrum der Verbindung **26**.

Wie in Abbildung 3.10 zu erkennen, besitzt **26** ebenso wie **21** neben einem Maximum bei 224 nm, ein lokales Absorptionsmaximum bei 284 nm. Diese Wellenlänge wurde anschließend als Anregungswellenlänge für die nachfolgenden Fluoreszenzuntersuchungen verwendet. In der nachfolgenden Tabelle 3.2 ist eine Übersicht der in den Fluoreszenztitrationen getesteten Substrate dargestellt. Die Werte zeigen, dass die stärkste Bindung mit *C*-Terminal geschützten Derivaten erreicht wird, deren *N*-Terminus frei vorliegt. Dies gilt sowohl für Arginin als auch für Lysin. Dabei wird H-Arg-OMe mit $K_a = 72208$ M^{-1} bis zu siebenmal stärker gebunden als freies Arginin oder Ac-Arg-OH sowie Ac-Arg-OMe. Dieser Vergleich zeigt, dass das N-terminale Ammoniumion an der Bindung teilnimmt, wahrscheinlich über eine ionische NH_3^+-OH-Wasserstoffbrücke (siehe Modelling, Abb.3.11).

Tab.3.2: In Fluoreszenztitrationen ermittelte Bindungskonstanten für **26** mit Arginin und Lysin, sowie deren geschützten Derivaten in wässriger gepufferter Lösung.

Substrat	Lösungsmittel	Bindungskonstante K_a [M^{-1}]
H-Arg-OH	Bis-Tris Puffer 10 mM pH 6.0	3258 +/- 329
H-Arg-OH	Phosphatpuffer 10 mM pH 7.4	7368 +/- 1036
H-Arg-OMe	Phosphatpuffer 10 mM pH 7.4	**72208** +/- 3903
Ac-Arg-OH	Phosphatpuffer 10 mM pH 7.4	10999 +/- 696
Ac-Arg-OMe	Phosphatpuffer 10 mM pH 7.4	8921 +/- 1636
H-Lys-OH	Phosphatpuffer 10 mM pH 7.4	6489 +/- 612
H-Lys-OMe	Phosphatpuffer 10 mM pH 7.4	**74139** +/- 15459
Ac-Lys-OH	Phosphatpuffer 10 mM pH 7.4	21813 +/- 1435
Ac-Lys-OMe	Phosphatpuffer 10 mM pH 7.4	3763 +/- 869

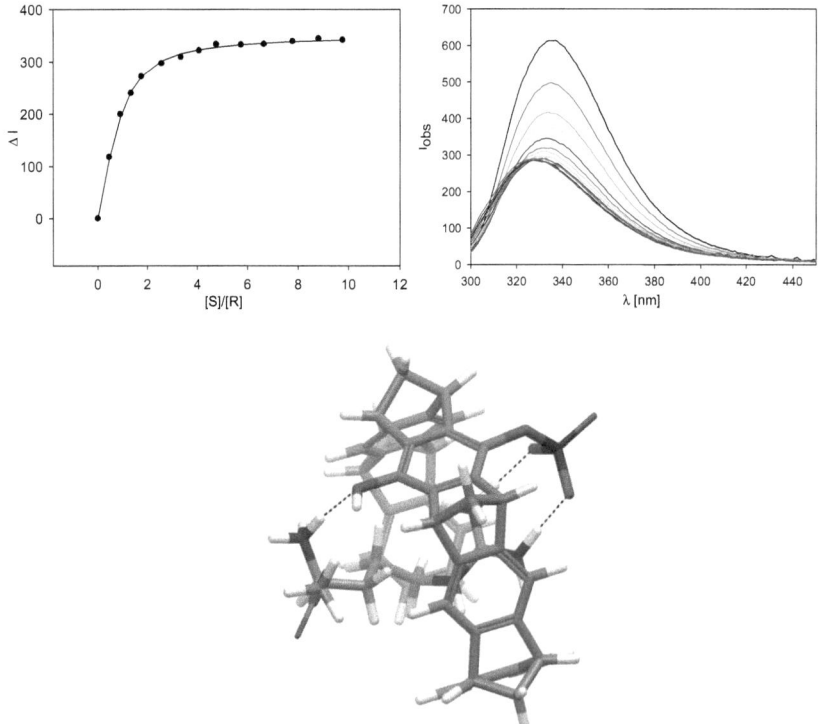

Abb. 3.11: Oben: Kurve der Fluoreszenztitration zwischen H-Arg-OMe und Rezeptor **26** und die auftretende Fluoreszenzquenchung. Unten: Berechneter Komplex aus **26** und H-Arg-OMe (MacroModel 9.0, Amber*, H_2O, Monte-Carlo-Simulation, 5000 Schritte).

Das freie Arginin dagegen weist wider Erwarten im Vergleich zu H-Arg-OMe mit nur 7368 $[M]^{-1}$ eine sehr niedrige Bindungskonstante auf. Dies lässt vermuten, dass auch die Carboxylat-Gruppe einen Einfluss auf die Bindungsstärke ausübt und es scheinbar zu einer elektrostatischen Abstoßung zwischen der freien Carboxylat-Gruppe und der OH-Gruppe der Pinzette kommt. Zu dem gleichen Ergebnis kommt man, wenn man die Werte des Lysins betrachtet, bei denen das freie Lysin mit einem K_a von 6489 $[M]^{-1}$ auch etwa zehnmal schwächer gebunden wird als der Ester H-Lys-OMe. Hier spielt offenbar die Carboxylat-Phosphat-Abstoßung eine große Rolle. Der Einfluss der Ladung der Phosphatgruppe auf die Bindungsstärke wurde wiederum durch eine Titration bei pH 6.0 untersucht. So konnte auch hier gezeigt werden, dass die Bindungsstärke in etwa um die Hälfte sinkt, wie man das auch schon bei der Bisphosphatpinzette **21** beobachten konnte. Die Absenkung des pH-Wertes auf 6.0, bei dem die Phosphatgruppe nur noch einfach anionisch (statt anderthalbfach) vorliegt, hat also einen Einfluss von Faktor zwei auf die Bindungsstärke der Pinzette. Betrachtet man die Werte im Ganzen und vergleicht diese mit denen der Bisphosphatpinzette **21** (Tab. 3.3), so sind die Werte auf den ersten Blick überraschend:

Tab. 3.3: Vergleich der in Fluoreszenztitrationen ermittelten Bindungsstärken zwischen der Monophosphatpinzette **26** und der Bisphosphatpinzette **21** in wässriger gepufferter Lösung.

Substrat	26 Bindungskonstante K_a $[M^{-1}]$ in Phosphatpuffer pH 7.4	21 Bindungskonstante K_a $[M^{-1}]$ in Phosphatpuffer pH 7.6[117]
H-Lys-OH	6489	46920
Ac-Lys-OMe	3763	57020
H-Lys-OMe	74139	-

Aufgrund der fehlenden zweiten Phosphatgruppe könnte man erwarten, dass es zu einer weniger starken elektrostatischen Abstoßung mit der Carboxylatgruppe des freien Arginins bzw. des Lysins kommt und die Affinität der Monophosphatpinzette **26** für die freien Aminosäuren höher liegen würde als die von **21**. Dies wird offensichtlich überkompensiert durch das zweite Ionenpaar zwischen der zweiten Phosphatgruppe von **21** und der freien α-Ammoniumgruppe der Aminosäuren. Überraschender ist der Unterschied zwischen den Affinitäten von Mono- und Bisphosphatpinzette zu den N/C-geschützten Aminosäurederivaten. Hier könnte ein Entropieeffekt die Bildung von Einschlusskomplexen der unsymmetrischen Pinzette benachteiligen, denn zur Ausbildung des attraktiven Ionenpaars muss sich der Gast dem Wirt mit der richtigen Orientierung nähern.

3.3.3 Bindungsstudien mit RGD-haltigen Substraten

Im nächsten Schritt wurde die Bindungsstärke der Monophosphatpinzette **26** mit verschiedenen RGD-haltigen Substraten überprüft (Tab.3.4). Die Untersuchungen erfolgten zum Teil in Puffer bei pH 7.4, um hier wieder einen Vergleich zur Bisphosphatpinzette **21** ziehen zu können und zum Teil bei pH 6.0, um im Hinblick auf die später zu untersuchenden Ditopischen RGD-Rezeptoren einen Hinweis auf den Einfluss der Monophosphatpinzette auf die Gesamtbindungsstärke zu erlangen. Hierbei wurden zunächst wieder die RGD-haltigen Cyclopeptide bei pH 7.4 untersucht. Die Ergebnisse zeigen, dass die Bindungsstärke der Monophosphatpinzette **26** gegenüber den RGD-Cyclopeptiden, in etwa der Größenordnung der Bisphosphatpinzette **21** entspricht. Wobei die Stärke der Bindung von cRGDfV überraschend hoch im Vergleich zu den anderen Cyclopeptiden war. Die Bindungsstärke von $K_a = 70101\ M^{-1}$ lag dabei mehr als doppelt so hoch wie die von cRGDFPA und cGRGDfL. Die Titration mit cRGDfV wurde noch einmal bei pH 6.0 wiederholt und die relativen hohen Werte konnten hier mit einem K_a von $57044\ M^{-1}$ (geringere Bindungsstärke aufgrund der geringeren Ladung) reproduziert werden. Wie Kraftfeldrechnungen (Abb.3.12) zeigen, könnten zusätzliche Wasserstoffbrückenbindungen vom Cyclopeptid cRGDfV zur OH-Gruppe und umgekehrt zu einer stärkeren Bindung beitragen. Um den Einschluss des Arginins in die Kavität von **26** zu überprüfen wurde ein 1:1 Komplex im ^{1}H-NMR aufgenommen (Abb.3.12). Die Betrachtung des Spektrums zeigt eindeutig den Einschluss des Arginins in die Kavität der Pinzette **26**. So ist das Signal der γ-CH$_2$-Gruppe des Arginins bei 3.0 ppm im 1:1 Komplex verschwunden und auch die anderen CH$_2$-Gruppen der Seitenkette des Arginins weisen eine Verschiebung ins hohe Feld auf.

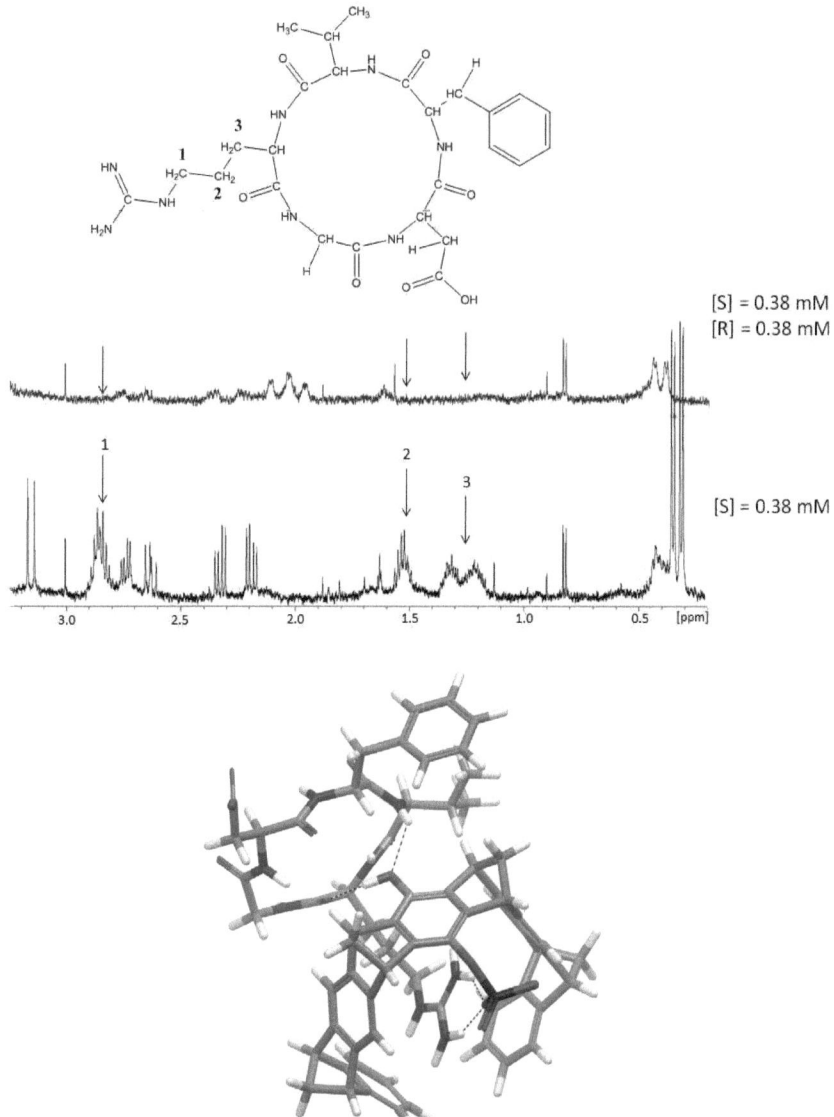

Abb. 3.12: Oben: ¹H-NMR vom 1:1 Komplex von **26** und cRGDfV im Vergleich zu reinem Substrat. Unten: Berechneter Komplex aus **26** und cRGDfV, die gestrichelten Linien geben Wasserstoffbrückenbindungen wieder (MacroModel 9.0, Amber*, H$_2$O, Monte-Carlo-Simulation, 5000 Schritte).

Nachdem der Einschluss in die Kavität nachgewiesen wurde, wurden noch weitere Fluoreszenztitrationen mit verschiedenen Arginin- und RGD-haltigen-Substraten bei pH 6.0 durchgeführt (Tab.3.4).

Tab. 3.4: In Fluoreszenztitrationen ermittelte Bindungskonstanten für RGD- und argininhaltige Substrate in wässriger gepufferter Lösung

Substrat	Lösungsmittel	Bindungskonstante K_a [M^{-1}]
H-RGD-OH	Bis-Tris Puffer 10 mM pH 6.0	7623 +/- 1373
H-GRGDTP-OH	Bis-Tris Puffer 10 mM pH 6.0	8083 +/- 1908
H-SRGDS-OH	Bis-Tris Puffer 10 mM pH 6.0	4173 +/- 629
H-SRGAS-OH	Bis-Tris Puffer 10 mM pH 6.0	6753 +/- 680
H-SAGDS-OH	Bis-Tris Puffer 10 mM pH 6.0	Keine Fit möglich
cRGDfV	Bis-Tris Puffer 10 mM pH 6.0	57044 +/- 7514
cRGDfV	Phosphatpuffer 10 mM pH 7.4	70101 +/- 10378
cRGDFPA	Phosphatpuffer 10 mM pH 7.4	29297 +/- 17824
cGRGDfL	Phosphatpuffer 10 mM pH 7.4	34707 +/- 11329

Dabei zeigten die Titrationen mit dem freien linearen RGD-Peptid und dem linearen Hexapeptid GRGDTP in etwa die gleichen Bindungskonstanten von ca. 8000 M^{-1} auf. Um zu überprüfen, ob die Monophosphatpinzette **26** zwischen argininhaltiger Sequenz und nicht argininhaltiger Sequenz unterscheiden kann, wurden drei lineare Pentapeptide getestet, in denen jeweils eine Aminosäure verändert wurde. So konnten SRGDS und SRGAS, welche beide Arginin enthalten, mit einem K_a von 4000-6000 M^{-1} gebunden werden. SAGDS dagegen wurde wie erwartet von der Monophosphatpinzette **26** nicht erkannt.

3.4 Ditopische RGD-Rezeptormoleküle

Die in den Voruntersuchungen ermittelte Bindungswerte der Pinzette **21** und **26**, lieferten recht vielversprechende Ergebnisse für die Bindung von RGD-haltigen Substraten mit nur einem Erkennungsmotiv. Die Bindung sollte nun gesteigert werden, indem die Pinzette mit dem Guanidiniocarbonylpyrrol von *Schmuck* als Aspartatbindungsmotiv verbunden wird.

Da dabei auch der geeignete Abstand der beiden Bindungsmotive zu berücksichtigen war, um später eventuell verschiedene RGD-Konformationen mit einem Rezeptormolekül unterscheiden zu können, musste zunächst in Modellingstudien ein geeigneter Linker gefunden werden, mit denen beide Motive kovalent verknüpft werden sollen.

3.4.1 Molecular Modelling von ditopischen RGD-Rezeptormolekülen mit Esterbindung

Mit dem Programm *Macromodel 9.0* [144] wurden Kraftfeldrechnungen für den Komplex aus dem Cyclopeptid cRGDfV und unterschiedlichen potentiellen RGD-Rezeptormolekülen, die sich in der Länge und Flexibilität des Linkers unterscheiden, durchgeführt. So konnten die Wechselwirkungen zwischen potentiellen RGD-Rezeptormolekül und dem RGD-haltigen-Substrat, ebenso wie die Auswahl eines geeigneten Linkers untersucht werden. Dabei wurden Rezeptor und Substrat in eine geeignete Vororientierung gebracht und im ersten Schritt eine Energieminimierung durchgeführt. Darauf aufbauend wurde mit dem Kraftfeld Amber*[145-148] eine Monte-Carlo-Simulation mit 5000 Schritten durchgeführt und die energieärmste Struktur betrachtet. Von der erhaltenen Struktur wurden gegebenenfalls noch eine Moleküldynamik über 5 ns bei 300 K durchgeführt. Basierend auf diesen Untersuchungen haben sich die Rezeptormoleküle **27**, **28**, **29** (Abb. 3.13), als die wahrscheinlich am besten geeignetsten RGD-Rezeptoren für die Erkennung der RGD-Sequenz in cRGDfV herausgestellt. **27** enthält eine *m*-Aminobenzoesäure als Linker, **28** ist um eine Methyleinheit verlängert, während **29** um eine Methyleinheit auf jeder Seite erweitert ist. Die Linker sind über eine Esterbindung mit der molekularen Pinzette verknüpft, welches der Bindung eine gewisse Starrheit vermittelt. Das Arginin des Substrates wird dabei in die Kavität der Pinzette hineingezogen und bildet dabei noch eine Wasserstoffbrückenbindung zum Phosphatrest aus. Zusätzlich wird von der Arginin Seitenkette eine Wasserstoffbrücke zur Estereinheit des Rezeptormoleküls ausgebildet. Das Aspartat wird vom Guanidiniocarbonylpyrrol erkannt, wobei vier Wasserstoffbrückenbindungen gleichzeitig vom Guanidiniocarbonylpyrrol zum Aspartat ausgebildet werden. Im Falles des Rezeptormoleküls **29** werden drei Wasserstoffbrücken vom Guanidiniocarbonylpyrrol zum Aspartat ausgebildet und zwei zusätzliche zum Peptidrückgrat.

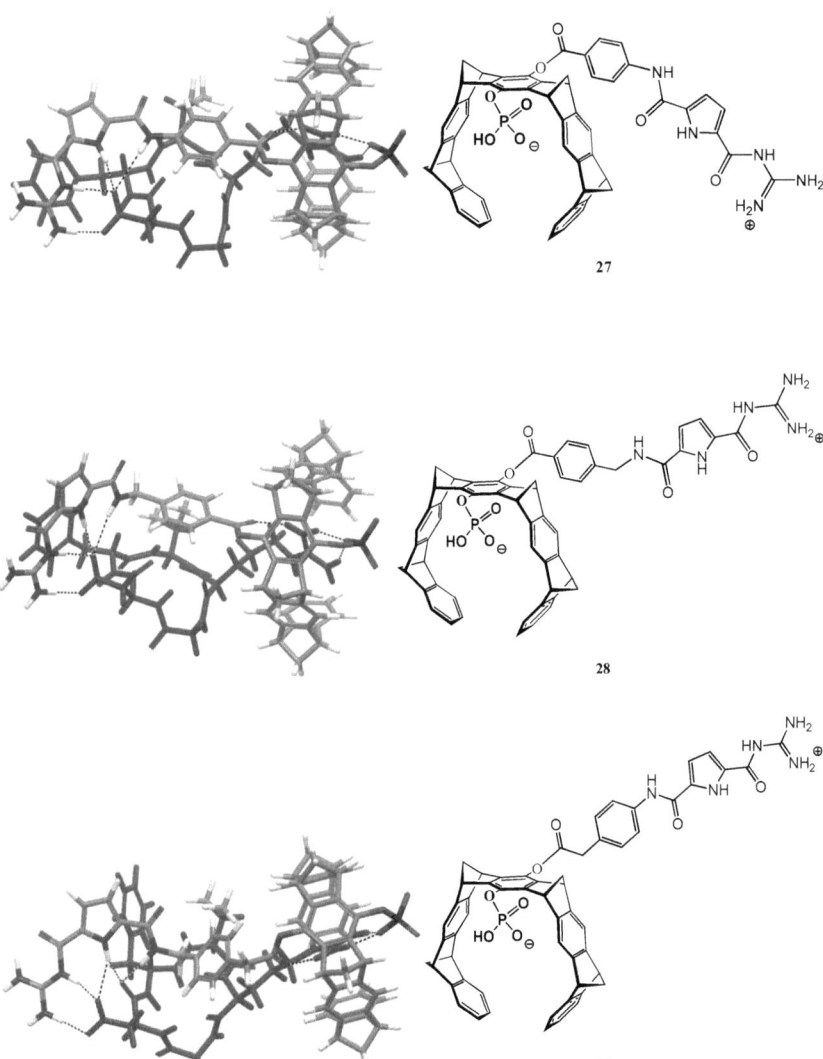

Abb. 3.13: Rechts: Die Strukturformeln der durch Kraftfeldrechnungen ermittelten potentiellen Rezeptormolekülen für die RGD-Bindung. Links: Die mit Kraftfeldrechnungen bestimmten Komplexe zwischen den Rezeptormolekülen **27**, **28** und **29** und cRGDfV (lila). Wasserstoffbrückenbindungen sind mit gestrichelten Linien in gelber Farbe dargestellt. (MacroModel 9.0, Amber*, H_2O, Monte-Carlo-Simulation, 5000 Schritte).

Durchführung und Ergebnisse 47

Die starren Linker gehen keine zusätzlichen Interaktionen mit der RGD-Sequenz ein, sorgen aber dafür, dass der richtige Abstand zwischen Arginin und Aspartat eingehalten wird um die Ursprungskonformation des cRGDfV zu erhalten (Abb. 3.14). So sieht man im Falle der Rezeptormoleküle **27** und **29**, dass die geöffnete ursprüngliche Konformation des cRGDfV nahezu erhalten bleibt, während das cRGDfV bei **28** einen leichten Knick in der Konformation zeigt und sich damit etwas von der Ausgangskonformation unterscheidet. Trotzdem war dieser Rezeptor neben **27** und **29** der Ursprungskonformation noch am nähesten.

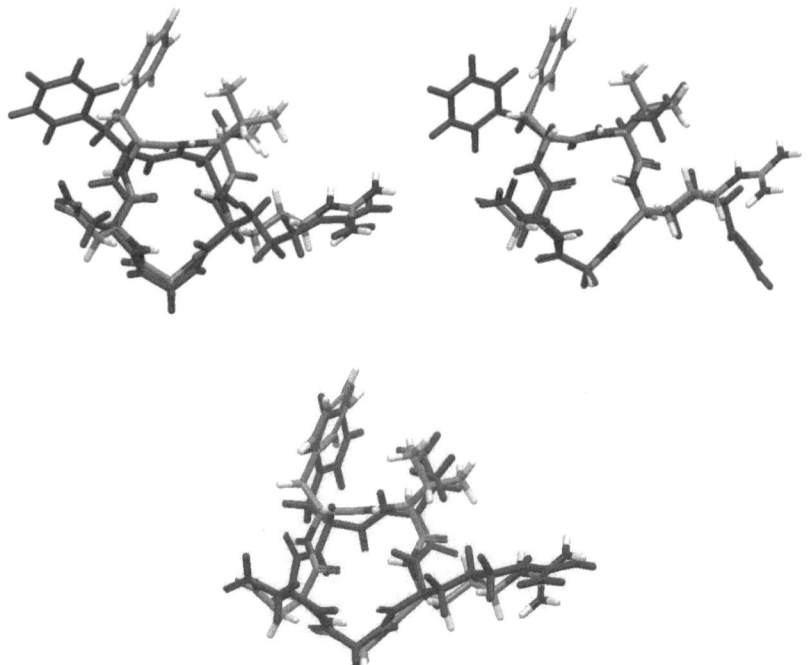

Abb. 3.14: Vergleich der durch Kraftfeldrechnungen ermittelten Minimumsstrukturen des RGD-Cyclopeptides cRGDfV aus dem Komplex mit den Rezeptormolekülen **27**, **28** und **29** mit seiner Ursprungskonformation. Die erhaltenen Minimumsstrukturen aus den Komplexen sind in lila dargestellt. Oben links: Konformation aus **27**, oben rechts: Konformation aus **28** und unten die Konformation aus **29**. Entscheidend ist die Konformation der RGD-Sequenz.

3.4.2 Versuche zur Synthese von ditopischen RGD-Rezeptormolekülen mit Esterbindung

Basierend auf den theoretischen Vorhersagen des Molecular Modellings wurde nun zunächst versucht das Rezeptormolekül **27** zu synthetisieren. Dafür musste zunächst das Guanidiniocarbonylpyrrol resynthetisiert werden. Die Darstellung erfolgte nach einer bereits etablierten Synthese von *Schmuck et al.* in sieben Stufen [149], sowohl für die *Boc*-geschützte (Abb. 3.15), als auch für die *Cbz*-geschützte Variante des Guanidiniocarbonylpyrrols (Abb. 3.16).

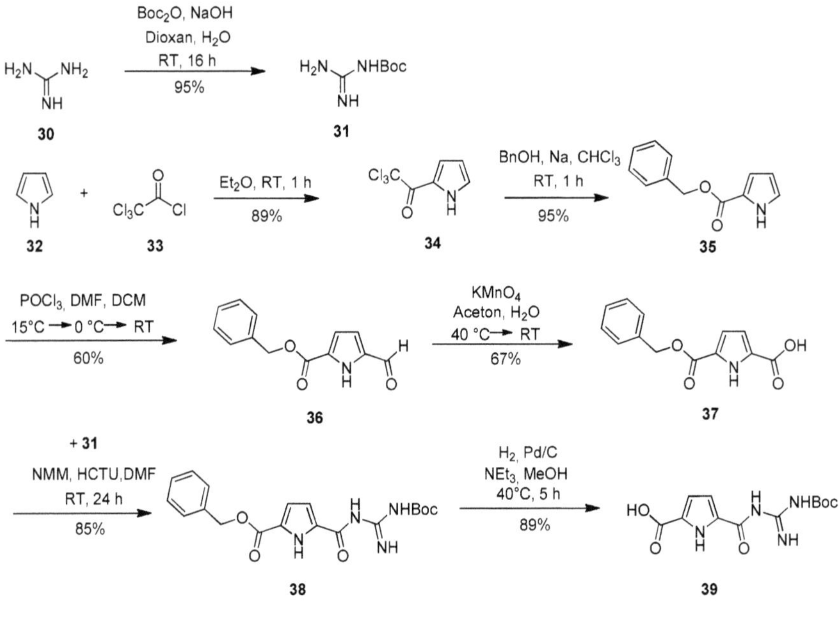

Abb. 3.15: Syntheseschema des *Boc*-geschützten Guanidiniocarbonylpyrrols **39**.

Im ersten Schritt wurde das Pyrrol **32** mit Trichloroacetylchlorid **33** acetyliert. Danach erfolgte eine Haloform-Reaktion, mit Benzylalkohol und Natrium, zur Einführung einer Benzyl-geschützten Esterfunktion zum Produkt **35**. Anschließend wurde in einer Vilsmeier-Haack-Reaktion eine Formylgruppe eingeführt, welches zum 2,5-substituierten Produkt **36** führte. Oxidation mit Kaliumpermanganat in einem Aceton/Wasser-Gemisch führte zur

Carbonsäure **37**. Im nächsten Schritt wurde **37** mit dem zuvor hergestellten *Boc*-Guanidin **31** mit Hilfe von HCTU und NMM in DMF zu **38** gekuppelt. Die nachfolgende hydrogenolytische Spaltung des Benzylesters führte zum gewünschten Guanidiniocarbonylpyrrol **39**.

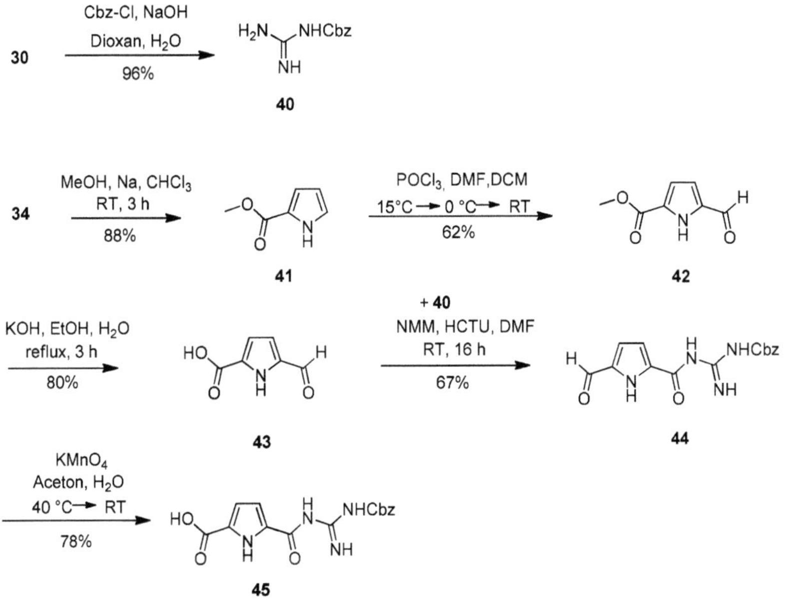

Abb. 3.16: Syntheseschema des *Cbz*-geschützten Guanidiniocarbonylpyrrols **45**.

Die *Cbz*-geschützte Variante begann ebenfalls mit der Synthese von **34**. Danach folgte wiederum eine Haloform-Reaktion mit Methanol und Natrium zum geschützten Methylester **41**. Formylierung mit der Vilsmeier-Haack-Reagenz führte zum Produkt **42**. Dieses wurde mit Hilfe von Kaliumhydroxid zu **43** verseift. Die anschließende Kupplung mit HCTU und NMM mit dem zuvor hergestellten *Cbz*-Guanidin **40** lieferte das Kupplungsprodukt **44**. Im letzten Schritt wurde dieses mit Kaliumpermanganat in Aceton/Wasser zum gewünschten Produkt **45** oxidiert.

Nach dem Prinzip einer konvergenten Synthese wurde zunächst versucht, den gewünschten Linker an das Guanidiniocarbonylpyrrol **39** anzubringen (Abb. 3.17), um später im Ganzen an die Pinzette **18** gekuppelt zu werden. Dafür wurde 4-Aminobenzoesäuremethylester **46** mit HCTU und NMM in einem Gemisch aus DCM und DMF mit **39** gekuppelt. **47** konnte in

30%iger Ausbeute isoliert werden. Unter Berücksichtigung, dass hier ein schlechtes Nucleophil mit einem schlechten Elektrophil gekuppelt wird, sind die erzielten Ausbeuten akzeptabel. Auch mit anderen Kupplungsreagenzien wie HATU, PyBOP und PyClOP konnten keine höheren Ausbeuten erzielt werden.

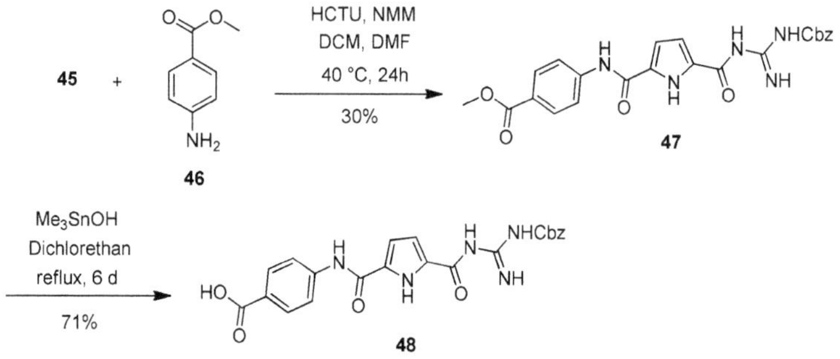

Abb. 3.17: Syntheseschema zur Herstellung des mit dem Linker verknüpften Guanidiniocarbonylpyrrols.

Im nächsten Schritt musste die Esterfunktion von **47** entschützt werden. Die Verseifung wurde zunächst mit Natriumhydroxid in Wasser/THF versucht. Dies jedoch führte zusätzlich zur Spaltung der Guanidiniumfunktion (Abb. 3.18).

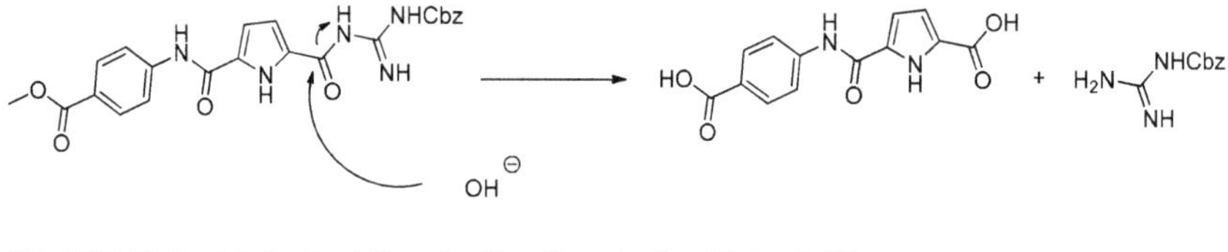

Abb. 3.18: Mechanistische Darstellung der Abspaltung der Guanidiniumfunktion

Auch mildere Bedingungen mit Lithiumhydroxid in THF/Wasser 5:1 führten neben der gewünschten Entschützung des Esters zur Spaltung der Guanidiniumfunktion. Da die sonst üblichen Methoden zur Verseifung nicht zum gewünschten Produkt **48** führten, wurde eine mildere Variante zur Esterspaltung eingesetzt.[150] Die Umsetzung von **47** mit Trimethylzinnhydroxid in Dichlorethan für 6 Tage unter Reflux, führte schließlich zum gewünschten Produkt **48** mit 71%iger Ausbeute. Während dieser relativ langen Reaktionszeit musste wiederholt frisches Trimethylzinnhydroxid hinzugegeben werden, dennoch konnte keine 100%ige Umsetzung erzielt werden. Edukt und Produkt ließen sich jedoch gut per Säulenchromatographie voneinander trennen. Nun wurde im nächsten Schritt versucht **48** an die Pinzette **18** zu kuppeln (Abb. 3.19). Dies wurde unter verschiedenen Bedingungen und mit Hilfe verschiedener Kupplungsreagenzien versucht. Die Temperatur wurde zwischen 25-60 °C variiert und als Kupplungsreagenz kamen PyBOP, PyClOP, HCTU, HBTU, HATU und Mukaiyamas-Reagenz zum Einsatz. Doch bei allen Versuchen konnte kein Umsatz festgestellt und kein gewünschtes Produkt **49** isoliert werden. Dies legt die Annahme nahe, dass die Reaktion möglicherweise aus sterischen Gründen nicht ablaufen kann. Möglicherweise ist das mit dem Linker gekuppelte Guanidiniocarbonylpyrrol sterisch zu anspruchsvoll um in die Nähe der OH-Gruppe der Pinzette gelangen, wodurch eine Reaktion verhindert wird.

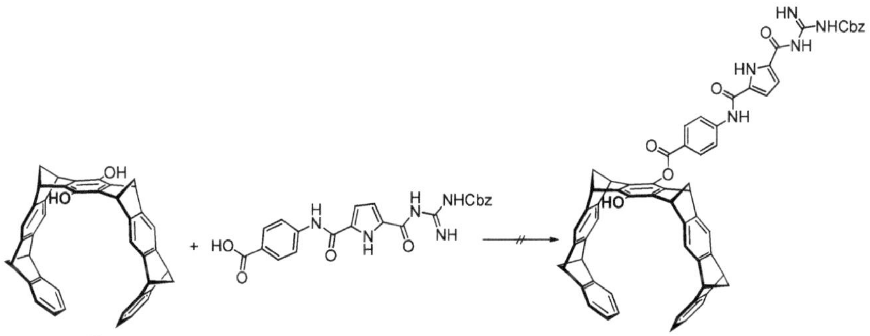

Abb. 3.19: Syntheseschritt zur Anbringung des mit dem Linker verknüpften Guanidiniocarbonylpyrrols mit der Pinzette.

Deshalb wurde versucht auf anderem Wege an das Zielmolekül zu gelangen. Dazu sollte der Linker erst an die Pinzette **18** und nachfolgend an das Guanidiniocarbonylpyrrol **39** gekuppelt werden (Abb. 3.20). Dafür wurde **18** mit *N-Boc*-4-aminobenzoesäure **50** mit Hilfe von PyBOP und NMM in DCM gekuppelt. Dies gelang in einer moderaten Ausbeute von 59%. Hierbei ergaben sich allerdings erhebliche Aufreinigungsprobleme, da neben dem monosubstituierten Produkt **45** immer auch noch das bisubstituierte Produkt anfiel. Diese beiden Produkte konnten per Säulenchromatographie nur sehr schwer voneinander getrennt werden, da sie ein sehr ähnliches Laufverhalten zeigten. Für die nachfolgende Synthese musste deshalb immer eine mit etwas disubstituiertem Produkt verunreinigte Verbindung eingesetzt werden. Dem Produkt **51** wurde nachfolgend mit Dimethylchlorophosphat eine geschützte Phosphateinheit eingefügt. Durch das Einfügen dieser Gruppe konnte nun auch das entstandene Produkt **54** von der mitgeschleppten bisubstituierten Verunreinigung per Säulenchromatographie getrennt werden. Berücksichtigt man den Anteil an Verunreinigung der bei der Reaktion eingesetzt wurde so konnte eine sehr gute Ausbeute von über 90% erreicht werden. Nachfolgend sollte das Produkt **54** mit Hilfe von wasserfreier TFA in DCM entschützt und anschließend mit **39** gekuppelt werden. Doch bei der Entschützung mit TFA stellte sich die Esterbindung zum Linker als sehr säurelabil heraus. Auch Entschützen bei 0° C für 2 h und größer Verdünnung der TFA mit abs. DCM, sowie nachfolgendes Abkondensieren des TFA/Lösungsmittel-Gemisches unter absolut wasserfreien Bedingungen führte zur Esterspaltung.

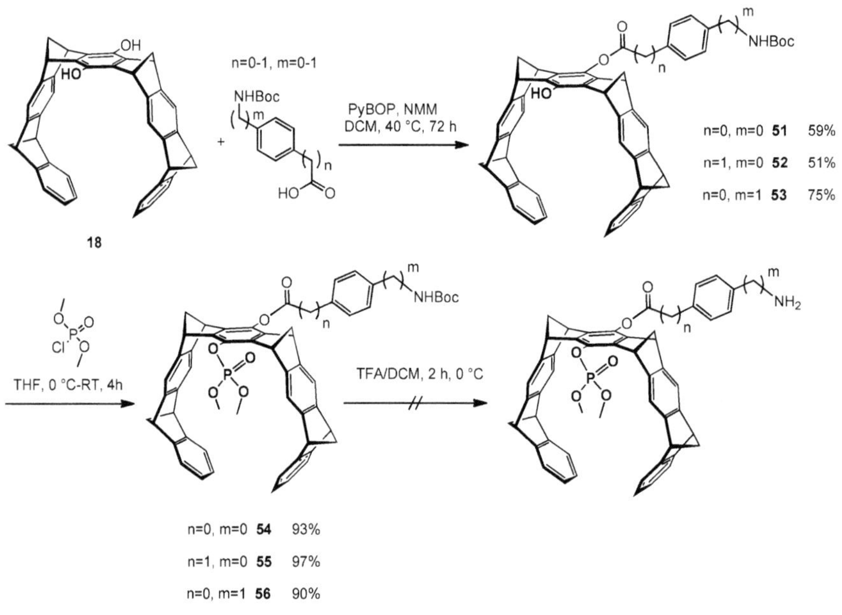

Abb. 3.20: Syntheseschema zur Anknüpfung des Linkers an die Pinzette.

Dies zeigte sich nicht nur für die Entschützung von **54**, sondern auch für **55** und **56**, bei denen zwei andere Linker zum Einsatz kamen. Der Weg, ditopische Rezeptoren auf Basis einer Esterbindung herzustellen, hat sich als nicht praktikabel herausgestellt; da die Esterbindung schon unter relativ milden sauren Bedingungen gespalten wird.

Somit wäre ein solches RGD-Rezeptormolekül auch für spätere biologische Anwendungen nicht brauchbar, da die Esterbindungen z.B. im menschlichen Körper sofort sauer hydrolytisch gespalten würden.

3.4.3 Molecular Modelling von ditopischen RGD-Rezeptormolekülen mit Etherbindung

Im nächsten Schritt wurden Modelling-Studien durchgeführt, bei denen die Ester-Bindung durch eine Etherbindung ersetzt worden ist. Eine solche Etherbindung sollte gegenüber einer sauren hydrolytischen Spaltung wesentlich stabiler sein. Hierbei wurden Linker gewählt, die eine ähnliche Länge aufwiesen, wie die bereits im Modelling für die Esterbindung ermittelten Linker. Dabei wurden wiederrum drei Linker ermittelt, die sich für die Bindung des cRGDfV am geeignetsten herausstellten. Neben Kraftfeldrechnungen mit dem cRGDfV wurden hier zusätzlich noch Rechnungen mit cGRGDfL und cRGDFPA durchgeführt, um dadurch möglicherweise Rückschlüsse ziehen zu können, ob diese Linker zwischen den verschiedenen RGD-Konformationen unterscheiden können. Als die besten potentiellen Rezeptormoleküle für die Bindung von cRGDfV haben sich die in Abbildung 3.21 dargestellten **57**, **58** und **59** herausgestellt. **57** und **59** besitzen relativ starre Linker bestehend aus einer Benzoleinheit, erweitert um eine bzw. zwei Methylgruppen. Bei **58** wurde ein flexibler Linker gewählt, der aus zwei Ethylenglycolen besteht und der möglicherweise durch *induced fit* im Nachhinein in der Lage ist sich einer RGD-Konformation anzupassen, mit dem Risiko weniger zwischen RGD-Konformationen unterscheiden zu können. Auch bei den etherverknüpften Rezeptormolekülen sieht man wieder, dass das Guanidiniocarbonylpyrrol drei bis vier Wasserstoffbrückenbindungen zum Aspartat des cRGDfV ausbildet und im Falle von **57** und **58**, zwei zusätzliche Wasserstoffbrücken zum Peptidrückgrat gebildet werden. Hier bildet die Phosphatgruppe der Pinzette zwei Wasserstoffbrückenbindungen zur Guanidiniumfunktion des Arginins aus, welche sich in der Kavität der Pinzette befindet.

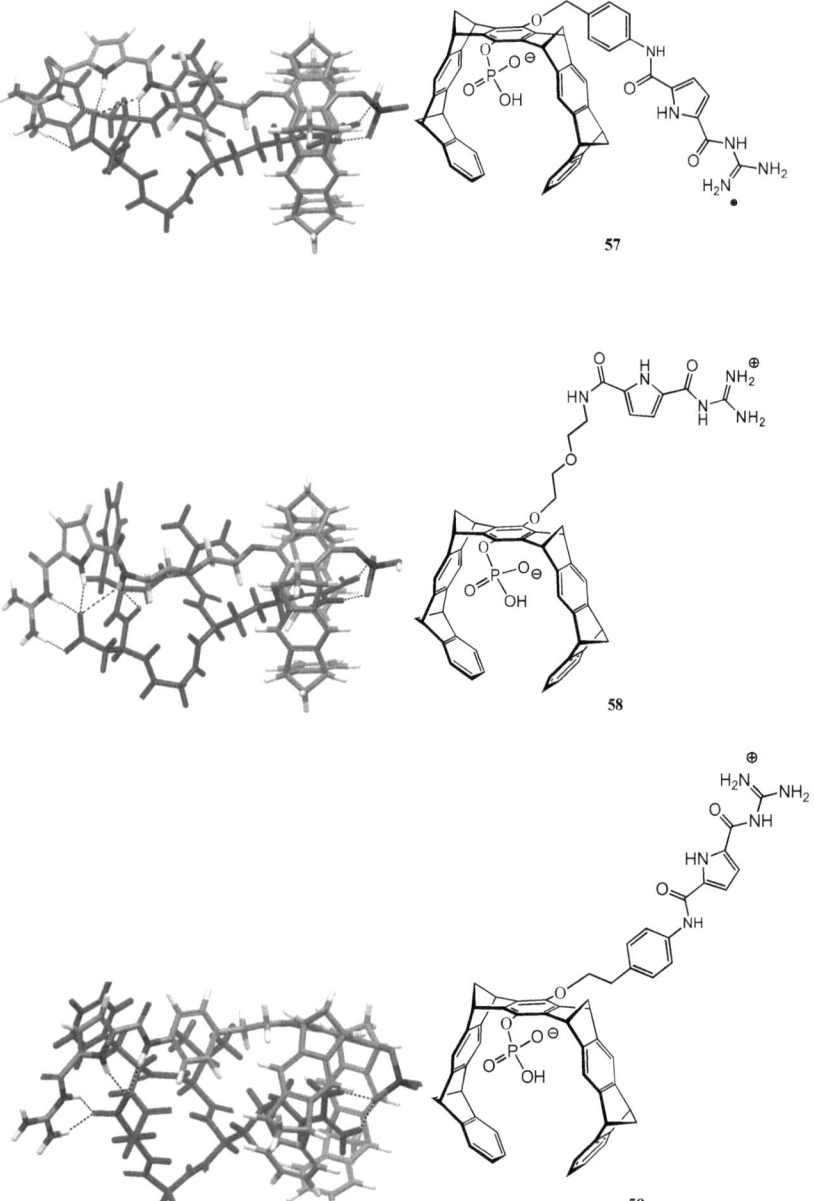

Abb. 3.21: Rechts: Die Strukturformeln der durch Kraftfeldrechnungen ermittelten potentiellen Rezeptormoleküle mit Etherbindung für die RGD-Bindung. Links: Die mit Kraftfeldrechnungen bestimmten Komplexe zwischen den Rezeptormolekülen **51**, **52** und **53** und cRGDfV (lila). Wasserstoffbrückenbindungen sind mit gestrichelten Linien in gelber Farbe dargestellt. (MacroModel 9.0, Amber*, H$_2$O, Monte-Carlo-Simulation, 5000 Schritte).

Der Vergleich zwischen Ursprungskonformation des cRGDfV mit der im Komplex mit den Rezeptormolekülen **57**, **58** und **59** ermittelten Konformation zeigt wieder, insbesondere für **57** und **59**, dass die geöffnete Konformation des cRGDfV nahezu erhalten bleibt (Abb. 3.22).

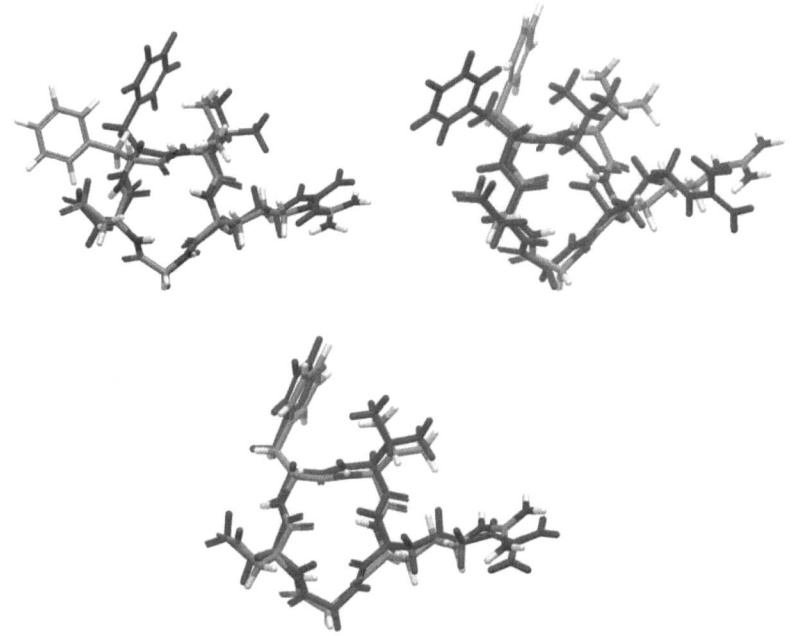

Abb. 3.22: Vergleich der durch Kraftfeldrechnungen ermittelten Minimumstrukturen des RGD-Cyclopeptides cRGDfV aus dem Komplex mit den Rezeptormolekülen **57**, **58** und **59** mit seiner Ursprungskonformation. Die erhaltenen Minimumsstrukturen aus den Komplexen sind in lila dargestellt. Oben links: Konformation aus **57**, oben rechts: Konformation aus **59** und unten die Konformation aus **58**.

In Abbildung 3.23 sind zusätzlich die Anfangs-und Endkonformationen zwei weiterer Cyclopeptide, cGRGDfL und cRGDFPA dargestellt. Die Minimumsstrukturen stammen aus dem berechneten Komplex des Rezeptormoleküls **58** mit den Cyclopeptiden. Man erkennt hier, dass im Gegensatz zu der Konformation von cRGDfV, die Konformationen von cGRGDfL und cRGDFPA zum Teil stark verändert gegenüber der Ursprungskonformation sind. D.h. für den Rezeptor **58** würde sich aus den Kraftfeldrechnungen eine bevorzugte Bindung der Konformation von cRGDfV ergeben.

Durchführung und Ergebnisse 56

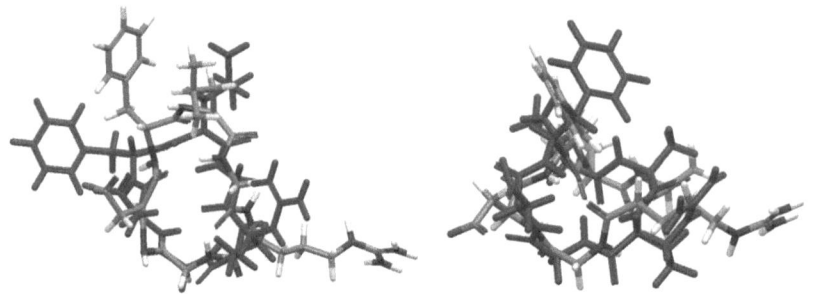

Abb. 3.23: Vergleich der durch Kraftfeldrechnungen ermittelten Minimumstrukturen der RGD-Cyclopeptide cGRGDfL (links) und cRGDFPA (rechts) aus dem Komplex mit dem Rezeptormolekül **58** mit ihren Ursprungskonformationen. Die erhaltenen Minimumstrukturen aus den Komplexen sind in lila dargestellt.

3.4.4 Synthese von ditopischen RGD-Rezeptormolekülen mit Etherbindung

Basierend auf diesen Modelling-Vorarbeiten wurde zunächst versucht das Rezeptormolekül **57** zu synthetisieren. Dazu wurde wieder zunächst als erstes versucht, den Linker an das Guanidiniocarbonylpyrrol **45** anzuheften (Abb. 3.24) und anschließend per Williamson-Veretherung an die Pinzette **22** zu binden.

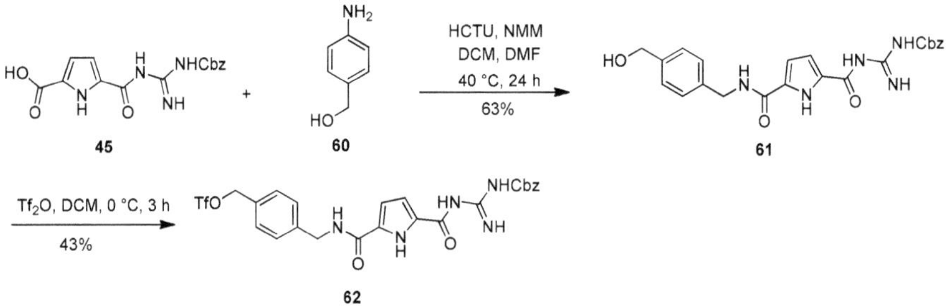

Abb. 3.24: Synthese des Bausteins **62** zur Kupplung an die Pinzette.

Dafür wurde 4-Aminobenzylalkohol **60** mit **45**, HCTU und NMM bei 40 °C für 24 h in abs. DMF gerührt. Das gewünschte Kupplungsprodukt **61** konnte in 63%iger Ausbeute erhalten werden. Im nächsten Schritt musste für die darauffolgende Veretherung eine geeignete Abgangsgruppe in das Molekül **61** eingeführt werden.

Per Triflatanhydrid, mit DMAP als Katalysator, wurde die OH-Gruppe in eine Triflat-Abgangsgruppe überführt. Dies gelang mit einer moderaten Ausbeute von 43%. Bei den Reaktionen traten immer wieder Probleme aufgrund der mangelnden Löslichkeiten der Edukte und Produkte auf, so dass dadurch letztendlich größere Ausbeuteverluste in Kauf genommen werden mussten. Das nun über eine sehr gute Abgangsgruppe verfügende Molekül **62** sollte jetzt im nächsten Schritt mit der Pinzette **22** verknüpft werden (Abb. 3.25).

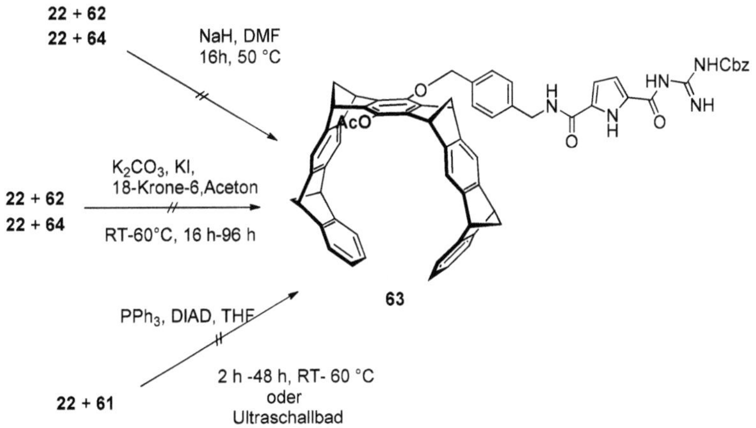

Abb. 3.25: Syntheseversuche zur Verknüpfung der Pinzette **22** mit dem linkerverknüpften Guanidiniocarbonylpyrrol **61, 62, 64**.

Dazu wurde eine Williamson-Ethersynthese unter Finkelsteinbedingungen gewählt. Dabei kam Kaliumcarbonat als milde Base zum Einsatz, wobei KI und 18-Krone-6 als Katalysator der Reaktion dienten. Doch auch hier zeigte sich, wie schon bei den versuchten Verknüpfungen mit den Esterbindungen, dass keine Reaktion, zwischen dem um den Linker erweiterten Guanidiniocarbonylpyrrol **62** und der Pinzette **22**, stattfindet. Auch das Variieren der Temperatur und der Reaktionszeit führte zu keinem Erfolg. Ebenso schlugen Veretherungen mit Hilfe von Natriumhydrid in abs. DMF fehl. Daraufhin wurde versucht das Molekül **61** unter Mitsunobu-Bedingungen zu verethern. Dabei wurde **61** und **22** mit PPh$_3$ und DIAD für 2–48 h bei Temperaturen zwischen RT und 60 °C gerührt. Doch auch dies führte nicht zum gewünschten Produkt. Eine weitere Variante der Mitsunobu-Veretherung mit Behandlung im Ultraschallbad brachte keinen Erfolg.[151]

Die gleichen Versuche mit **64**, mit Bromid als Abgangsgruppe, hergestellt aus **61** mit PBr$_3$, zeigten ebenfalls keine Reaktion.

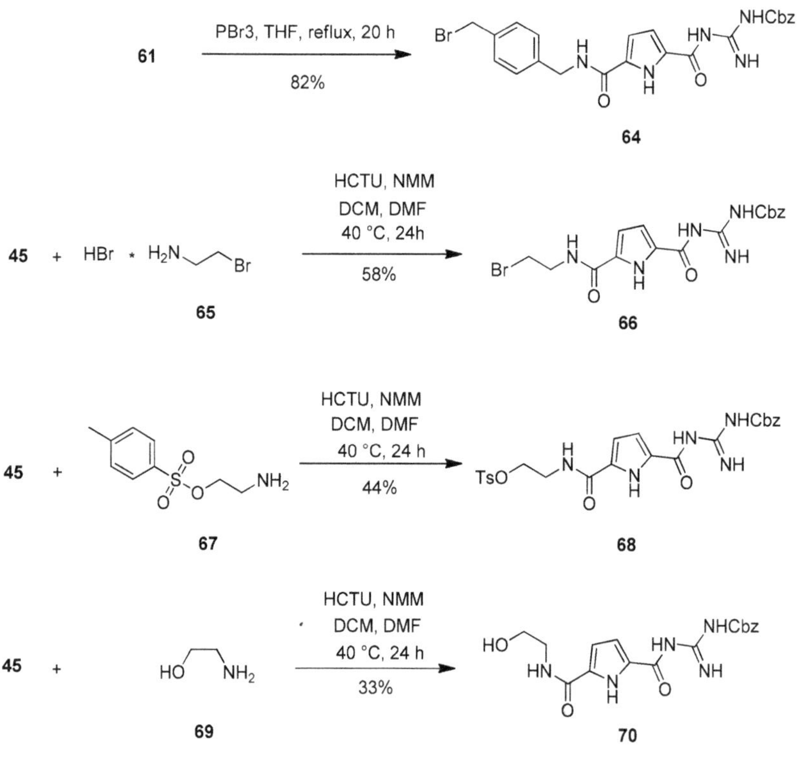

Abb. 3.26: Anknüpfung der Linker an das Guanidiniocarbonylpyrrole **46**.

Daraufhin wurden die Moleküle **66**, **68** und **70** synthetisiert (Abb. 3.26) und ebenfalls versucht unter den in Abbildung 3.27 dargestellten Bedingungen eine Veretherung von **22** zu erreichen. Doch auch hier konnte weder Produkt detektiert noch isoliert werden. Auch hier muss man letztendlich zum Schluss kommen, dass das mit einem Linker verknüpfte Guanidiniocarbonylpyrrol entweder zu voluminös ist, um in die Nähe der OH-Gruppe der Pinzette **22** zu kommen oder ein anderer, nicht bekannter Grund für das Scheitern der Reaktion verantwortlich ist.

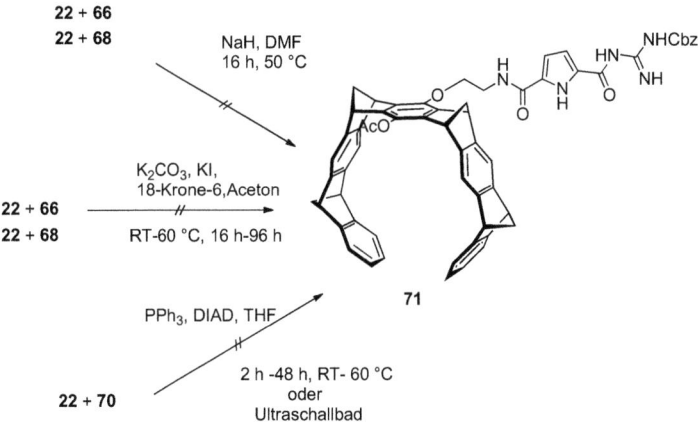

Abb. 3.27: Syntheseversuche zur Verknüpfung der Pinzette **22** mit den linkerverknüpften Guanidiniocarbonylpyrrol **66, 68, 70**.

Nachfolgend wurde deshalb wieder versucht den Linker zunächst an die Pinzette **22** zu knüpfen bevor eine Verknüpfung mit dem Guanidiniocarbonylpyrrol **39** und **45** erfolgen konnte. Dafür wurde das käuflich erworbene 4-Nitrobenzylbromid **72** und das synthetisierte 4-Nitrobenzyltosylat **73** mit Hilfe der Williamson-Ethersynthese unter Finkelsteinbedingungen mit **22** umgesetzt (Abb. 3.28).

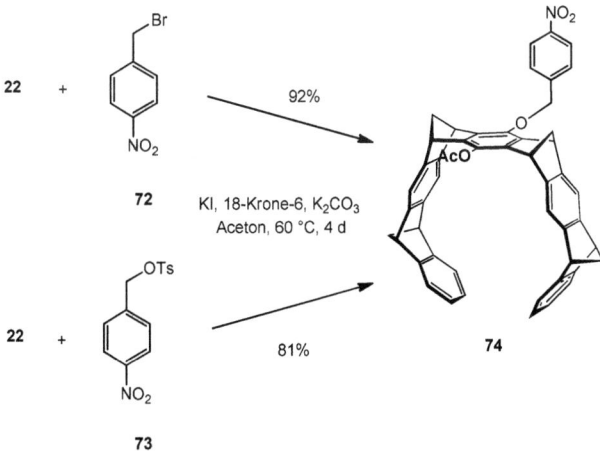

Abb. 3.28: Verknüpfung der Pinzette **22** mit 4-Nitrobenzylbromid bzw. 4-Nitrobenzyltosylat.

Bei Temperaturen von 50 °C und 3 Tagen Reaktionszeit lieferte dies Ausbeuten um 30%, in beiden Fällen. Eine Erhöhung der Temperatur auf 60 °C und 4 Tagen Reaktionszeit brachte eine signifikante Erhöhung der Ausbeute auf 81% für die Reaktion mit **73** und sogar 92% für die Reaktion mit Nitrobenzylbromid **72**. Im nächsten Schritt sollte die Nitro-Gruppe reduziert werden, dies wurde zunächst unter Standard-Bedingungen für eine Nitro-Reduktion versucht (Abb. 3.29).

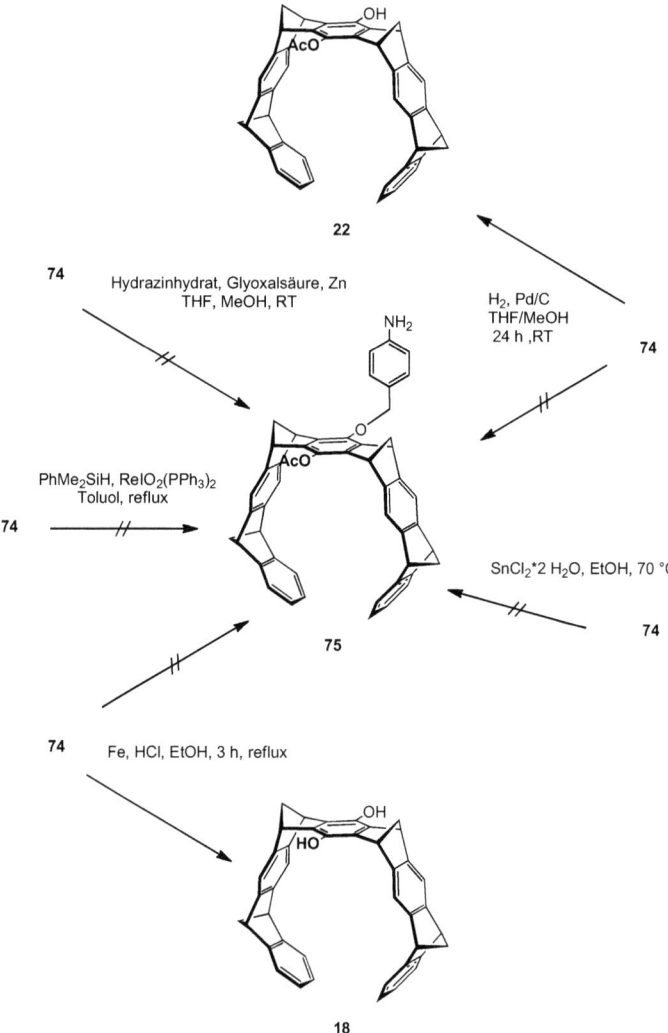

Abb. 3.29: Versuche zur Reduktion der Nitrogruppe der Verbindung **74**.

Dabei wurde **74** in THF/MeOH gelöst und unter Wasserstoff-Atmosphäre mit Pd/C als Katalysator für 20 h gerührt. Doch hier zeigte sich schnell, dass nicht wie gewünscht zunächst die Nitrogruppe reduziert wird, sondern erst die Etherbindung hydrogenolytisch gespalten wird. Die Hoffnung, dass der Zugang zur Etherbindung sterisch erschwert ist und bevorzugt einen Reduktion der Nitrogruppe stattfindet, wurde somit leider nicht erfüllt. Daraufhin wurden anderen Methoden zur Reduktion der Nitrogruppen eingesetzt (Abb. 3.29).[152-154] Dabei wurde versucht die Nitrogruppe mittels eines Oxorheniumkatalysators mit Hilfe von Dimethylphenylsilan unter Refluxieren in Toluol zum Amin zu reduzieren. Doch diese Methode stellte sich als ungeeignet heraus da das Edukt nicht umgesetzt wurde. Weitere Reduktionsversuche mittels Hydrazin-Hydrat und Glyoxalsäure führten ebenfalls nicht zum Umsatz. Die versuchte Nitro-Reduktion unter relativ harschen Bedingungen mit Fe/HCl in Ethanol führte zur Spaltung der Etherbindung und der Acetylgruppe und lieferte die Dihydroxypinzette **18** als Produkt (Abb. 3.29). Um die Probleme der Reduktion der Nitrogruppe zu umgehen wurde versucht den Linker direkt mit einer *Boc*-geschützten Aminofunktion an die Pinzette **22** zu knüpfen (Abb. 3.30).

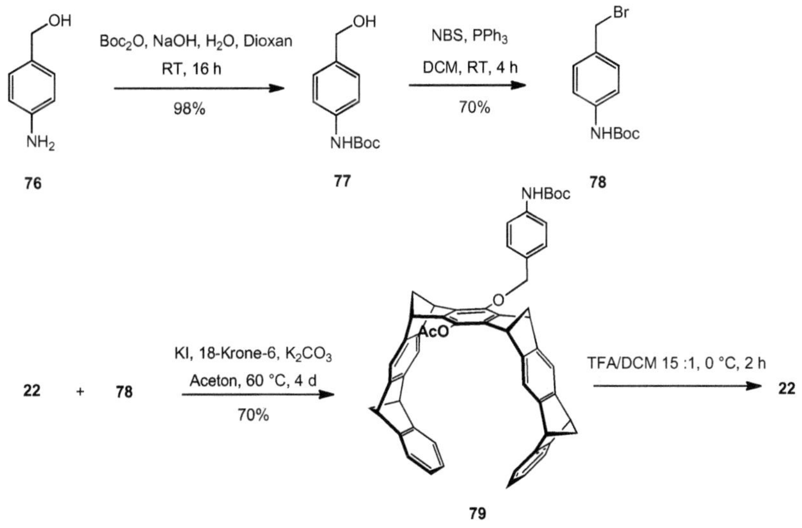

Abb. 3.30: Syntheseschema zur Darstellung des Linkers **78** und die Anknüpfung an die Pinzette **22**.

Der Linker **78** wurde in zwei Schritten aus 4-Aminobenzylalkohol **76** hergestellt. Zunächst wurde die Aminogruppe in 99%iger Ausbeute *Boc*-geschützt und anschließend mit Hilfe von *N*-Bromsuccinimid und Triphenylphosphin in 70%iger Ausbeute in das gewünschte Bromid **78** überführt.[155, 156] **78** wurde anschließend durch Williamson-Ethersynthese unter Finkelsteinbedingungen mit **22** zu **79** mit 70% Ausbeute umgesetzt. Nachfolgend musste die Aminofunktion entschützt werden. Dies sollte mit TFA/DCM 1:15 bei 0 °C für 3 h erfolgen. Doch schon während der Reaktion zeigt sich per DC, dass nicht das gewünschte Produkt gebildet wird, sondern eine unerwünschte und unerwartete Spaltung eintritt. So erhält man nicht das gewünschte Produkt **80**, sondern durch Etherspaltung die Pinzette **22**. Da die Etherbindung eigentlich relativ säurestabil sein sollte war dieser Befund überraschend. Eine mögliche Erklärung ist die Bildung eines resonanzstabilisierten Zwischenprodukts (Abb. 3.31).Dabei wird die etherische Funktion zunächst protoniert und der Linker anschließend abgespalten. Das Benzylische Kation kann durch mehrere Resonanzstrukturen stabilisiert werden und es bildet sich letztendlich durch zweifache Protonierung *p*-Aminotoluol.

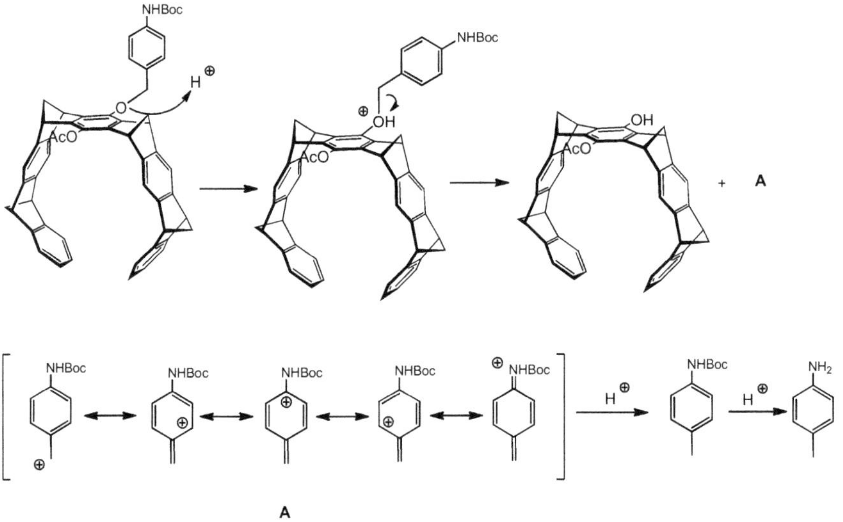

Abb. 3.31: Postulierter Mechanismus zur Etherspaltung von **79**.

Daraufhin wurde beschlossen mit der Synthese der beiden anderen Rezeptormoleküle **58** und **59** fortzufahren. Die dafür zu verwendenden Linker können keine solcher resonanzstabilisierten Zwischenprodukte ausbilden und sollten deshalb eine stabilere

Etherverknüpfung ausbilden können. Dafür wurden wiederum die geeigneten Ausgangsverbindungen mit Tosylat bzw. Bromid als Abgangsgruppe synthetisiert. 2-(2-Aminoethoxy)ethanol **81** und 4-Amino(2-hydroxyethyl)benzol **84** wurden dazu zunächst *Boc*-geschützt und **82** mit Hilfe von *N*-Bromsuccinimid und Triphenlyphosphin in das Bromid **83** und **85** mit Hilfe von TsCl in das Tosylat **86** überführt (Abb. 3.32).

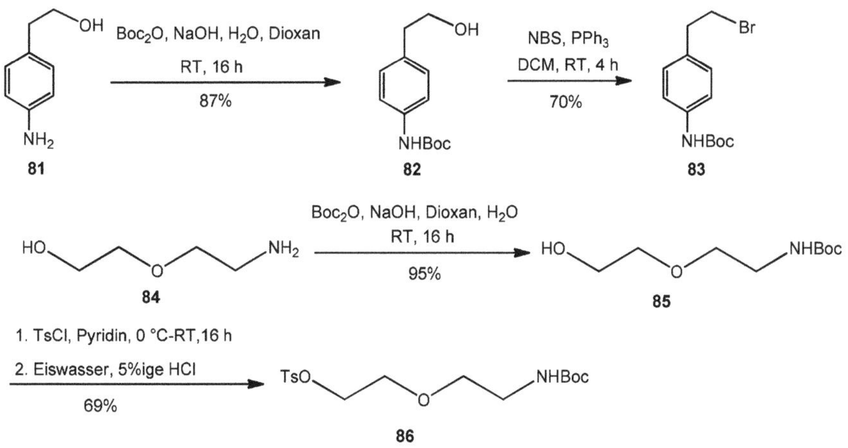

Abb. 3.32: Synthese der Linker **83** und **86**.

Die darauffolgende Rezeptorsynthese (Abb. 3.34 und 3.35) begann zunächst mit der Etherverknüpfung unter den oben schon mehrfach erwähnten Standardbedingungen mit sehr guten Ausbeuten von 90% für **87** und moderaten Ausbeuten von 45% für **88**. Für die Synthese von **88** wurden anfangs höheren Temperaturen verwendet, diese jedoch scheinen die mögliche auftretende Nebenreaktion, der Eliminierung des Bromids, zu begünstigen und lieferten niedrigere Ausbeuten. Nachdem die *Boc*-geschützten Linker erfolgreich an die Pinzette angebracht wurden, wurde im nächsten Schritt die Schutzgruppe abgespalten. Die Abspaltung erfolgt mit TFA/DCM für 2-3 h bei 0°C und funktionierte diesmal wie erwartet ohne Probleme. Wie man dem ^{1}H-NMR Spektrum von **89** in Abbildung 3.33 entnehmen kann erscheinen die Methylengruppen des an die Pinzette angeknüpften Linkers nun hochfeldverschoben. Durch die Entschützung der Aminofunktion und der Ausbildung eines Ammoniumkations wird der Seitenarm der Pinzette scheinbar in die Kavität eingeschlossen.

Der Selbsteinschluss konnte durch Wechsel des Lösungsmittels zu deuteriertem DMSO wieder aufgehoben werden.

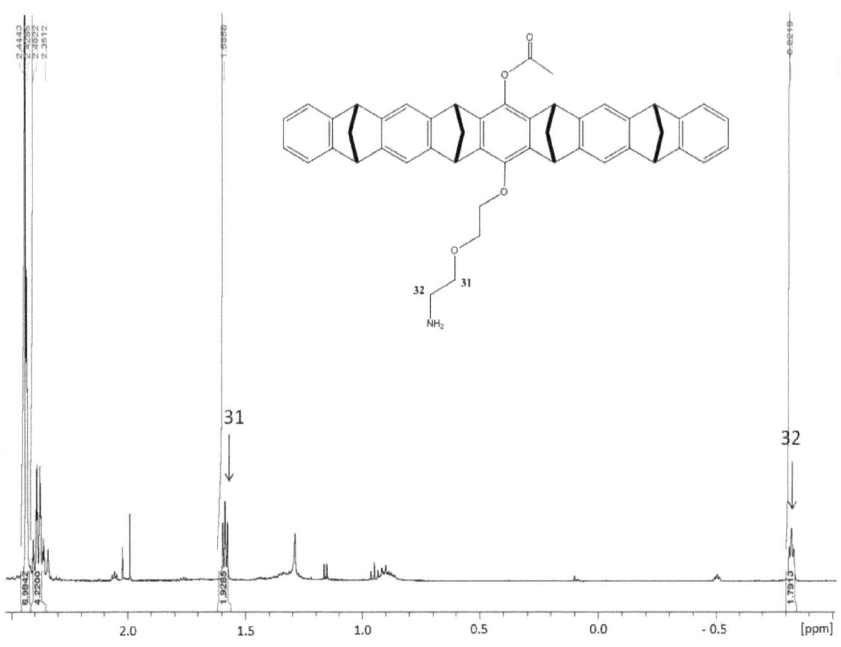

Abb. 3.33: Ausschnitte aus dem ^{1}H-NMR Spektrum von **89** in MeOD. Die Hochfeldverschobenen Protonen sind mit einem Pfeil markiert.

DMSO selbst fungiert als Gast und wird in die Kavität eingeschlossen, die nun für eine scheinbar nur schwache Selbstinklusion nicht mehr zu Verfügung steht. **89** und **90** wurden im nächsten Schritt mit dem Guanidiniocarbonylpyrrol **45** verknüpft. Dies gelang erfolgreich mit HCTU und NMM in DMF mit Ausbeuten von 79% für **91** und 82% für **92**. Danach musste die acetylgeschützte OH-Funktion der Pinzette selektiv freigesetzt werden, ohne dass es zu einer Spaltung der Guanidiniumfunktion kommt. Dies gelang sowohl mit 1 M NaOH in Dioxan, als auch mit pulvrigen KOH in Dioxan mit 18-Krone-6 als Phasentransferkatalysator in sehr guten Ausbeuten von über 90% für **93** und **94**. Obwohl für eine vollständige Umsetzung eine Reaktionszeit von 16 Stunden erforderlich war, blieb die Guanidiniumfunktion unberührt. Ein Teil von **93** wurde zunächst an der Guanidiniumfunktion entschützt, um später einen Vergleich zwischen dem fertigen Rezeptor mit Phosphatgruppe und **95** ziehen zu können und so den Einfluss der Phosphatgruppe charakterisieren zu können. Die Entschützung erfolgte unter Wasserstoffatmosphäre und Pd/C als Katalysator in Methanol für 24 h und lieferte **95** in quantitativer Ausbeute.

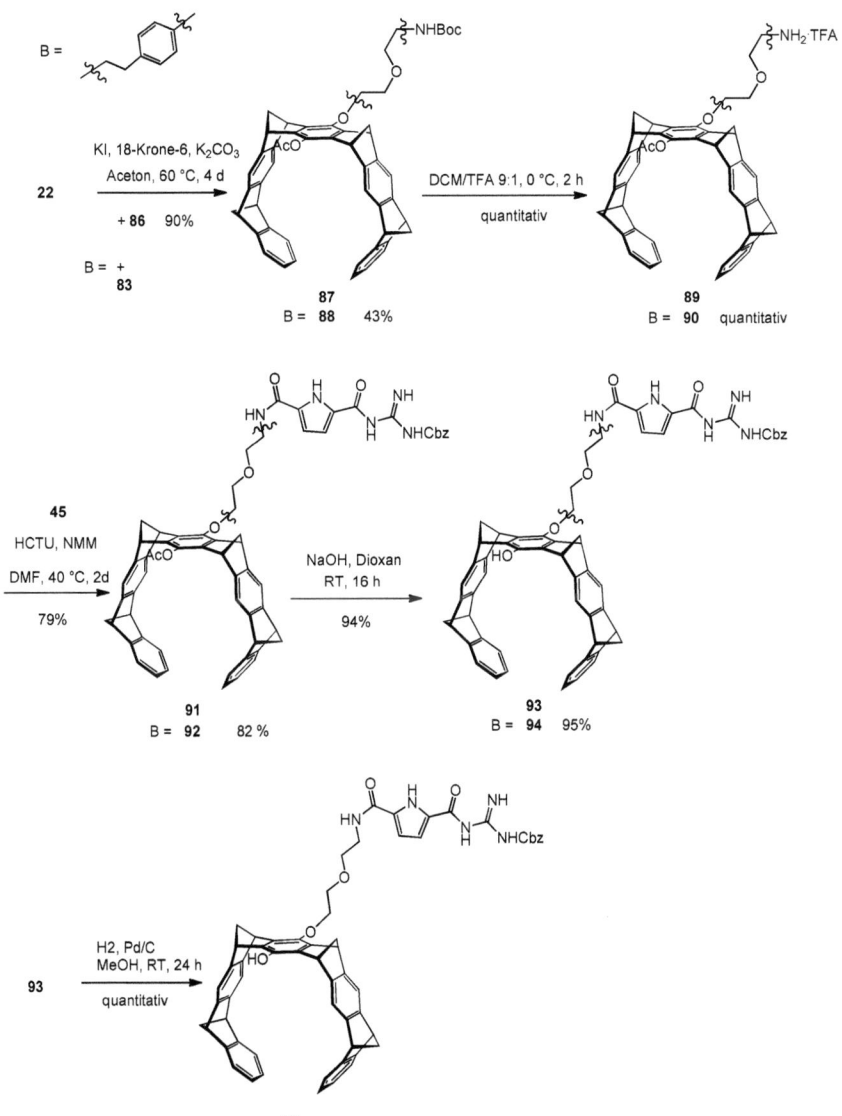

Abb. 3.34: Syntheseschema zur Synthese der Rezeptoren **102** und **103** – Teil 1.

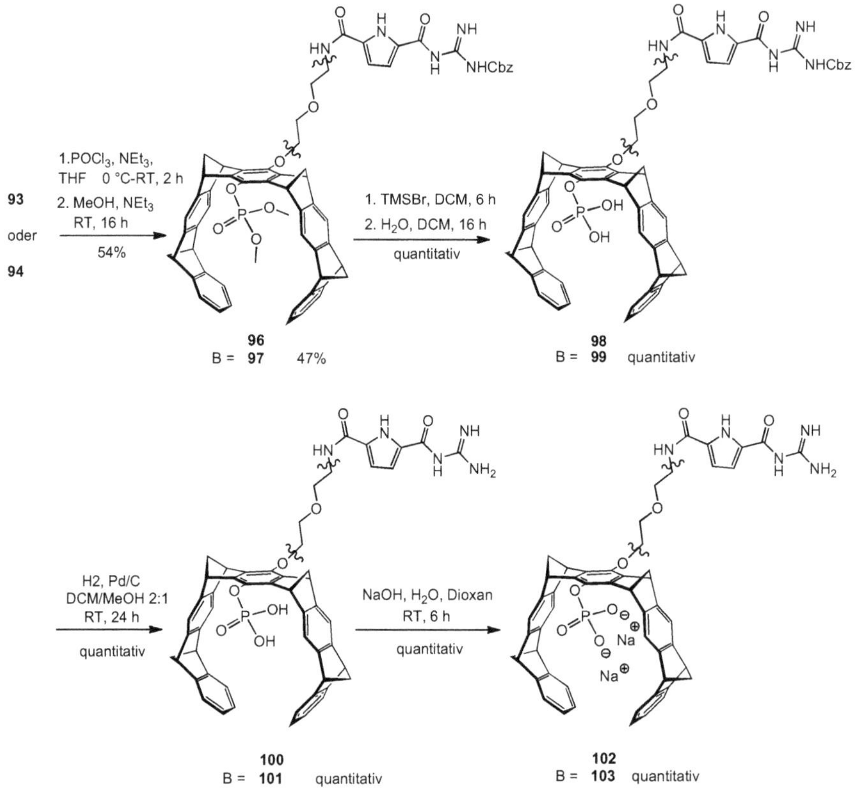

Durchführung und Ergebnisse 66

Abb. 3.35: Syntheseschema zur Synthese der Rezeptoren **102** und **103** – Teil 2.

Anschließend wurde versucht **93** und **94** zu phosphorylieren. Dafür wurden die bereits bekannten Bedingungen für die Phosphorylierung der Pinzette **18** angewandt. Hierbei traten bei der Umsetzung jedoch einige Probleme auf. Zunächst konnte unter diesen Bedingungen keine vollständige Umsetzung erreicht werden, deswegen wurde die Reaktion entweder nochmal mit den gleichen Äquivalenten an Phosphorylchlorid wiederholt oder Reaktionen durchgeführt, bei denen direkt höhere Äquivalente von bis zu 40 gegenüber der Pinzette vorlagen. Doch auch bei höheren Äquivalenten konnte kein vollständiger Umsatz erreicht werden (maximal 80%). Bei einem zu hohen Überschuss an Phosphorylchlorid (ab 40 Äquivalenten) jedoch, zersetzte sich das Ausgangsmolekül. Ein anderes Problem trat bei der Aufreinigung des Produktes auf. Weder eine Aufreinigung per Säulenchromatographie über „normale Phase", noch eine Aufreinigung über eine „Umkehrphase" waren möglich.

Verwendete man „normale Phase" so bliebe das Produkt auf der Säule „hängen", verwendete man „Umkehrphase" so zersetzte sich das Molekül auf der Säule. Da auf diesem Wege keine Aufreinigung erfolgen konnte wurde ein Umweg über eine methylgeschützte Phosphatgruppe gewählt. Dazu wurde wie schon bei der Synthese der Monophosphatpinzette **26**, das freie Phosphorsäureesterchlorid in situ mit Methanol abreagiert, um so, anstatt des freien Phosphats, an die methylgeschützten Derivate **96** und **97** zu gelangen. Sinn dabei war eine erleichterte Aufreinigung, durch die geschützte Phosphatfunktion konnte so eine Aufreinigung mittels „normaler" Säulenchromatographie erfolgen. Die Ausbeuten waren dabei mit 47 % für **97** und 54 % für **96** relativ moderat. Im nächsten Schritt wiederum erfolgte die Demethylierung mit 10-20 Äquivalenten TMSBr in abs. DCM für 6 h und anschließendem kräftigen Rühren in DCM/H_2O für 24 h in quantitativen Ausbeuten. Die Entschützung der *Cbz*-geschützten Guanidiniumfunktion erfolgte danach in quantitativer Ausbeute mit H_2 und Pd/C in einem THF/MeOH Gemisch. Dabei ist ein gründliches Spülen mit THF, MeOH und THF/MeOH erforderlich, um die Produkte vollständig vom Katalysator zu entfernen. **100** und **101** wurden dann im letzten Schritt mit genau zwei Äquivalenten NaOH · H_2O, gelöst in 1 mL Wasser, in Dioxan in ihr entsprechendes Natriumsalz **102** und **103** überführt. Über eine alternative Route, die auch theoretisch für die Synthese von den Verbindungen **58** und **59** verwendet werden kann, wurde die Verbindung **108** hergestellt (Abb. 3.36). Diese sollte als Vergleichsverbindung für **58** dienen und so der Einfluss einer methylgeschützten OH-Funktion in der Phosphatgruppe auf die RGD-Bindung überprüft werden. Hier wurde ausgehend von **87** zunächst die OH-Funktion der Pinzette freigesetzt. Dies geschah wieder mit 1 M NaOH in Dioxan problemlos mit Ausbeuten von über 90%. Es wurde bereits im nächsten Schritt die methylgeschützte Phosphatgruppe unter oben beschriebenen Bedingungen in das Molekül **104** eingeführt. Man erhielt **105** in Ausbeuten über 90%, welches im Vergleich zur ersten Syntheseroute eine wesentliche Verbesserung darstellte. **105** wurde anschließend wieder mit TFA/DCM bei 0°C ohne Probleme entschützt und das freie Amin **106** mit **39** zur Reaktion gebracht. Die Kupplung mit HCTU/NMM lieferte allerdings nur eine Ausbeute von 34%. Dies war jedoch, wie später herausgefunden wurde, auf das verwendete HCTU zurückzuführen, welches scheinbar schon teilweise zersetzt, nicht mehr für Kupplungszwecke einsetzbar war. Trotzdem konnte genügend Produkt **107** erhalten werden, um im nächsten Schritt eine Methylgruppe von der geschützten Phosphatgruppe zu entfernen. Dies wurde mit trockenem Lithiumbromid in Acetonitril erreicht, da die Nucleophilie des LiBr auch bei größeren Überschüssen an LiBr nicht hoch genug ist, um auch die zweite Methylgruppe am geschützten Phosphat zu entfernen.

Neben der gewünschten Reaktion zeigt sich überraschenderweise, dass auch die *Boc*-Gruppe gleichzeitig abgespalten wurde.

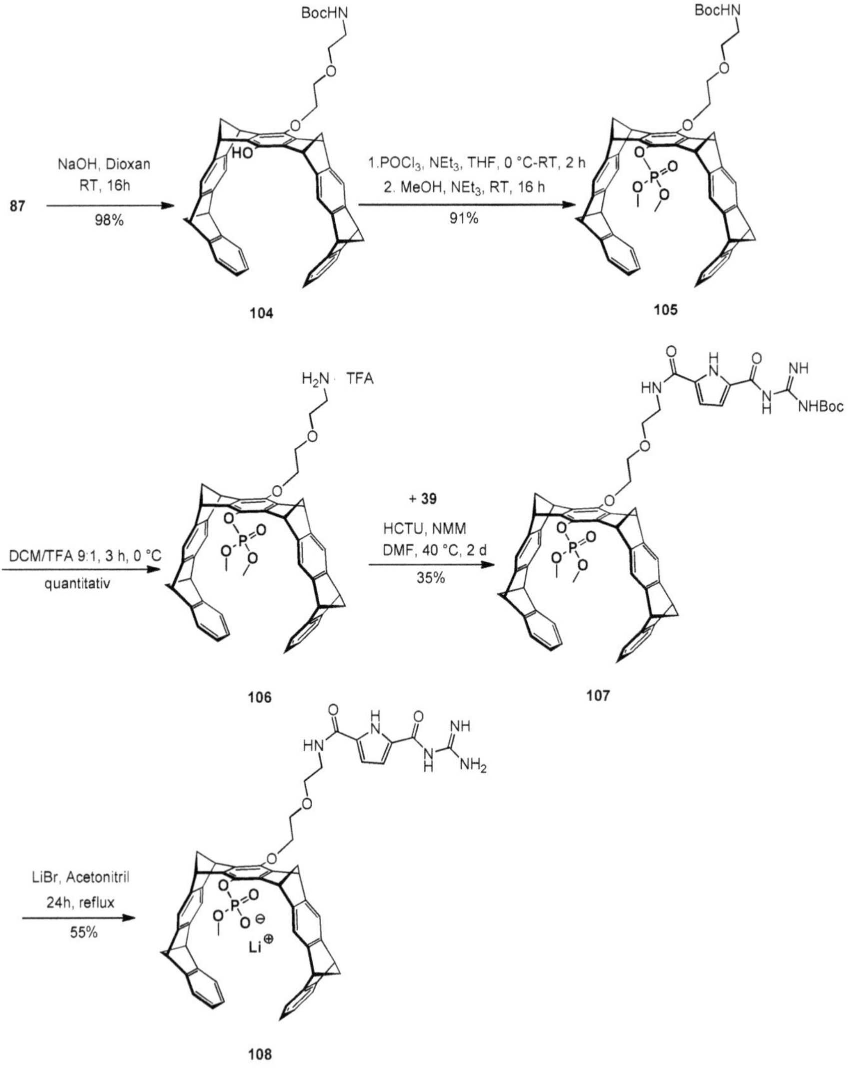

Abb. 3.36: Synthese vom Rezeptor **108** über eine alternative Syntheseroute.

D.h. also das mit Hilfe von LiBr, in einer Reaktion, sowohl eine Methylgruppe vom Phosphat als auch die *Boc*-Gruppe gleichzeitig entfernt werden kann. Das Produkt **108** fiel dabei während der Reaktion aus und konnte durch anschließendes Abzentrifugieren und Waschen mit Diethylether und nochmaligem Abzentrifugieren gereinigt werden. Man erhielt so das Lithiumsalz **108** in 55%iger Ausbeute.

3.4.5 Eigenschaften und Selbstassoziationsverhalten der RGD-Rezeptormoleküle

Während der Rezeptor **102** noch eine geringe Wasserlöslichkeit von bis zu 1 mM und in gepufferter Lösung bei pH 6.0 immerhin noch im Bereich bis zu 50 µM aufweist, weist das Rezeptormolekül **103** keinerlei Wasserlöslichkeit auf. Durch Lösen in DMSO oder Methanol können allerdings auch einige Anteile Wasser (50% -70%) hinzugegeben werden, ohne dass die Pinzette wieder ausfällt (0.8-0.4 mM). Das Gleiche gilt für den Rezeptor **108**. Die Löslichkeit hängt dabei stark vom pH-Wert und damit vom Protonierungsgrad ab. Sie sinkt bei fallendem pH und ist bei pH 6, wo sie als zwitterionische Struktur **58** und **59** (wobei nachfolgend nur als **102** und **103** bezeichnet) vorliegen, am geringsten (Abb. 3.37).

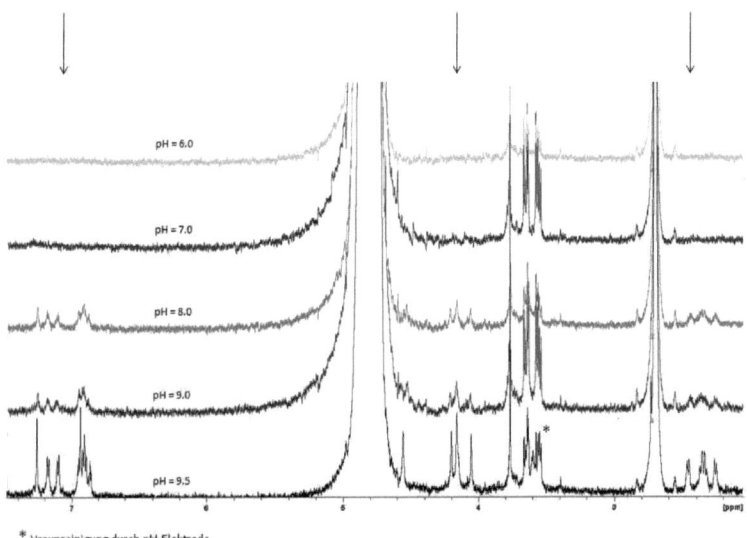

* Verunreinigung durch pH-Elektrode

Abb. 3.37: ^{1}H-NMR Spektren von **102** in D_2O (1 mM) bei unterschiedlichen pH-Werten. Die verschwundenen Signale von **102** sind mit Pfeilen gekennzeichnet. **102** beginnt ab pH 7.0 auszufallen.

Aufgrund des Aufbaus der Rezeptoren, war es notwendig, das Verhalten auf Selbstassoziation zu untersuchen. Dies geschah zum einen mittels Kraftfeldrechnungen, zum anderen durch Verdünnungsexperimente mittels ^{1}H-NMR und per Fluoreszenz. Zunächst wurden Kraftfelduntersuchungen durchgeführt, die einen Hinweis auf mögliche Selbstassoziationen liefern sollten. Dabei sind generell zwei Arten von Selbstassoziation möglich, eine intermolekulare und eine intramolekulare.

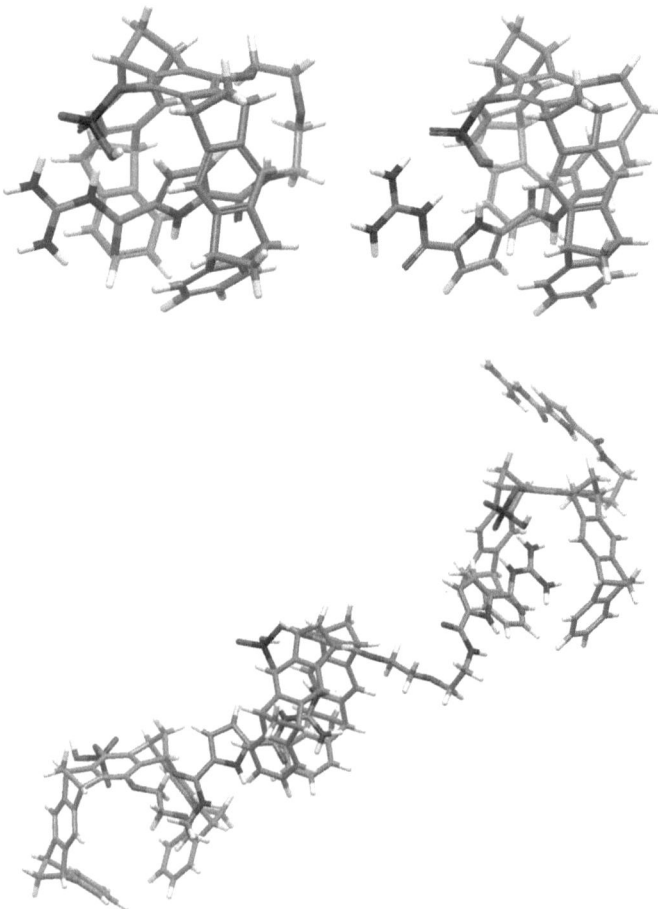

Abb. 3.38: Darstellung der möglichen Selbstassoziationen von **102** und **103** durch Kraftfeldrechnungen. Links oben: Intramolekulare Selbstassoziation von **102**. Rechts oben: Intramolekulare Selbstassoziation von **103**. Unten: Intermolekulare Selbstassoziation von **102**. (MacroModel 9.0, Amber*, H$_2$O, Monte-Carlo-Simulation, 5000 Schritte).

Abbildung 3.38 zeigt, dass eine intramolekulare Selbstassoziation für den Rezeptor **102** theoretisch möglich erscheint. Das Guanidiniumkation wird dabei in die Kavität der Pinzette eingeschlossen und bildet noch zusätzlich eine Wasserstoffbrücke zur Phosphatgruppe aus. Auch beim starreren Rezeptor **103** ist ein Selbsteinschluss in die Kavität scheinbar theoretisch möglich, wobei der Seitenarm auch in die Kavität eingeschlossen wird und theoretisch noch π-π Wechselwirkungen zwischen der Benzoleinheit des Linkers und den Benzoleinheiten der Pinzette möglich sind. Die zweite denkbare Selbstassoziation, die intermolekulare, ist ebenfalls für beide Moleküle denkbar. Dabei ist es auch theoretisch möglich, dass sich mehrere Moleküle hintereinander anordnen und sich Oligomere bilden. Dies ist exemplarisch für den Rezeptor **102** in Abbildung 3.38 dargestellt. Nun wurde die mögliche Selbstassoziation mittels ^{1}H-NMR überprüft. Dafür wurde der Rezeptor **102** in 50% D_2O und 50% DMSO-d_6 gelöst und auf pH 6.0 eingestellt. Ausgehend von der Startkonzentration 0.63 mM wurde in fünf Schritten die Konzentration jeweils halbiert und abermals ein ^{1}H-NMR Spektrum aufgenommen (Abb. 3.39). Bei einer intramolekularen Selbstassoziation würde man eine Verschiebung der Pyrrol-CHs ins hohe Feld erwarten, außerdem müssten auch leichte Shifts bei den äußeren aromatischen Protonen der Pinzette zu erkennen sein. Die Verdünnungsexperimente wiesen jedoch erfreulicherweise keinerlei Verschiebung auf. Eine intermolekulare Selbstassoziation konnte somit durch das ^{1}H-NMR ausgeschlossen werden. Zur Überprüfung ob eine intermolekulare Selbstassoziation stattfindet wurde bei konstanter Konzentration bei unterschiedlichen Temperaturen ^{1}H-NMR Spektren aufgenommen. Bei einer intramolekularen Selbstassoziation sollte man dann Verschiebungen erkennen können. Hier waren nur sehr geringfügige Shifts erkennbar, lediglich im Aromatenbereich fand eine leichte Verschiebung geringer als 0.1 ppm statt (Abb. 3.39). Diese geringe Verschiebung kann allerdings auch temperaturbedingt sein und daher wurde diesen Shifts keine allzu hohe Bedeutung beigemessen. Da der Rezeptor mit dem flexiblen Linker keinerlei Anzeichen einer Selbstassoziation lieferte, wurde darauf verzichtet diese Untersuchungen für den Rezeptor **103,** der einen starreren Linker enthält, durchzuführen, da dieser, schon im normalen ^{1}H-NMR Spektrum keine ungewöhnliche Verschiebungen aufwies.

Durchführung und Ergebnisse 72

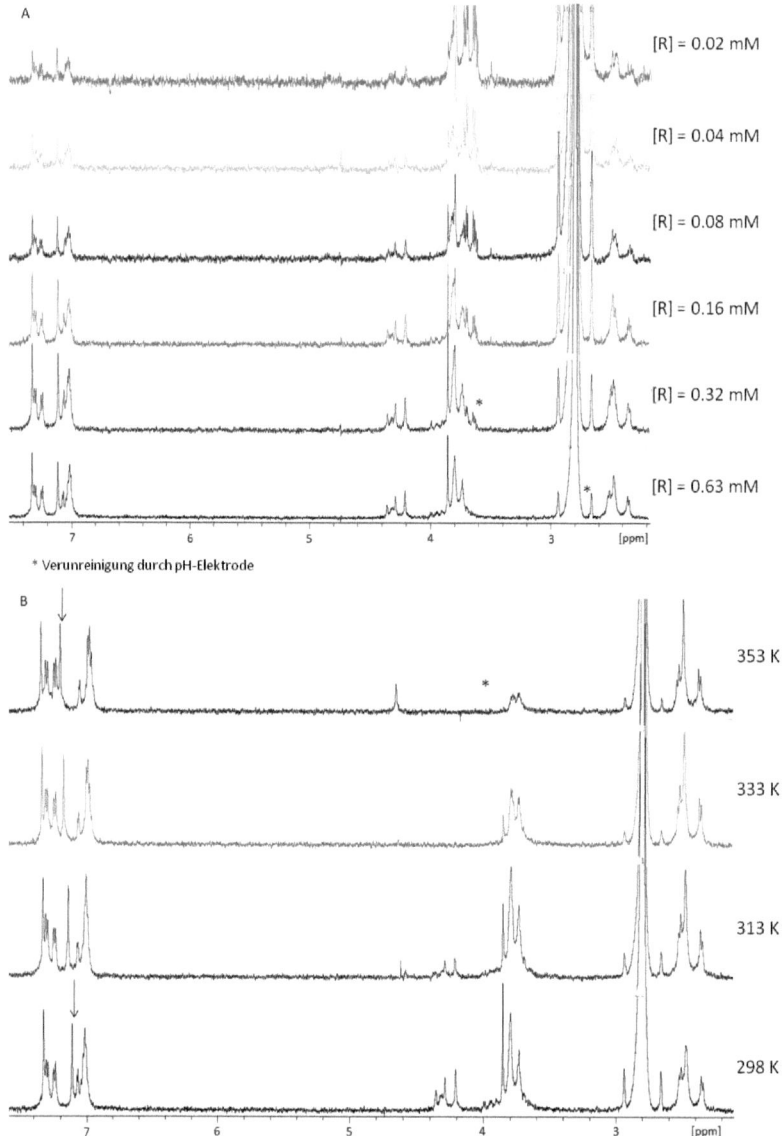

Abb. 3.39: ^{1}H-NMR-Spektren der Selbstassoziationsexperimente von **102** in 50% D$_2$O und 50% DMSO-d$_6$ bei pH 6.0. A: Verdünnungsexperiment zur Kontrolle der Intermolekularen Selbstassoziation. B: Kontrolle der Intramolekularen Selbstassoziation durch Aufnahme von Spektren bei unterschiedlichen Temperaturen und konstanter Konzentration. Weder bei A, noch bei B sind Shifts zu erkennen, lediglich unter B verschieben sich die inneren aromatischen Protonen der Pinzette leicht (mit einem Pfeil markiert), diese Shifts sind jedoch mit unter 0.1 ppm so gering, dass dies auch temperaturbedingte Shifts sein könnten.

Durchführung und Ergebnisse 73

Anschließend wurden die beiden Rezeptoren **102** und **103** per Fluoreszenzspektroskopie untersucht. Um die geeignete Anregungswellenlänge zu ermitteln wurde zunächst ein UV-Spektrum von beiden Rezeptoren aufgenommen. Dabei zeigten beide, ähnlich der Bisphosphatpinzette **21**, die Ihr Absorptionsmaximum bei 284 nm hat, ein Absorptionsmaximum bei 288 nm (**102**) bzw. 294 nm (**103**) (Abb. 3.40).

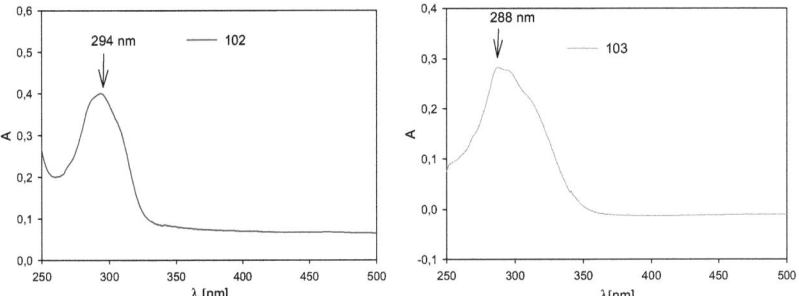

Abb. 3.40: Links: Absorptionsspektrum von **102** in Bis-Tris Puffer pH 6.0 [10^{-5} M]. Rechts: Absorptionsspektrum von **103** in 50% Bis-Tris Puffer pH 6.0 + 50% DMSO [10^{-5} M].

Nun konnte im nächsten Schritt ein Fluoreszenzspektrum der Rezeptoren aufgenommen werden. Dabei fiel sofort auf, dass sowohl Rezeptor **102**, als auch **103**, eine wesentlich geringere Fluoreszenzintensität aufweisen als die Bisphosphatpinzette **21**. In Puffer liegt die Fluoreszenzintensität für **102** ca. um den Faktor 100 niedriger. Mit Anteilen an Methanol oder DMSO kann die Fluoreszenzintensität sukzessive erhöht werden, erreichte jedoch nie die Fluoreszenzintensität der Bisphosphatpinzette **21** (Abb. 3.41).

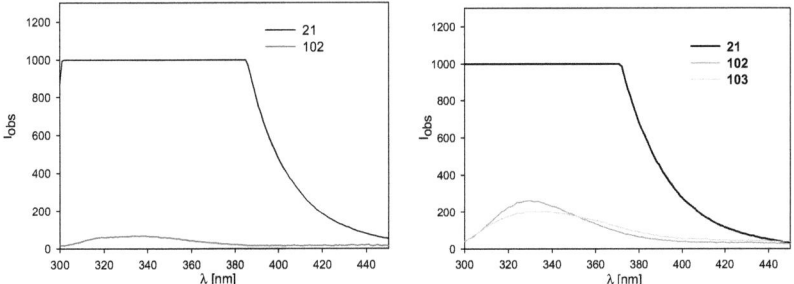

Abb. 3.41: Links: Vergleich der Fluoreszenzintensität von **21** mit **102** in Bis-Tris Puffer pH 6.0 [$2.5 \cdot 10^{-5}$ M]. Rechts: Vergleich der Fluoreszenzintensität von **21** mit **102** und **103** in 50% Bis-Tris Puffer pH 6.0 + 50% DMSO [$2.5 \cdot 10^{-5}$ M].

Durchführung und Ergebnisse 74

Diese niedrige Fluoreszenz lässt zunächst wiederum vermuten, dass eine Art Selbstassoziation zu dieser Fluoreszenzquenchung führen könnte. Jedoch wurde dieses schon per ^{1}H-NMR widerlegt. Zur Bestätigung dessen wurden Fluoreszenzspektren von **102** und **103** bei konstanter Konzentration bei unterschiedlichen Temperaturen durchgeführt. Würde eine Selbstassoziation vorliegen, so würde diese bei steigender Temperatur verringert werden und ein Anstieg der Fluoreszenzintensität wäre die Folge. Wie Abbildung 3.42 jedoch zeigt, sinkt die Fluoreszenz bei steigender Temperatur, welches ein normales Verhalten für Fluorophore darstellt, wie z.B. auch bei den aromatischen Aminosäuren.[157]

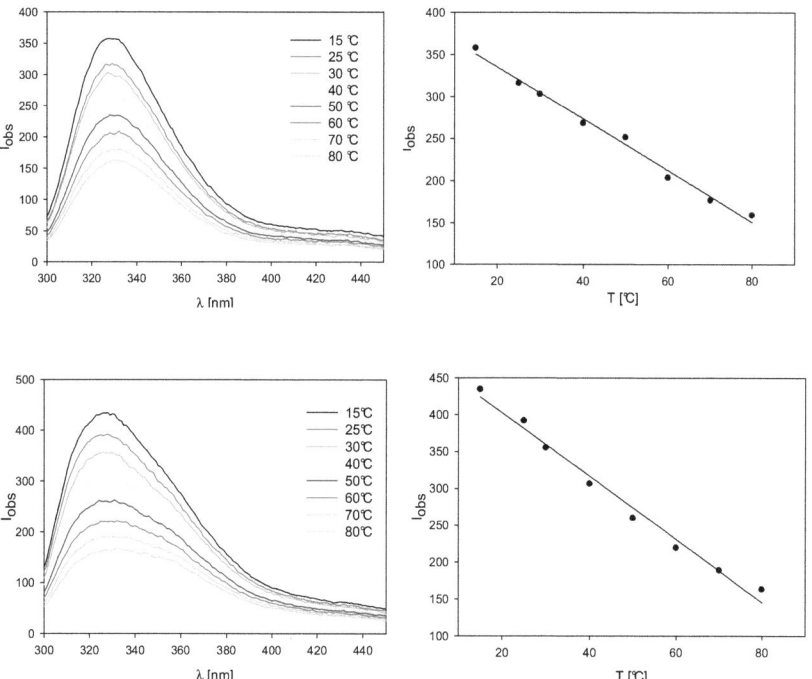

Abb. 3.42: Abhängigkeit der Fluoreszenzintensität der Rezeptoren **102** (oben) und **103** (unten) von der Temperatur. Die Aufnahmen erfolgten in 50% Bis-Tris Puffer pH 6.0 + 50% DMSO [2.5 · 10^{-5} M].

Nun konnte auch durch die Fluoreszenzuntersuchungen eine Selbstassoziation ausgeschlossen werden. Die festgestellte geringe Fluoreszenz der beiden Rezeptormoleküle muss also einen anderen Grund als die bereits ausgeschlossene Selbstassoziation haben. Weitere

Untersuchungen zum Lösungsmitteleinfluss auf die Fluoreszenz der Rezeptormoleküle zeigten eine Lösungmittelabhängigkeit der Fluoreszenzstärke (Abb.3.43).

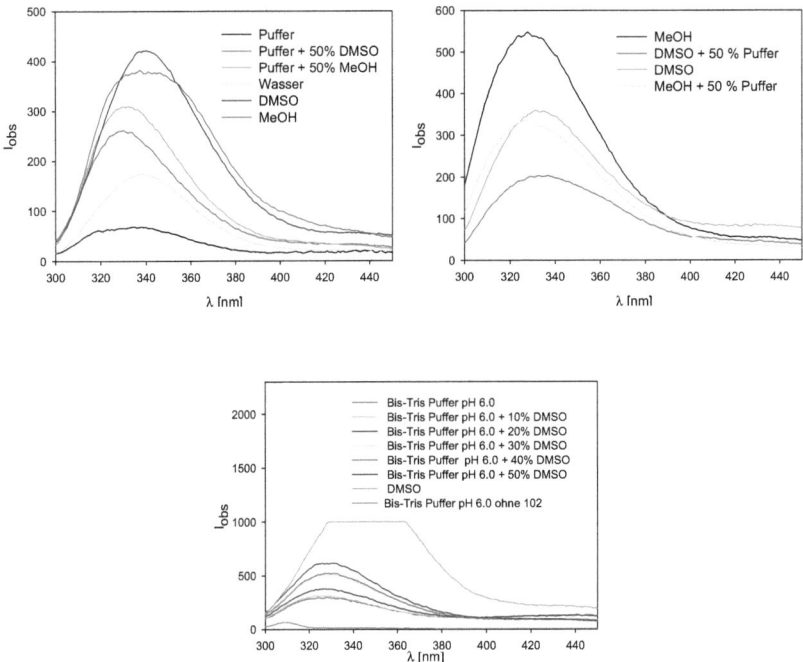

Abb. 3.43: Oben: Die Lösungsmittelabhängigkeit der Fluoreszenzintensität von **102** (links) und **103** (rechts). Unten: Veränderung der Fluoreszenzintensität von **102** bei verschiedenem Gehalt an DMSO [$2.5 \cdot 10^{-5}$ M].

So ist die Fluoreszenz von **102** in Methanol oder DMSO um den Faktor zwei höher als in Wasser und viermal höher als in Puffer. Ähnlich zeigt sich dies für **103**, bei dem die Fluoreszenz umso höher ist, desto mehr DMSO oder Methanol im Lösemittel enthalten ist. Das Lösungsmittel scheint also die fluorophoren Gruppen des Rezeptors zu beeinflussen. Eine mögliche Erklärung der geringen Restfluoreszenz der beiden Rezeptoren liegt in einem möglichen Energietransfer. So wird die Fluoreszenz von der Pinzette auf das Pyrrol der Aspartaterkennungseinheit übertragen und weitgehend gelöscht.

3.4.6 Bindungsstudien mit den RGD-Rezeptormolekülen

Nachdem eine Selbstassoziation ausgeschlossen werden konnte, wurden die beiden Rezeptormoleküle auf ihre Bindungsaffinität gegenüber RGD-haltigen Peptiden getestet. Hier bestand die Hoffnung, dass die ditopischen Rezeptormoleküle **102** und **103** nun eine vielfach stärkere Bindung aufweisen würden als die einfachen Rezeptormoleküle mit nur einer Erkennungseinheit. Für die Bindungsstudien kamen zunächst Fluoreszenztitrationen zum Einsatz. Die Ergebnisse der Titrationen mit dem Rezeptor **103** sind in Tabelle 3.5 als Übersicht dargestellt.

Tab. 3.5: In Fluoreszenztitrationen ermittelte Bindungskonstanten für RGD- und argininhaltige Substrate mit **102**.

Substrat	Lösungsmittel		Bindungskonstante K_a [M^{-1}]
H-Arg-OH	Bis-Tris Puffer	10 mM pH 6.0	14172 +/- 1226
H-RGD-OH	Bis-Tris Puffer	10 mM pH 6.0	15658 +/- 5734
H-RGD-OH	Bidest. Wasser	pH 9.5	878 +/- 276
H-GRGDTP-OH	Bis-Tris Puffer	10 mM pH 6.0	12975 +/- 3411
H-GRGDTP-OH	Bidest. Wasser	pH 9.5	1768 +/- 364
H-GRGDTP-OH	Puffer + 50% DMSO	pH 6.0	50684 +/- 34818
H-GRGDTP-OH	DMSO		55633 +/- 17761
H-SRGDS-OH	Puffer + 50% DMSO	pH 6.0	33785 +/- 8544
H-SRGDS-OH	DMSO		67140 +/- 21760
H-SRGAS-OH	Puffer + 50% DMSO	pH 6.0	29051 +/- 7124
H-SRGAS-OH	DMSO		99550 +/- 18811
H-SAGDS-OH	Puffer + 50% DMSO	pH 6.0	8319 +/- 1681
H-SAGDS-OH	DMSO		38376 +/- 4094
cGRGDSPA	Puffer + 50% DMSO	pH 6.0	46345 +/- 21768

Zunächst wurde das Bindungsverhalten von **102** gegenüber der Aminosäure Arginin in Bis-Tris Puffer bei pH 6.0 getestet. Mit einem K_a von 14172 M^{-1} lag dieser um das Dreifache höher als bei der Monophosphatpinzette **26**. Eigentlich sollte sich der Wert von **102** gegenüber **26** nicht sonderlich unterscheiden, möglicherweise liegt der Wert für **102** höher, da hier die Abstoßung zwischen der OH-Gruppe der Pinzette und dem negativ geladenen Carboxylat des Arginins wegfällt. Als nächstes wurde die Bindung gegenüber linearen RGD-haltigen Peptiden untersucht. Begonnen wurde mit dem freien RGD-Peptid. Die Titrationen zeigten eine Bindungskonstante von 15658 M^{-1} in Bis-Tris Puffer bei pH 6.0. Dieser Wert

Durchführung und Ergebnisse   77

liegt doppelt so hoch wie der ermittelte Wert für die Monophosphatpinzette **26**, und immer noch 4000 M^{-1} höher als für die Bisphosphatpinzette **21**, ist insgesamt jedoch geringer als eigentlich erwartet wurde. Um zu überprüfen welchen Einfluss das Guanidiniocarbonyl als Aspartaterkennungseinheit auf die Bindung hat, wurde eine weitere Titration in ungepufferter wässriger Lösung bei pH 9.5 durchgeführt. Hier liegt die Guanidiniumfunktion unprotoniert vor und die Bindungsstärke sollte herabgesenkt werden. Tatsächlich zeigte sich das unter diese Bedingungen die Bindungskonstante auf 878 M^{-1} herabgesenkt wurde. Hiermit konnte gezeigt werden, dass das Guanidiniocarbonylpyrrol einen wichtigen Teil zur Bindungsstärke beiträgt, während der Anteil der Pinzette an der Bindung niedriger als erwartet ausfiel. Die gleichen Untersuchungen wurden mit dem linearen Hexapeptid GRGDTP durchgeführt. Auch hier zeigt sich wieder in gepufferter Lösung bei pH 6.0 mit 12975 M^{-1} eine doppelt so hohe Bindungskonstante wie für **26**, die auch wieder in wässriger Lösung bei pH 9.5 um nahezu ein Zehntel auf 1768 M^{-1} absank. Um später einen Vergleich zu den weniger löslichen Rezeptoren **102** und **108** ziehen zu können, wurden die Bindungsstärken zusätzlich noch in Puffer mit 50%igem Anteil an DMSO und in reinem DMSO untersucht. Für die Untersuchungen in reinem DMSO wurden Rezeptor und Substrat zuvor in wässriger Lösung auf pH 6.0 eingestellt, das Lösungsmittel abgezogen und anschließend wieder in DMSO gelöst.

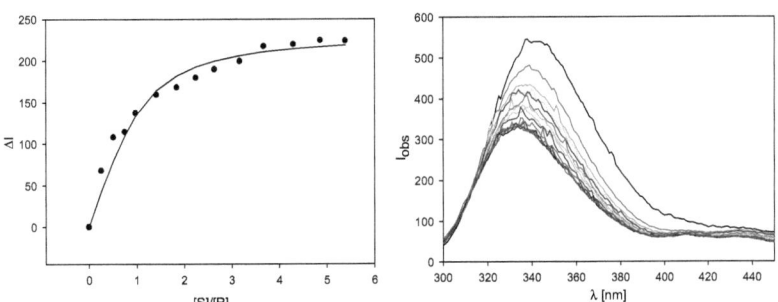

Abb. 3.44: Exemplarische Titrationskurve und Fluoreszenzanstieg anhand der Titration von **102** mit GRGDTP in DMSO.

Durch die Zugabe von DMSO stieg die Bindungskonstante wie erwartet an, da hier elektrostatische Wechselwirkungen ein stärkeres Gewicht bekommen. Die Bindungskonstante betrug in einem 1:1 Gemisch aus Puffer/DMSO 50684 M^{-1} und in reinem DMSO 55633 M^{-1} (Abb. 3.44). Insgesamt war die Bindungsstärke in Puffer in etwa nur halb so groß wie für die

Bisphosphatpinzette **21**, mit einem Anteil von 50% DMSO jedoch doppelt so hoch. Die Gegenüberstellung der Bindungskonstanten für das freie RGD und GRGDTP zwischen **102** und **21** zeigt, dass die RGD-Sequenz mindestens gleich stark bzw. etwas stärker durch den ditopischen Rezeptor **102** gebunden wird. Im nächsten Schritt wurde die Sequenzselektivität des ditopischen Rezeptors **102** überprüft. Dafür wurden SRGDS, SRGAS und SAGDS untersucht. SRGDS, welches sowohl Arginin, als auch Aspartat enthält wird wie erwartet nahezu ebenso stark gebunden wie das Hexapeptid GRGDTP. SRGAS, welches nur das Arginin als Erkennungsmotiv besitzt, wird ebenfalls in etwa gleich stark gebunden. Dies ist durch eine unselektive Erkennung durch das Guanidiniocarbonylpyrrol zu erklären, das scheinbar neben der Aspartatseitenkette auch den C-Terminus des Serins binden kann, da beide in etwa den gleichen Abstand zur Argininseitenkette haben. SAGDS, welches nur das Aspartat, nicht jedoch das Arginin als Erkennungsmotiv besitzt wird mit einem $K_a = 8319\ M^{-1}$ viermal schwächer gebunden, da hier die Komplexierung nur durch die Bindung des Guanidiniocarbonylpyrrols an das Aspartat bzw. an das Serin-C-Termini zustande kommt. Die Bindungsbeiträge durch die Pinzette fallen hier weg, wodurch eine Bevorzugung von Substraten mit zwei Erkennungsmotiven erkennbar wird. Als letztes sollten, die schon in den vorherigen Kapitel, vorgestellten RGD-Cyclopeptide gegen den Rezeptor **102** titriert werden. Hierbei stellte sich jedoch die geringe Eigenfluoreszenz des Rezeptors als Problem heraus, da sowohl cRGDfV, als auch cGRGDfL und cRGDFPA, Phenylalanin als Aminosäure tragen ist die von den Cyclopeptiden emittierte Fluoreszenz höher als die des Rezeptors und eine Vermessung mittels Fluoreszenztitration war nicht möglich. Lediglich das käuflich zu erwerbende cGRGDSPA konnte vermessen werden und wies mit $46345\ M^{-1}$ eine Bindungskonstante auf, wie sie auch für die linearen RGD-Peptide gefunden wurden. D.h. hier ist, wie zu erwarten war, keine Präferenz zu erkennen, da die Rezeptoren für das cRGDfV konzipiert worden sind und nicht für das cyclische Heptapeptid cGRGDSPA, welches die Bindung von Fibronektin an stimulierte Blutplättchen inhibieren kann.[158, 159] Als nächstes wurde Rezeptor **103** auf sein Bindungsverhalten gegenüber RGD-Peptiden untersucht (Tab. 3.6). Die Untersuchungen beschränkten sich hier auf das lineare GRGDTP, sowie zwei RGD-Cyclopeptide. Die Bindung von GRGDTP wies mit einem K_a von $35539\ M^{-1}$ in reinem DMSO eine etwas geringere Bindungsstärke als das Rezeptormolekül **102**. Die Bindung des Cyclopeptides cGRGDSPA lag hier mit $15653\ M^{-1}$ um den Faktor 3 niedriger als für den Rezeptor **102**, so dass angenommen werden kann, dass **103** die RGD-Sequenz etwas schwächer bindet als **102**.

Tab. 3.6: In Fluoreszenztitrationen ermittelte Bindungskonstanten zwischen **103** und verschiedenen Substraten.

Substrat	Lösungsmittel	Bindungskonstante K_a [M^{-1}]
H-GRGDTP-OH	Puffer + 50% DMSO pH 6.0	5226 +/- 4307*
H-GRGDTP-OH	DMSO	35539 +/- 14546
cGRGDSPA	Puffer + 50% DMSO pH 6.0	15653 +/- 4464
cARGD-3-Aminomethylbenzoyl	DMSO	6387 +- 1019

*ungenauer Fit

Mit cARGD-3-Aminomethylbenzoyl, ein αvβ3-Integrinantagonist [160, 161], wurde ein weiteres Cyclopeptid untersucht. Dieses wies allerdings mit einem K_a von 6387 M^{-1} in reinem DMSO nur eine äußerst schwache Bindung auf. Möglicherweise ist hier der Abstand zwischen Arginin und Aspartat zu gering und eine Erkennung beider Aminosäuren ist hier nicht möglich. Um den Einfluss der Phosphat- gruppe der Pinzette auf die Bindung zu überprüfen wurden Vergleichstitrationen zwischen dem Rezeptor **108** und GRGDTP, SRGDS, SRGAS und SAGDS durchgeführt (Tab. 3.6). Die Untersuchungen wurden hierfür in Puffer mit 50%igem Anteil an DMSO vorgenommen. **108** enthält eine methylgeschützte OH-Gruppe am Phosphat und dürfte deswegen weniger starke ionische und elektrostatische Wechselwirkungen eingehen.

Tab. 3.7: In Fluoreszenztitrationen ermittelte Bindungskonstanten zwischen **108** und verschiedenen Substraten.

Substrat	Lösungsmittel	Bindungskonstante K_a [M^{-1}]
H-GRGDTP-OH	Puffer + 50% DMSO pH 6.0	7145 +/- 2046
H-SRGDS-OH	Puffer + 50% DMSO pH 6.0	4033 +/- 1423
H-SRGAS-OH	Puffer + 50% DMSO pH 6.0	1396 +/- 262
H-SAGDS-OH	Puffer + 50% DMSO pH 6.0	Kein Fit möglich

Es zeigte sich hierbei tatsächlich, dass der Bindungsanteil der Pinzette an der Komplexierung scheinbar stark von der Phosphatgruppe abhängt. So liegen die Bindungskonstanten für die RGD-haltigen Peptide GRGDTP und SRGDS mit dem Rezeptor **108** sieben bis zehnfach niedriger als für den Rezeptor **102**. Die fehlenden zusätzlichen Wechselwirkungen durch die methylgeschützte OH-Gruppe des Phosphates wirken sich also stark auf das Komplexierungsverhalten des Rezeptors aus. Dies legt den Verdacht nahe, dass das gebundene Arginin hauptsächlich über Wasserstoffbrückenbindungen bzw. elektrostatisch gebunden wird und die Kavität der Pinzette scheinbar kaum einen Anteil zur Bindung beiträgt. Um dies zu überprüfen wurden weitere Untersuchungen mit ^{1}H-NMR-Titrationen, sowie verschiedenen Aufnahmen von 1:1 und 2:1 ^{1}H-NMR-Komplexen zwischen den Rezeptoren **102**, **103** und verschiedenen Substraten durchgeführt. Zunächst wurden Titrationen mit dem Cyclopeptid cRGDfV unternommen, da hier die Bindungskonstanten nicht mittels Fluoreszenz-Titrationen bestimmt werden konnten.

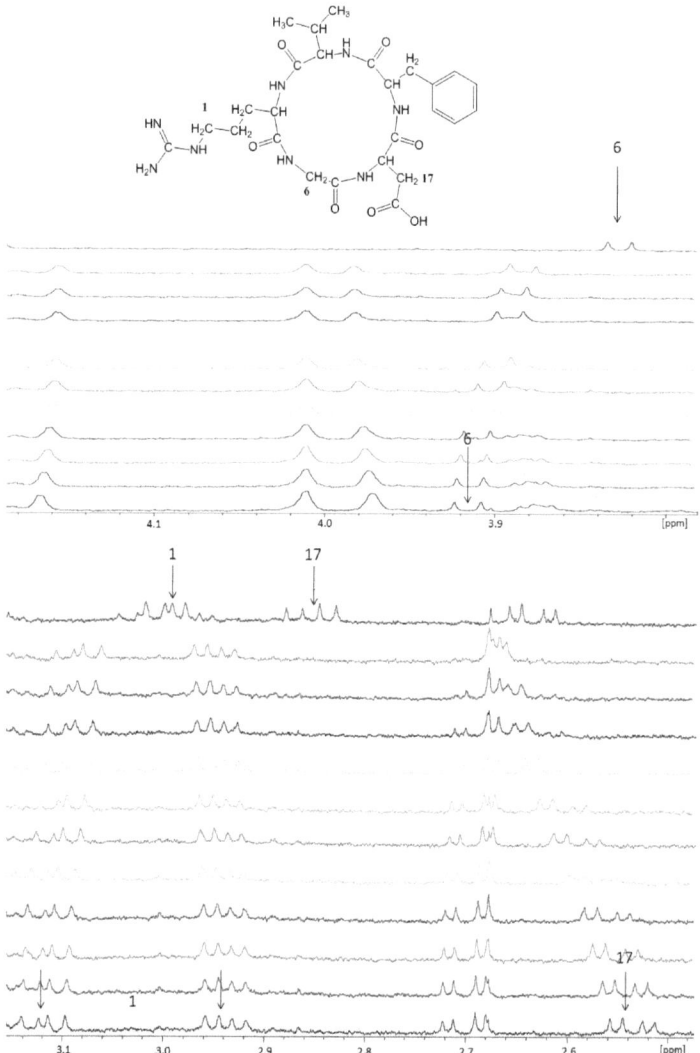

Abb. 3.45: Normale ^{1}H-NMR-Titration zwischen **102** und cRGDfV in MeOD + 10% D$_2$O bei pH 6.0. Das oberste Spektrum zeigt das reine Substrat mit einer Konzentration von 0.46 mM. Das unterste Spektrum zeigt den Komplex aus **97** und cRGDfV im Verhältnis von 1:2 (0.23 mM: 0.46 mM), welches sukzessive auf 1:1 (0.46 mM:0.46 mM) erhöht wird. Die Pfeile zeigen die wichtigsten Verschiebungen im Spektrum an.

Dazu wurden jeweils eine Verdünnungstitration zwischen Rezeptor **102** und cRGDfV in DMSO + 10% D_2O bei pH 6.0 und zwischen Rezeptor **103** und cRGDfV in DMSO + 10% D_2O bei pH 6.0 durchgeführt. Hier waren einige Verbreiterungen im Spektrum zu erkennen, deswegen wurde nochmals je eine normale Titration zwischen **102** (Abb. 3.45) bzw. **103** und cRGDfV in MeOD + 10% D_2O bei pH 6.0 durchgeführt. Hier waren einige leichte Shifts erkennbar, diese sind mit 0.12 ppm für die γ-CH_2-Gruppe des Arginins allerdings so gering, dass ein Einschluss des Arginins in die Kavität ausgeschlossen werden kann. Die Verschiebungen zeigen jedoch, dass leichte Wechselwirkungen mit dem Rezeptor vorhanden sind, diese sind wahrscheinlich auf die Wechselwirkung zwischen der Phosphat-Gruppe der Pinzette mit dem Guanidin des Arginins zurückzuführen. Zusätzliche Wechselwirkungen sind bei der Glycin-Gruppe erkennbar, die um ca. 0.1 ppm verschoben wird und am Aspartat, bei dem die CH_2-Gruppe direkt neben dem Carboxylat mit 0.32 ppm die größten Shifts aufweist. Der denkbare Bindungsmechanismus sieht so aus, dass das Arginin praktisch von „außen" an die Pinzette gebunden wird und nicht wie erhofft in die Kavität gezogen wird. Die Wechselwirkungen des Aspartats mit dem Substrat konnten mit Shifts von 0.32 ppm nachgewiesen werden und zeigen das das Guanidiniocarbonylpyrrol das Carboxylat des Aspartats erfolgreich erkennen kann. Abbildung 3.46 gibt die mögliche Bindung des Rezeptors an das cRGDfV mittels Kraftfeldrechnungen wider.

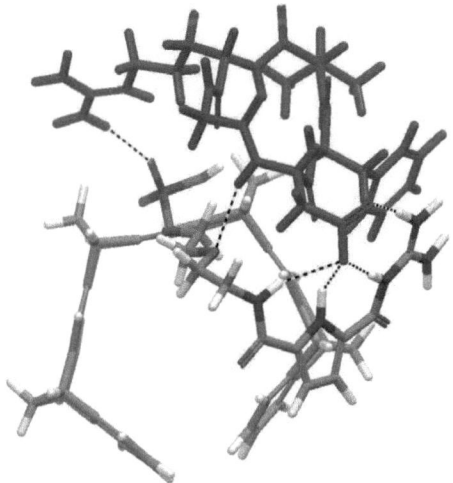

Abb. 3.46: Dargestellt ist der berechnete Komplex aus **102** und cRGDfV mit einer Bindung von „außen". Das cRGDfV ist lila dargestellt und die Wasserstoffbrückenbindungen sind mit gelben gestrichelten Linien dargestellt (MacroModel 9.0, Amber*, H_2O, Monte-Carlo-Simulation, 5000 Schritte und nachfolgende Moleküldynamik für 5 ns bei 300 K).

Es zeigt sich, dass wie bereits schon erwähnt, dass das Arginin „außenrum" am Phosphat einrastet und das das Guanidiniocarbonylpyrrol vier Wasserstoffbrückenbindungen mit dem Aspartat des cRGDfV bildet. Zusätzlich kann eine Wasserstoffbrückenbindung vom NH des Aspartats vom Peptidrückgrat zum Spacer ausgebildet werden. Scheinbar ist auch das Glycin nah genug am Rezeptor, um unspezifische Wechselwirkungen eingehen zu können. Weitere Titrationen und Aufnahmen von 1:1-Komplexen konnten zeigen, dass das Arginin in keinem Falle in die Kavität der Pinzette aufgenommen wird, jedoch einige leichte Verschiebungen und Verbreiterungen der Signale im ^{1}H-NMR zwischen Rezeptor und Substrat zu erkennen sind, welche auf eine Wechselwirkung hindeuten. Auch bei der ^{1}H-NMR-Titration zwischen **102** und cGRGDfL waren im Spektrum Verschiebungen nachweisbar. Hier ist zu erkennen, dass das die γ-CH$_2$-Gruppe des Arginins um 0.05 ppm verschoben wird und die CH$_2$-Gruppe der Aspartat-Seitenkette eine Verschiebung um 0.13 ppm erfährt. Die größte Verschiebung ist hier bei den CH$_3$-Gruppen des Leucins erkennbar, welche um 0.15 ppm verschoben sind. Auch die in Abbildung 3.47 dargestellten Spektren des 1:1 Komplexes von **103** mit GRGDTP weisen einige leichte Verschiebungen auf, so sind die γ und δ-CH$_2$-Gruppe des Arginins, die CH$_3$-Gruppe des Threonins und die CH$_2$-Gruppe der Aspartat-Seitenkette um jeweils 0.11 ppm verschoben. Wie diese beiden angeführten Beispiele zeigen auch alle anderen durchgeführten Titrationen bzw. Komplexaufnahmen mit anderen RGD-haltigen Substraten ähnliche Verschiebungen in ähnlichen Größenordnungen auf. Diese NMR-Ergebnisse zeigen, das, wie schon die Ergebnisse der Fluoreszenzmessungen vermuten ließen, die Kavität bei der Bindung an RGD-haltige Peptide keine Rolle spielt und die Bindung nur durch Wasserstoffbrückenbindungen und elektrostatische Interaktionen zustande kommt. Selbst das einfache Arginin (H-Arg-OH oder Ac-Arg-OMe) ist der Kavität der Pinzette nicht mehr zugänglich. Dies bedeutet, dass der Seitenarm, bestehend aus Linker und Guanidiniocarbonylpyrrol, den Zugang zur Kavität so stark einschränkt, dass ein Guanidiniumkation bereits zu sperrig ist, um in die Kavität einzudringen.

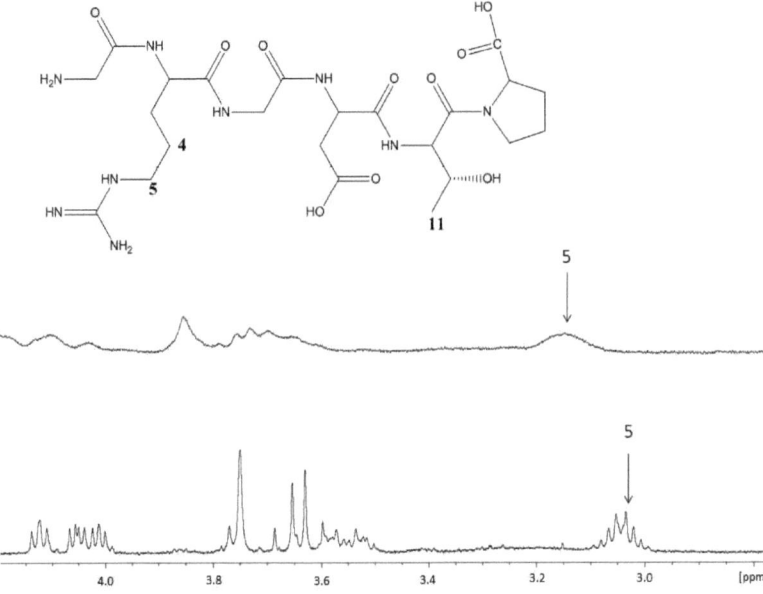

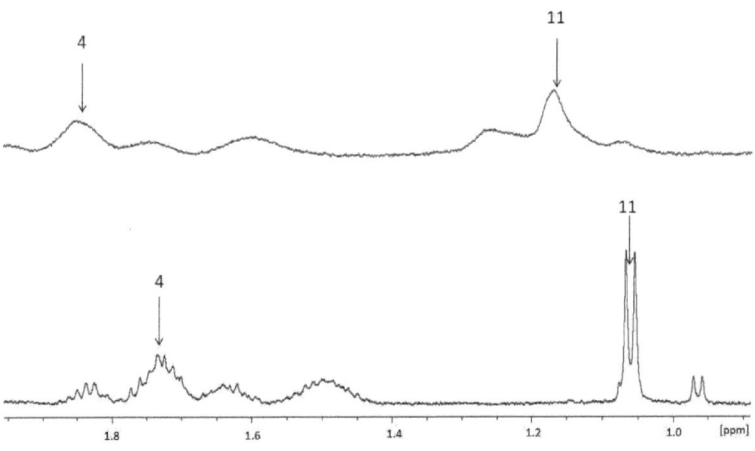

Abb. 3.47: 1:1 Komplex aus **103** und GRGDTP in DMSO-d_6 + 50% D_2O bei pH 6.0. Die jeweils oberen Spektren zeigen den Komplex mit einer Konzentration von jeweils 0.4 mM. Die unteren Spektren zeigen das reine Substrat GRGDTP mit einer Konzentration von 0.4 mM. Die Pfeile zeigen die wichtigsten Verschiebungen im Spektrum an.

In einem letzten Versuch wurde ein 2:1 Komplex zwischen Rezeptor **102** bzw. **103** und Ac-Lys-OMe aufgenommen, um festzustellen ob die Kavität gänzlich versperrt ist und keinem Gast mehr zu Verfügung steht oder ob schlankere Kationen wie das Ammonium-Ions des Lysins noch Zugang zur Kavität haben. Hier zeigt sich erfreulicherweise, wie an der Verschiebung der ε-CH_2-Gruppe des Lysins um mind. 1 ppm im Komplex-Spektrum zu erkennen ist (Abb. 3.48), dass das Ammoniumion des Lysins noch schlank genug ist um in die Kavität eingeschlossen zu werden. Dies gilt sowohl für den Rezeptor **102**, als auch für den Rezeptor **103**.

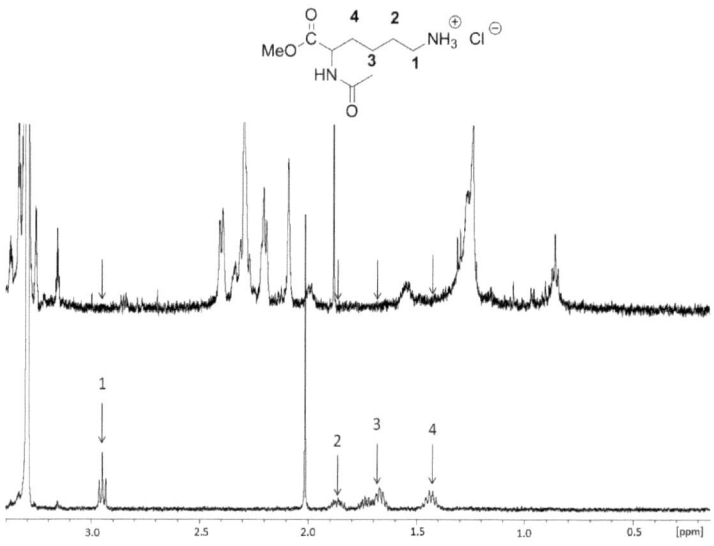

Abb. 3.48: 2:1 Komplex aus **102** und Ac-Lys-OMe in MeOD + 10% D_2O bei pH 6.0. Das obere Spektrum zeigt den 2:1 Komplex mit einer Konzentration von 0.7 mM:0.35 mM). Das untere Spektrum zeigt das reine Substrat Ac-Lys-OMe mit einer Konzentration von 0.35 mM. Die Pfeile zeigen die wichtigsten Verschiebungen im Spektrum an.

Neben der schlankeren Gestalt des Lysins an sich, könnte auch die geringere Solvatation des Ammonium-Kations gegenüber dem Guanidiniumkation den Einschluss erlauben, während die stärkere Solvatation des Guanidiniums einen Einschluss des Arginins verhindert. Ein weiterer Vorteil des Lysins ist die zusätzliche CH_2-Einheit in der Seitenkette, dies könnte den Zugang zur Kavität erleichtern. Möglicherweise kann durch eine leicht Designänderung des Rezeptors, bei dem die Etherverknüpfung der Pinzette mit dem Seitenarm durch eine weniger flexible Bindung ersetzt wird, dazu führen, dass der Seitenarm nicht mehr den Zugang zur

Kavität für größere Kationen, wie das Guanidinium-Ion, versperrt. So könnten die hier erreichten verbesserten Bindungsstärken nochmals erhöht werden.

3.5 Versuche zur Synthese der Diphosphonatpinzette

3.5.1 Diphosphonatsynthesen mit Phenol als Modellverbindung

Um eine bessere Wasserlöslichkeit der asymmetrischen Pinzetten zu erreichen, wurde versucht einen Syntheseweg zu finden, der die Funktionalisierung der Pinzette mit einer Diphosphonateinheit erlaubt. Dafür wurden zunächst verschiedene Synthesewege anhand von Phenol als Modellverbindung ausprobiert (Abb. 3.49).

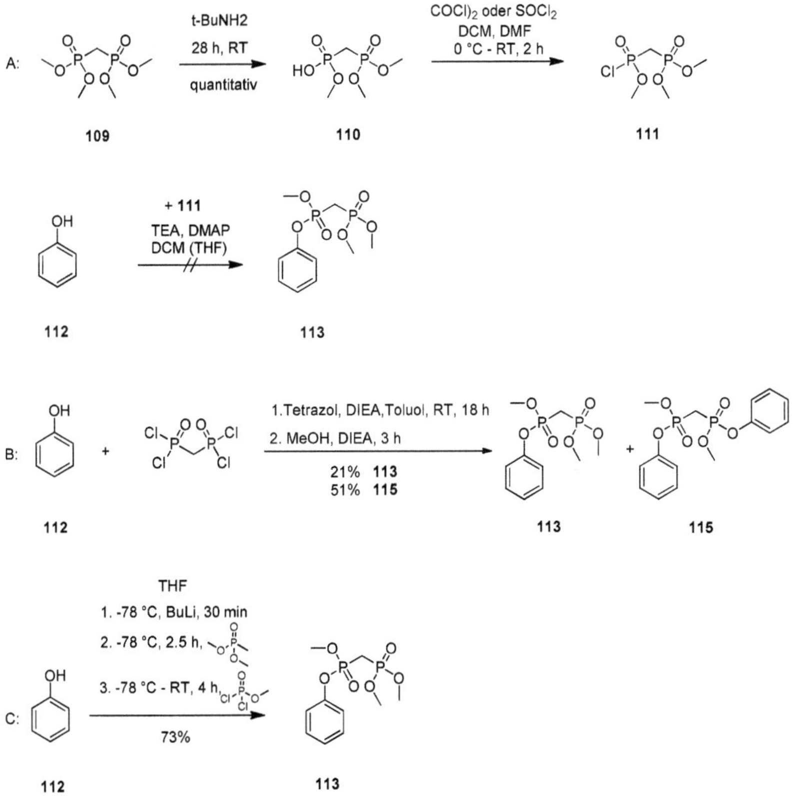

Abb. 3.49: Syntheseschema zu den verschiedenen Methoden der Diphosphonatdarstellung aus Phenol.

In der Synthesestrategie A wurde zunächst Methylhydrogen(dimethoxyphosphoryl)methylphosphonat **110** aus Tetramethylenbisphosphonat **109** in quantitativer Ausbeute mittels Verseifung mit purem *tert*-Butylamin für 28 Stunden und anschließender Behandlung mit einem sauren Ionenaustauscher gewonnen.[162] Dieses Reagenz sollte dann im nächsten Schritt in das Säurechlorid **111** überführt werden und wurde dazu mit Oxalylchlorid bzw. Thionylchlorid umgesetzt. Allerdings konnte ein Umsatz zum Säurechlorid **111** nicht eindeutig nachgewiesen werden. Die Reaktion von **111** mit Phenol **112** führte im abschließenden letzten Syntheseschritt nicht zum gewünschten Produkt. Für die Umsetzung wurde **112** in DCM oder THF vorgelegt und auf 0°C gekühlt, anschließend wurde Triethylamin (2-4 Äquivalente bezogen auf **112**), sowie DMAP als Katalysator hinzugeben und **111** (1.2-10 Äquivalente bezogen auf **112**) langsam zugetropft und auf RT kommen gelassen und für bis zu 24 h gerührt. Während der Reaktion konnte keinerlei Umsatz, weder per DC noch per MS nachgewiesen werden. In einer zweiten Synthesestrategie B wurde versucht die Diphosphonatgruppe direkt durch die Umsetzung mit **114** mit DIEA als Base und Tetrazol als Katalysator herzustellen.[163] Dabei wurde zunächst **114** mit **112** bei RT in Toluol für 18 h umgesetzt und anschließend unreagierte Phosphonsäureesterchloride für 3 h mit Methanol umgesetzt. Dabei zeigte die Variation der Äquivalente (0.5–2.1 bezogen auf **112**) das in jedem Falle neben dem einfach substituierten Produkt **113**, immer auch das bisubstituierte Hauptprodukt **115** entsteht. Die Ausbeute an **113** ist mit 2.1 Äquivalenten an **114** am höchsten, da hier generell die Ausbeuten am höchsten sind. Die beiden Produkte lassen sich gut per Säulenchromatographie voneinander trennen. Das gewünschte Produkt **113** konnte auf diesem Wege zwar synthetisiert werden, da die Ausbeute mit 21% jedoch sehr gering war wurde versucht mit einer weiteren Methode (C) das gewünschte Produkt **113** in einer höheren Ausbeute herzustellen.[164] Hierfür wurde das benötigte Reagenz in situ hergestellt und direkt mit **112** umgesetzt. Dimethylmethylphosphonat wurde dazu im ersten Schritt mit Hilfe von *n*-Butyllithium bei -78 °C in THF deprotoniert und das nun α-lithiierte Phosphonatcarbanion mit Methyldichlorophosphat (0.5 Äquivalente bezogen auf Dimethylmethylphosphonat) umgesetzt, welches sofort durch das unumgesetzte α-lithiierte Phosphonatcarbanion deprotoniert wird. Durch die Substitution eines Chlorid-Atoms wird die Reaktivität der P-Cl Bindung herabgesetzt und ist zu schwach, um durch ein weiteres Carbanion ersetzt zu werden. So kann eine Phosphonoalkylierung in situ durchgeführt werden.

Das zweite Chlorid-Atom kann durch Zugabe eines Nucleophils (**112**, 0.5 Äquivalente bezogen auf Dimethylmethylphosphonat) durch langsame Erwärmung von -78 °C auf RT innerhalb von 4 h substituiert werden. Nach Hydrolyse mit Wasser und Trennung der Phasen konnte das gewünschte Produkt **113** in guter Ausbeute von 73% erhalten werden.

Abb. 3.50: Synthese der freien Säure **114**

Um **113** in die freie Säure umzuwandeln wurde die schon für die Monophosphatsynthese verwendete Demethylierung mittels TMSBr in DCM bei RT verwendet. Zum Vergleich wurde eine Umsetzung auch mit der etwas stärkeren Reagenz TMSI bei 0 °C in DCM durchgeführt (Abb. 3.50). In beiden Fällen konnte nach 3 h eine vollständige Umsetzung erzielt werden und nach Hydrolyse mit Wasser für 20 min bei RT das Produkt **114** in quantitativer Ausbeute erhalten werden.

3.5.2 Versuche zur Diphosphonatsynthese mit der Pinzette

Nun wurde versucht die für die an der Modellverbindung Phenol erprobten Synthesen auf die Pinzette zu übertragen. Da Methode C (Abb. 3.47) sich als die geeignetste Methode herausgestellt hatte, wurde diese zunächst auf die Pinzette angewandt. Dabei wurde versucht sowohl die Pinzette **18** als auch die Pinzette **22** mit Hilfe dieser Methode umzusetzen (Abb.3.51).

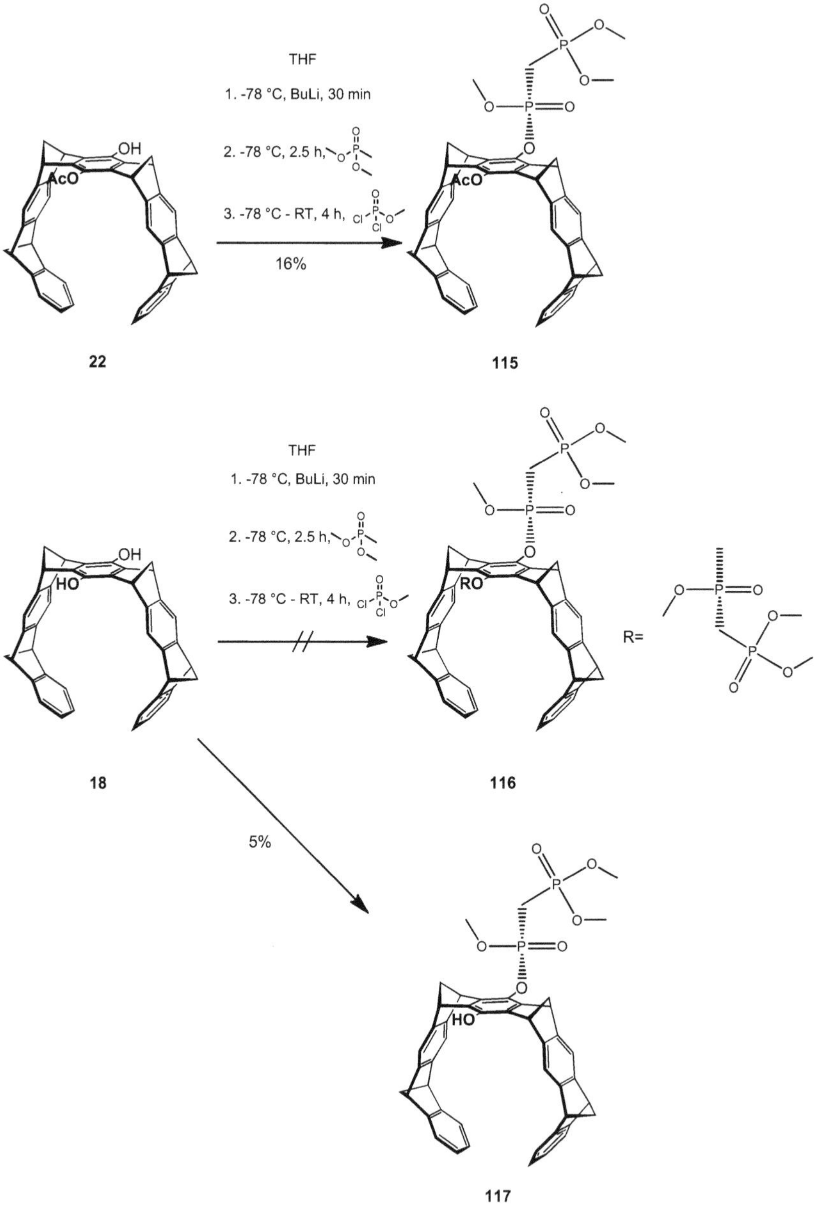

Abb. 3.51: Syntheseschema zur Einführung einer Diphosphonatgruppe in die Pinzette **18** bzw. **22**.

In beiden Fällen gestaltete sich die Synthese allerdings schwierig. So mussten hier die Äquivalente an Dimethylmethylphosphonat auf bis zu 10 (5 Äquivalente an Methylchlorophosphat bezogen auf die Pinzette) erhöht werden, um überhaupt einen Umsatz erzielen zu können. Neben dem unumgesetzten Produkt fielen auch schwer zu trennende Nebenprodukte, durch die notwendige Erhöhung der Äquivalente der Reagenzien, an. Auch trat nach der Hydrolyse mit Wasser, nicht wie mit Phenol, keine Phasentrennung auf. Anschließendes Extrahieren mit verschiedenen organischen Lösungsmitteln zeigte keine gewünschte Trennung. So wurde das Rohprodukt nach Hydrolyse zunächst vom Lösungsmittel befreit und per Säulenchromatographie (EE/MeOH 9:1) vorgereinigt. Das vorgereinigte Produkt konnte anschließend per HPLC aufgereinigt werden. Die Ausbeute an **115** lag mit 16% sehr niedrig und konnte auch durch Variieren der Bedingungen nicht erhöht werden. **117** wurde sogar nur mit einer Ausbeute von 5% erhalten, wobei **116** überraschenderweise gar nicht entstanden ist. Abbildung 3.52 zeigt das P-NMR-Spektrum von **115**. Erkennbar sind hier die beiden unterschiedlichen P-NMR-Signale mit einer für Diphosphonate typischen Duplett-Aufspaltung im Verhältnis von 1:1.

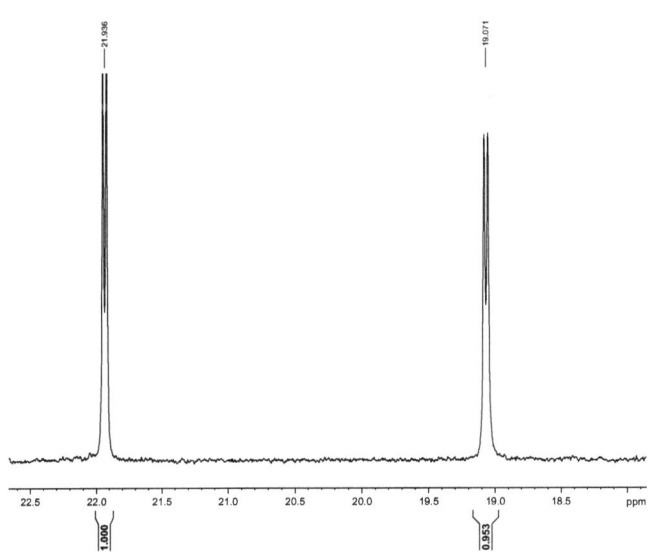

Abb. 3.52: ^{31}P-NMR Spektren von Produkt **115**.

Daraufhin wurde versucht die schon mit Phenol ausprobierten Methoden A und B auf die Pinzette anzuwenden, diese zeigten allerdings wie zu erwarten war keine gewünschte Reaktion. Trotz der niedrigen Ausbeute an **115** wurde genügend Substanz erhalten um im nächsten Schritt die Abspaltung der Acetylgruppe analog der Monophosphatsynthese durchzuführen (Abb. 3.53).

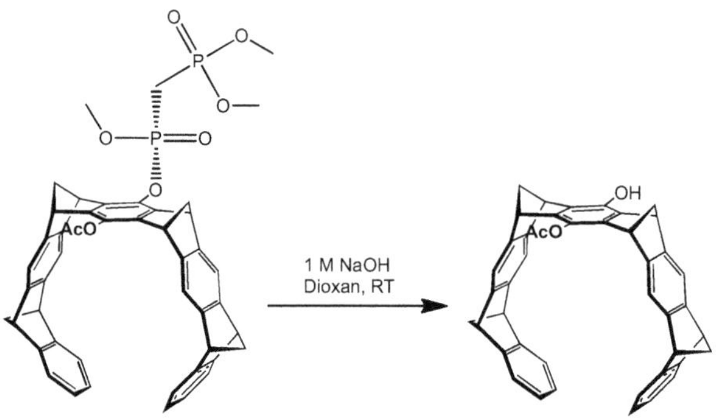

Abb. 3.53: Umsetzung von **115** mit1 M NaOH in Dioxan.

Hier allerdings stellte sicher heraus, dass die Pinzette **115** wesentlich basenlabiler ist als **23**. Während bei **23** die Acetylgruppe zuerst abgespalten wird, wird bei **115** zuerst die Diphosphonatgruppe abgespalten. Die Diphosphonatgruppe scheint also eine wesentlich bessere Abgangsgruppe zu sein als das geschützte Phosphat. Aufgrund dieser Erkenntnisse wurde auf weitere Synthesen verzichtet. Da die Ausbeuten von **115** an sich schon sehr niedrig sind und sich eine anschließende weitere Umsetzung aufgrund der Basenlabilität schwierig gestaltet, würde eine Anwendung auf die Synthese der ditopischen Rezeptoren nicht ohne weiteres möglich sein und eine komplette Überarbeitung der Syntheseroute erfordern.

Durchführung und Ergebnisse   91

3.5 Versuche zur Methylierung und Deuterierung der Pinzette

In einem Nebenprojekt wurde versucht Möglichkeiten zu finden die eine radioaktive Markierung der Bisphosphatpinzette **20** bzw. **21** ermöglichen. Dazu wurde zunächst versucht eine Methylgruppe in eine Phosphatgruppe einzuführen, welche bei Erfolg als Modellsynthese für eine C14-Markierung dienen kann. In einer zweiten Versuchsreihe wurde versucht die Bisphosphatpinzette **20** bzw. **21** zu deuterieren, dies würde sich als Modellsynthese für Tritiummarkierungen eignen.

3.5.1 Methylierungsversuche

Für die Methylierungsversuche wurde Diazald verwendet, aus dem durch Zugabe von KOH als Base Diazomethan freigesetzt werden kann. Dieses sollte als Methylierungsmittel dienen. Die Synthese selbst wurde dafür in einem Diazomethangenerator der Firma Aldrich durchgeführt. Dieser besteht aus einem inneren und einem äußeren Gefäß, wobei im inneren Gefäß das Diazald in Carbitol vorgelegt wurde und anschließend Diazomethan durch Zugabe von wässriger KOH-Lsg. freigesetzt wurde. Im äußeren Gefäß befand sich das zu methylierende Molekül, gelöst in Diethylether oder THF, gekühlt auf 0 °C. Um die Funktionsfähigkeit der Methode zu überprüfen wurde zunächst ein Modellversuch unternommen. Dazu wurde 4-*Boc*-Aminobenzoesäure erfolgreich in quantitativer Ausbeute methyliert. Jetzt wurde versucht die Reaktion mit der Pinzette **20** bzw. **21** durchzuführen (Abb. 3.54).

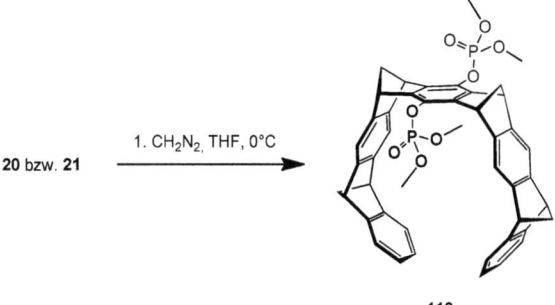

Abb. 3.54: Syntheseschema zur vierfachen Methylierung von **20** bzw. **21**.

Hier stellte sich jedoch heraus, dass bevorzugt eine vierfache Methylierung stattfindet. Die gewünschte einfache Methylierung findet nicht statt. Das Variieren der Reaktionszeiten (1-4 h) oder die Veränderung der Äquivalente brachte keine Veränderung, wieder konnte nur das vierfach methylierte Produkt per MS detektiert werden.

3.5.2 Deuterierungsversuche

Zur Deuterierung der Pinzette wurde zunächst wiederum eine Modellverbindung **119** nach einer Literaturvorschrift deuteriert (Abb. 3.55).[165]

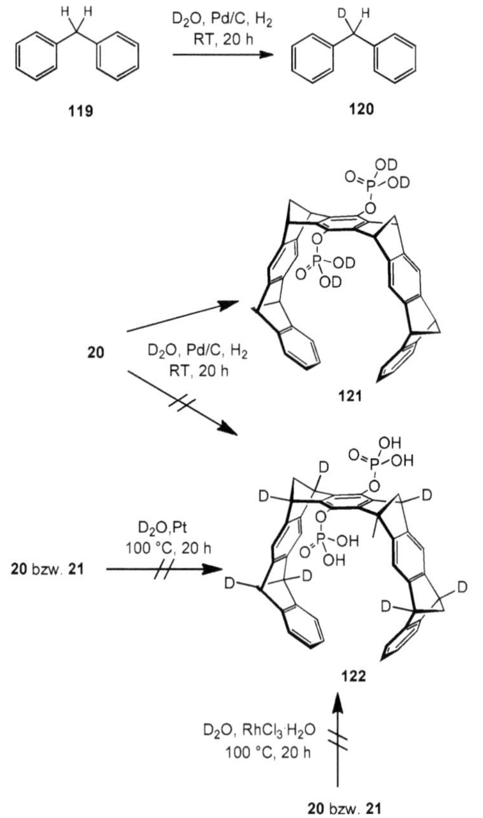

Abb. 3.55: Syntheseschema zu den Deuterierungsversuchen.

Dazu wurde Diphenylmethan **119** in D_2O suspendiert und Pd/C als Katalysator hinzugegeben. Die Reaktion wurde für 20 h unter Wasserstoffatmosphäre durchgeführt. Der Deuterierungsgrad der Modellverbindung betrug laut ^{1}H-NMR-Spektrum ca. 50%. Auch eine Aufnahme eines D-NMR Spektrums zeigte die erfolgreiche Deuterierung der Verbindung an (Abb. 3.56). Die gleichen Bedingungen wurden für die Pinzette **20** und **21** ausprobiert. Jedoch zeigten sowohl ^{1}H-NMR als auch die D-NMR Spektren das kein Umsatz stattgefunden hat. Auch das Verlängern der Reaktionszeit auf bis zu 72 h bei 80 °C brachte nicht den gewünschten Erfolg. Lediglich die Wasserstoffatome der Phosphatgruppe konnten durch Deuterium-Atome ersetzt werden (Abb. 3.54).

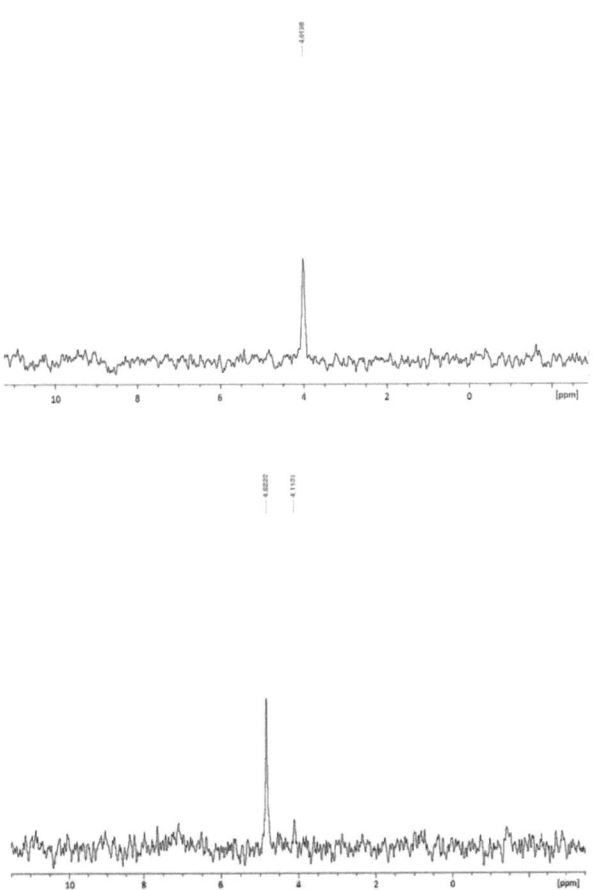

Abb. 3.56: D-NMR-Spektren von **120** (oben) und **121** (unten).

Durchführung und Ergebnisse 94

Da diese Methode bei der Pinzette keinen Erfolg zeigte, wurden zwei weitere Deuterierungsmethoden ausprobiert. Diese wurden in D_2O bei 105-110 °C durchgeführt, mit Platin oder Rhodium(III)-Chlorid-Hydrat als Katalysator (Abb. 3.55).[166-168] Doch auch diese Methoden brachten nicht den gewünschten Erfolg. Während im ^{1}H-NMR-Spektrum Veränderungen festzustellen waren, die auf eine erfolgreiche Einführung von Deuteriumatomen hinweisen könnten, konnten im D-NMR keine D-Atome nachgewiesen werden. Der Vergleich der erhaltenen ^{1}H-NMR-Spektren mit ^{1}H-NMR-Spekten von Reaktionen die in H_2O durchgeführt worden sind, einmal mit und einmal ohne Katalysator, zeigten dass es sich bei den festgestellten Veränderungen in der Pinzette lediglich um eine Zersetzung der Pinzette handelte (Abb.3.57).

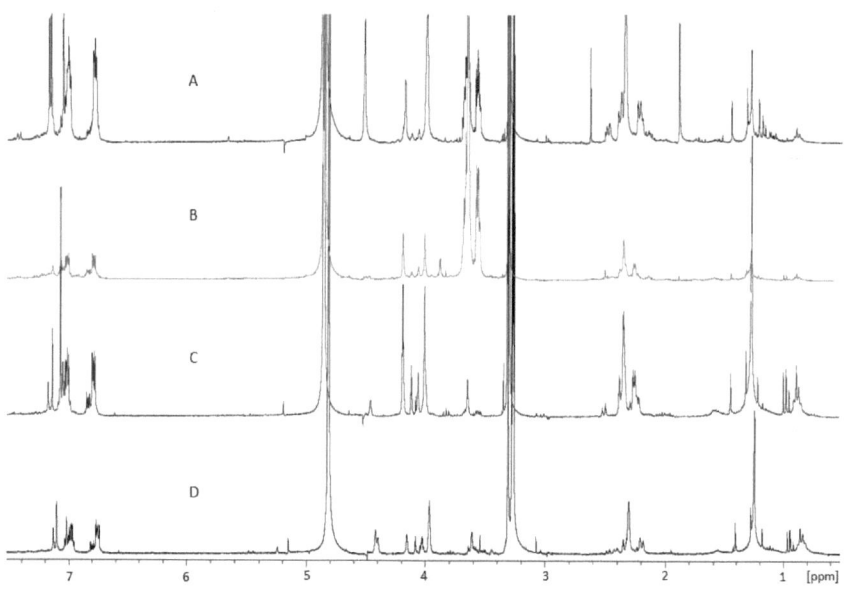

Abb. 3.57: Das ^{1}H-NMR-Spektrum der Pinzette nach dem Deuterierungsversuch mit Pt in D_2O (A) bei 105 °C und mit Rhodium(III)-Chlorid-Hydrat in D_2O (B) im Vergleich zur den erhaltenen Spektren der Reaktionen von **20** bzw. **21** in H_2O mit Pt (C) und in H_2O ohne Katalysator (D) bei 105 °C. In allen Fällen enstehen ähnliche Signalsätze, dies bedeutet dass es sich um einen Zersetzungsprozess handelt und nicht um eine Aufspaltung bedingt durch die Einführung von D-Atomen.

4. Zusammenfassung und Ausblick

4.1 Zusammenfassung

Im Rahmen dieser Doktorarbeit ist die Synthese der Monophosphatpinzette **26** erstmals gelungen. Diese zeigt in Wasser nur eine geringe Dimerisierung von $K_{ass} = 80\ M^{-1}$ auf. Dadurch ist sie auch für die Verwendung als Rezeptor für Arginin und Lysin geeignet. Die Bindung an N/C-terminal geschützten Arginin- und Lysinderivaten ist mit Ausnahme für C-terminal geschützte Arginine bzw. Lysine, deren N-Terminus frei liegt, ca. acht bis zehnmal schwächer als die Bindung der gleichen Substrate durch die Bisphosphatpinzette **21**. Diese überraschend schwächere Bindung ist hierbei vermutlich auf einen Entropieeffekt zurückzuführen, d.h. das Substrat muss erst die richtige Orientierung einnehmen, um zur Ausbildung des attraktiven Ionenpaares mit der Phosphatgruppe des Rezeptors zu kommen. Im Hauptprojekt dieser Arbeit ist es gelungen, erstmals über einen Linker verbundende ditopische RGD-Rezeptormoleküle (Abb. 4.1), bestehend aus der molekularen Pinzette und dem Guanidiniocarbonylpyrrol, darzustellen.

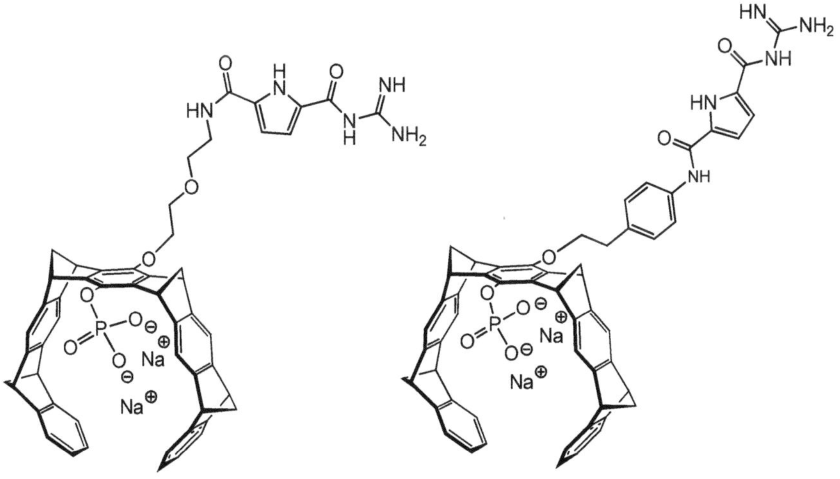

Abb. 4.1: Die in dieser Arbeit synthetisierten RGD-Rezeptormoleküle **102** und **103**.

Die für die Verknüpfung geeignetsten Linker wurden zuvor in intensiven Modellingstudien ermittelt. Dabei wurden bevorzugt Rezeptormoleküle mit Linkern ausgewählt, die das Cyclopeptid cRGDfV in der bioaktiven Konformation binden. Nach intensiven synthetischen Studien stellte sich dabei der Versuch, die Pinzette über eine Esterbindung mit dem Rest des Moleküls zu verknüpfen, als ungeeignet heraus, da diese Esterbindung eine hohe saure Hydrolyseempfindlichkeit aufweist und damit auch für spätere biologische Anwendungen nicht verwendbar wäre. Deshalb wurde der Wechsel zu einer hydrolyseunempfindlicheren Etherbindung vollzogen. Nach weiteren Studien gelang es zwei Syntheserouten zu entwickeln, die die Pinzette über eine Etherbindung mit dem Rest des Moleküls verbindet. Eine solche Etherbindung ist wesentlich stabiler als die zuvor verwendete Esterbindung, wie auch die synthetischen Studien zeigten. Die entwickelten Syntheserouten stellen nun erstmals einen generellen Zugang dar, die es ermöglichen, die molekulare Pinzette mit zwei unterschiedlichen Gruppen über eine Etherbindung zu funktionalisieren. Dabei kann entweder erst kurz vor Schluss oder direkt nach der Linkeranknüpfung eine Phosphatgruppe in das Pinzettensystem eingeführt werden. Wichtig hierbei ist, dass die Phosphatgruppe zunächst als Methylester eingeführt wird, dadurch kann der Linker beliebig funktionalisiert werden und eine Reinigung des Moleküls ist zu jedem Zeitpunkt noch möglich. Denkbar wäre auch noch ein möglicher dritter Syntheseweg, dieser kann ausgehend von einer Zwischenstufe der Synthese der Monophosphatpinzette **26** begonnen werden, so hätte man hier im ersten Schritt bereits eine geschützte Phosphatgruppe im Molekül vorliegen und kann anschließend die zweite OH-Gruppe der Pinzette beliebig funktionalisieren. Aufgrund dieser zwei, potentiell drei verschiedenen etablierten Syntheserouten ist man nun flexibel genug um auch für andere Erkennungseinheiten direkt von Beginn an diejenige Route auszuwählen, die am schnellsten und mit dem geringsten Aufwand zum gewünschten Zielmolekül führt. Die beiden in dieser Arbeit hergestellten RGD-Rezeptormoleküle, sollten, aufgrund ihres ditopischen Charakters, nun in der Lage sein, die RGD-Sequenz stärker binden zu können als die einzelnen Bindungsmotive. Dabei zeigten sowohl das Rezeptormolekül **102** mit dem flexiblen Linker, als auch das Rezeptormolekül **103** mit dem rigideren Linker, erfreulicherweise keinerlei Anzeichen von Selbstassoziation auf. Bei weiteren Untersuchungen konnte bei beiden Rezeptormolekülen eine stark verminderte Fluoreszenzintensität gegenüber der Bisphosphatpinzette **21** nachgewiesen werden. Dies ist möglicherweise auf einen neuen fast vollständigen Energietransfer innerhalb des Rezeptorsystems zurückzuführen. Dabei wird die Energie von der Pinzette auf das Pyrrol übertragen und nur ein kleiner Teil wird als Fluoreszenz freigesetzt, der Großteil der Anregungsenergie geht direkt strahlungslos in den

Grundzustand über. Die in den Bindungsstudien ermittelten Bindungskonstanten der ditopischen RGD-Rezeptoren **102** und **103** wiesen für die linearen RGD-Peptide höhere Werte als die Monophosphatpinzette **26** auf. Im Vergleich mit der Bisphosphatpinzette **21** zeigte sich in reinem Puffer für das freie RGD eine etwas stärkere Bindung und für das GRGDTP eine etwas schwächere Bindung, die allerdings bei Zugabe von 50% DMSO deutlich erhöht wurde und doppelt so hoch lag wie die Bindung mit **21**. Letztendlich liegt zumindest eine in etwa gleich starke oder sogar eine etwas höhere RGD-Bindung mit den ditopischen Rezeptormolekülen gegenüber **21** vor. Dass die erreichten Bindungskonstanten jedoch nicht so hoch ausfielen wie man erwartet hatte, liegt an der mangelnden Zugänglichkeit der Kavität gegenüber dem Arginin. Dies konnte mit Hilfe von ^{1}H-NMR-Studien nachgewiesen werden. Die ^{1}H-NMR-Studien zeigten, dass die für einen Einschluss der Seitenkette des Arginins in die Kavität typischen starken Shifts, von über 1 ppm für die γ-CH_2-Gruppe, nicht auftraten. Es konnte aber gezeigt werden, dass tatsächlich eine positive Kooperativität der beiden Bindungsmotive zustande kommt. Die ^{1}H-NMR Studien zeigten in 1:1 Komplexen, zwischen Wirt und Gast, Verschiebungen von 0.13 ppm der γ-CH_2-Gruppe im Arginin und bis zu 0.35 ppm der CH-$_2$ Gruppe der Seitenkette im Aspartat, welches auf eine Beteiligung an der Bindung schließen lässt. Außerdem zeigten Fluoreszenzstudien, dass sowohl die Pinzette, als auch das Guanidiniocarbonylpyrrol einen Anteil an der Bindung der Substrate aufweist. Kraftfeldrechnungen geben einen Hinweis auf einen alternativen Bindungsmodus, bei der das Rezeptormolekül **102** das Substrat cRGDfV von „außen" bindet, hierbei wechselwirkt die Phosphatgruppe mit dem Arginin und das Guanidiniocarbonylpyrrol mit der Carboxylatgruppe des Aspartats. Außerdem ist das Glycin nahe genug um unspezifische Wechselwirkungen mit dem Rezeptormolekül einzugehen. Dieses berechnete Modell stimmt gut mit den Ergebnissen der ^{1}H-NMR und Fluoreszenzuntersuchungen dieser Arbeit überein. Berücksichtigt man, dass ausschließlich Wasserstoffbrückenbindungen bzw. elektrostatische Wechselwirkungen zwischen Rezeptor und Substrat stattfinden und ein Einschluss in die Kavität nicht stattfindet, sind die erreichten Dissoziationskonstanten, die in reiner wässriger gepufferter Lösung bzw. mit Anteilen an DMSO im mittleren mikromolaren Bereich (K_d = 20-70 µM) für beide RGD-Rezeptormoleküle liegen, relativ zufriedenstellend. Um in die gehofften niedrigen mikromolaren oder hohen nanomolaren Bereiche vordringen zu können, wäre allerdings ein Einschluss des Arginins in die Kavität von Nöten gewesen. Hoffnung jedoch gibt, dass der Zugang zur Kavität nicht gänzlich versperrt ist, wie ebenfalls durch ^{1}H-NMR-Studien belegt werden konnte; so wird Ac-Lys-OMe in die Kavität der Pinzette eingeschlossen. Dies zeigt, dass räumlich anspruchsvollere Kationen, wie das

Guanidinium-Kation, nicht mehr in die Kavität eindringen können; schlankere Kationen wie das Ammonium-Ion des Lysins, die weniger stark hydratisiert sind, allerdings, sind noch in der Lage dazu. Es sind also Optimierungen im Rezeptordesign von Nöten, die den Zugang zur Kavität erleichtern, um wieder einen Einschluss des Guanidinium-Kations zu ermöglichen.

Die in dieser Arbeit erprobten Methoden zur Erhöhung der Wasserlöslichkeit der Pinzette durch Einführung einer Diphosphonatgruppe haben sich als nicht praktikabel herausgestellt. So konnte zwar die Modellverbindung Phenol in guten Ausbeuten in das entsprechende Diphosphonat überführt werden, dies ließ sich jedoch nur eingeschränkt auf die Pinzette übertragen. So gelang eine Bifunktionalisierung der beiden OH-Gruppen des Pinzettengrundgerüstes **18** überhaupt nicht und eine einfache Funktionalisierung der OH-Gruppe der Pinzette **22** nur mit Ausbeuten von 16%. Die geringen Ausbeuten sind möglicherweise auf sterische Beschränkungen des Pinzettensystems zu erklären, die einen Umsatz weitgehend verhindern. Auch zeigte sich, dass die Diphosphonatgruppe relativ basenlabil ist und dürfte so, um bei der Verbesserung der Wasserlöslichkeit der ditopischen RGD-Rezeptoren zu helfen, erst in den letzten Schritten eingeführt werden, welches eine Überarbeitung des Synthesekonzepts erfordern würde. Eine höhere Wasserlöslichkeit muss also auf einem anderen Wege herbeigeführt werden.

4.2 Ausblick

Die Ergebnisse dieser Arbeit zeigen, dass das Prinzip der ditopischen RGD-Erkennung funktioniert. Die Bindungskonstanten der ditopischen Rezeptormoleküle sind teilweise höher als die der Bisphosphatpinzette bzw. Monophosphatpinzette. Nur die mangelnde Zugänglichkeit der Kavität der Pinzette gegenüber dem Arginin hat die erhofften noch höheren Bindungskonstanten verhindert. Lysin dagegen kann noch in die Kavität eingeschlossen werden und die vorliegenden Rezeptormoleküle könnten in der Zukunft bevorzugt für lysinhaltige Sequenzen genutzt werden, wie z.B. der N(T)KXD-Sequenz, welches die Guanin-Spezifität in nucleotidbindenden Proteinen vermittelt.[169, 170] Für eine verbesserte RGD-Erkennung könnte in Zukunft eine Änderung des Rezeptordesigns, welches den Einschluss des Arginins in die Kavität wieder ermöglicht, helfen. Dafür könnte man z.B. die Etherbindung gegen eine Amidbindung austauschen (Abb. 4.2). Eine solche Bindung könnte aufgrund ihrer Starrheit wieder nach oben gerichtet sein und möglicherweise einen Zugang zur Kavität der Pinzette erlauben. Ein weiterer Vorteil wäre eine, aufgrund der höheren Nucleophilie des Stickstoffs, erhöhte Reaktivität der Pinzette. Dafür müsste man eine Hydroxygruppe durch eine Aminogruppe ersetzen. Eine Möglichkeit wäre die Anwendung der Smiles-Umlagerung. Dafür wird die phenolische OH-Funktion zunächst alkyliert und nach Umlagerung mit HCl hydrolysiert.[171, 172] Die so erhaltene Pinzette mit Aminofunktion könnte dann im nächsten Schritt mit carbonsäurehaltigen Linkern umgesetzt werden, unter Bildung einer Amidbindung.

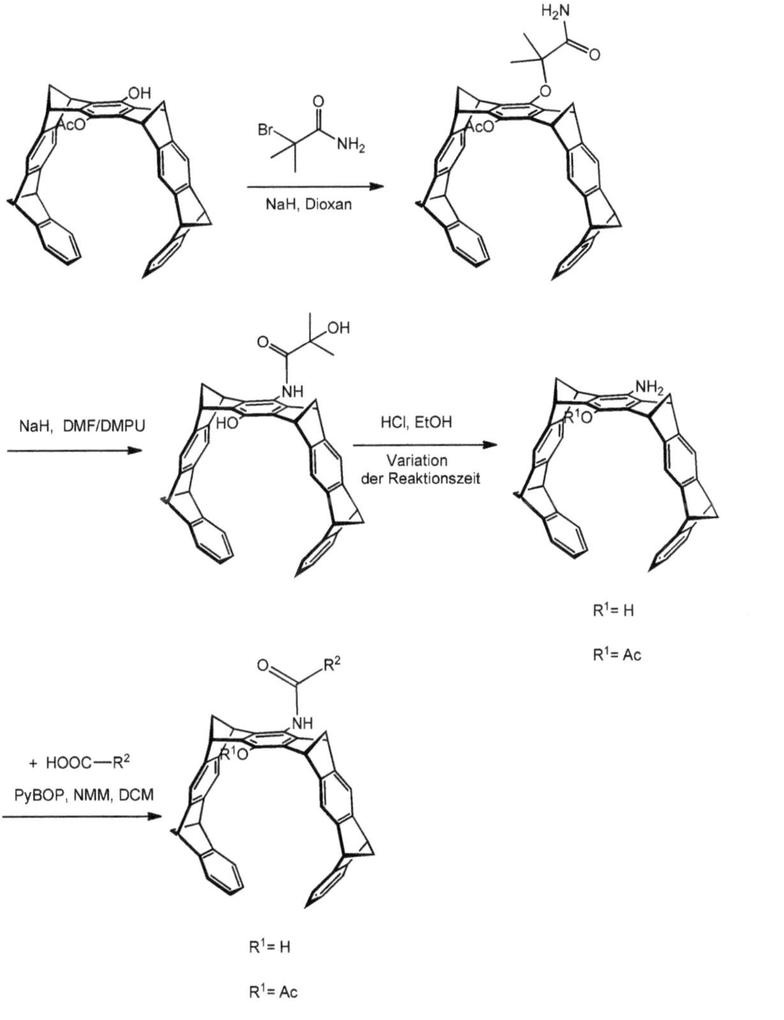

Abb. 4.2: Eine mögliche neue Syntheseroute für eine neues Rezeptordesign mit einer Amidbindung. **22** wird zunächst verethert, unterläuft dann einer Smiles-Umlagerung und wird anschließend hydrolysiert. Durch Variation der Reaktionszeit könnte man möglicherweise ein zusätzliches Abspalten der Acetyl-Gruppe steuern.

Um das Problem der mangelnden Wasserlöslichkeit der zwitterionischen Pinzetten zu umgehen, wären verschiedene weitere Wege möglich, als die in dieser Arbeit bereits erprobten. So könnte man die Einführung einer Diphosphonatgruppe in größerem Abstand zur Pinzette ermöglichen, um so möglicherweise sterischen Problemen aus dem Wege zugehen. Dazu könnte man ausgehend von einer Literatursynthese [173], dass um zwei bis vier CH_2-Einheiten erweiterte Diphosphonat herstellen und direkt im nächsten Schritt per nucleophiler Substitution an die Pinzette heften. Eine solche Gruppe wäre flexibel genug, um einerseits vom Wasser solvatisiert zu werden und andererseits könnte es noch zusätzliche Wechselwirkungen zu den kationischen Gästen eingehen.

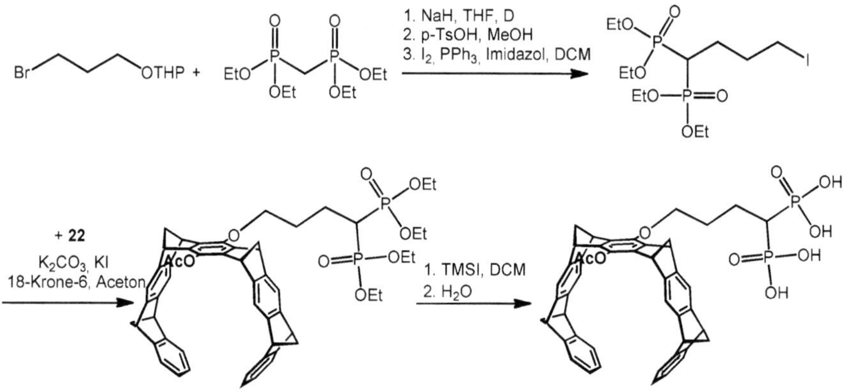

Abb. 4.3: Ein neues Diphosphonatrezeptordesign. Der Aufbau eines um CH_2-Einheiten erweiterten Diphosphonates. Das benötigte Reagenz könnte dazu ausgehend von einer Literatursynthese in drei Stufen hergestellt werden und anschließend mit der bereits etablierten Ethersynthese an die Synthese gekuppelt werden. Anschließend könnte man das Diphosphonat entweder mit TMSI Entschützen oder die Acetylgruppe der Pinzette entfernen und die entstanden OH-Gruppe beliebig funktionalisieren.

Diese wäre eine generelle Möglichkeit um Pinzetten mit Erkennungseinheiten wasserlöslicher zu machen.

Eine andere Möglichkeit, eine höhere Wasserlöslichkeit speziell für die hier vorgestellten RGD-Rezeptoren zu erzielen, ist die Verwendung eines von *Schmuck* entwickelten modifizierten Guanidiniocarbonylpyrrols. Dieses könnte am zusätzlichen „Henkel" z.B. um Ethylenglycoleinheiten erweitert werden. Diese könnten die Wasserlöslichkeit erhöhen, ohne die Gefahr aufzuweisen, vom Guanidiniocarbonylpyrrol selbst erkannt zu werden und so die Gastbindung zu stören.

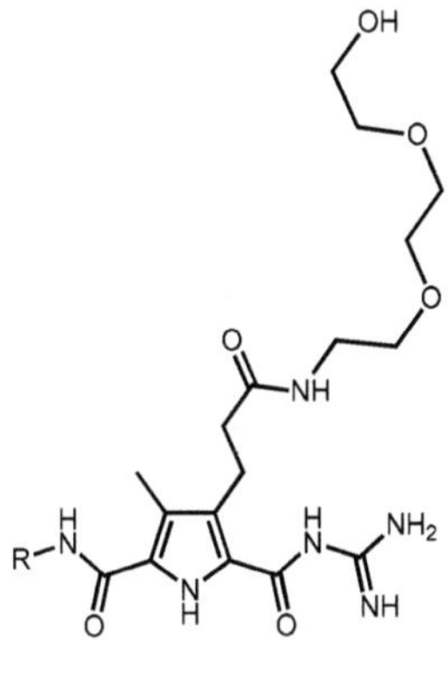

Abb. 4.4: Erhöhung der Wasserlöslichkeit der RGD-Rezeptormoleküle mit Hilfe eines modifizierten Guanidiniocarbonylpyrrols. Am „Henkel" des Pyrrols können Ethylenglycoleinheiten zur Erhöhung der Wasserlöslichkeit angeheftet werden.

5. Experimenteller Teil

Chemikalien

Die in der Synthese eingesetzten Chemikalien wurden über die Firmen *Sigma Aldrich* (München), *Bachem* (Bubendorf/Schweiz), *Fluka* (Taufkirchen), *Acros Organics* (Geel/Belgien), *abcr GmbH & Co. KG* (Karlsruhe) und *Novabiochem* (Schwalbach) in den Qualitäten *purris.*, *purrum* oder *p.a.* erworben.

Lösungsmittel

Die verwendeten Lösungsmittel wurden über die Firmen *Fluka* (Taufkirchen), *Sigma-Aldrich* (München) und *Acros Organics* (Geel/Belgien) (Taufkirchen) in der Qualität *purris.* und *anhydrous* erworben und über Molekularsieb gelagert. Je nach Bedarf wurden die verwendeten Lösungsmittel vor Gebrauch destilliert bzw. nach den in der Literatur beschriebenen Methoden getrocknet.[174, 175] Das eingesetzte Wasser war entionisiert und wurde im Bedarfsfall nochmals über eine PURELAB UHQ Anlage der Firma *ELGA Lab Water* (Celle) entionisiert (Bidest. Wasser).

Chromatographie

Bei der Dünnschichtchromatographie kamen Polygram SIL G/UV254 Kieselgelplatten mit Fluoreszenzindikator der Firma *Roth* (Karlsruhe) zum Einsatz. Zur Detektion wurde UV-Licht der Wellenlängen $\lambda = 254$ nm und 366 nm verwendet. Die präparative Säulenchromatographie wurde an Kieselgel 60 (Korngröße 70-200 μm) der Firma *Fluka* (Taufkirchen) als stationäres Füllmaterial einer Fallsäule durchgeführt.

Schmelzpunkte

Die Bestimmung der Schmelzpunkte erfolgte mit dem Gerät Büchi Melting Point B-540. Diese wurden unkorrigiert angegeben.

IR-Spektren

Die Aufnahme der IR-Spektren erfolgte an dem Varian 3100 FT-IR-Spektrometer. Die Messungen wurden in diffuser Reflexion auf einem Diamanten durchgeführt.

UV/Vis-Spektren

Die UV/Vis-Spektren wurden mit dem Jasco V-550-Spektrometer aufgenommen. Die entsprechenden Lösungen wurden in einer Quarzküvette der Schichtdicke 1 cm vermessen.

Fluoreszenzspektren

Die Aufnahme der Fluoreszenzspektren erfolgte an dem Jasco FP-6500-Spektrofluorometer. Die jeweiligen Lösungen wurden in einer Quarz-Rundküvette der Schichtdicke 1 cm vermessen.

Massenspektren

Die hochaufgelösten Massenspektren mit Elektrospray-Ionisation (ESI HR-MS) wurden unter Verwendung eines Bruker BioTOF III Massenspektrometers gemessen. Weitere Massenspektren wurden durch das Max-Planck-Institut in Mülheim durchgeführt. Hierfür wurde das Bruker ESQUIRE 3000 verwendet, die Aufnahme der Massenspektren erfolgte per Elektrospray-Ionisation. Die Messmethode wird im jeweiligen Analytikteil neben dem Lösungsmittel in Klammern angegeben. Angegeben sind jeweils die m/z-Werte der wichtigsten Signale.

NMR-Spektren

Die Kernresonanzspektren wurden mit den Geräten Bruker DRX-500 (^{1}H, ^{13}C, ^{31}P, DEPT 90, DEPT 135, gs-COSY 90, gs-HMQC, gs-HMBC, gs-NOESY (5 mm QNP und 5 mm TBI Probenkopf)) und Bruker DMX-300 (^{1}H, ^{13}C, ^{31}P, ^{19}F, DEPT 135, DEPT 90 (5 mm QNP Probenkopf)) gemessen. In den ^{1}H-NMR-Spektren beziehen sich die angegebenen chemischen Verschiebungen δ auf das Restprotonensignal des verwendeten deuterierten Lösungsmittels. In den ^{13}C-NMR-Spektren wurde auf das ^{13}C-Signal des verwendeten Lösungsmittels kalibriert. Die Angabe der chemischen Verschiebung δ erfolgt in *parts per million* (ppm). Die eingesetzten deuterierten Lösungsmittel sind in den jeweiligen Spektren vermerkt. Alle ^{13}C-NMR-Spektren wurden Breitband-entkoppelt gemessen. Die Kopplungskonstanten *J* sind in Hertz (Hz) angegeben. Die Beschreibung der Spinmultiplizitäten erfolgt folgendermaßen: s = Singulett, d = Dublett, dd = Dublett vom Dublett, m = Multiplett, t = Triplett, dt = Dublett vom Triplett, q = Quartett, qt = Quintett, sext = Sextett, bs = breites Signal. Zusätzlich zur Multiplizität ist die integrierte Protonenzahl angegeben. Die genauere Zuordnung der Signale wurde mit Hilfe von 2D-NMR-Experimenten vorgenommen. Die Stereochemie unterscheidbarer ^{1}H-Kerne an einem C-Atom wurde durch die beiden Buchstaben i (innen/ zur Molekülmitte hin) und a (außen/ von der Molekülmitte weg) hervorgehoben.

Gefriertrocknung

Für die Gefriertrocknung der Polymere und wasserhaltiger Proben wurde die Gefriertrocknungseinheit Alpha 2-4 LSC der Firma *Christ* verwendet.

Sprühreagenzien

Ninhydrin-Lösung: 0.75 mg Ninhydrin wurden in 237.5 mL Isopropanol gelöst. Dazu wurden 12.5 mL Essigsäure (96%) gegeben.

CAM-Lösung: 2 g Cersulfat, 50 g Ammoniummolybdat(VI)-Hexahydrat, 50 mL konz. Schwefelsäure und 400 ml Wasser.

Verwendete Puffer

Bis-Tris Puffer für die Fluoreszenztitration:

5.23 g Bis-Tris (25.0 mmol) wurde in 250 mL bidest. Wasser gelöst und der pH-Wert von 6.0 mit 1 M HCl eingestellt.

Phosphatpuffer für die Fluoreszenztitration:

3.00 g (25.0 mmol) Na_2HPO_4 und 3.90 g (25.0 mmol) $NaH_2PO_4 \cdot 2\ H_2O$ wurden in 250 mL bidest. Wasser gelöst und der pH-Wert mit 10%iger NaOH-Lösung auf 7.4 eingestellt.

Phosphatpuffer für die NMR-Titrationen:

12.0 mg (0.10 mmol) Na_2HPO_4 und 15.0 mg (0.10 mmol) $NaH_2PO_4 \cdot 2\ H_2O$ wurden in 10 mL D_2O gelöst und der pH-Wert mit 10%iger NaOH-Lösung auf 7.4 eingestellt. Für die Titration mit der Bisphosphatpinzette wurde ein Phosphatpuffer der Konzentration 100 mM verwendet.

Ultraschallbad

Für Ultraschallbehandlungen wurde das Ultraschallbad Bandelin Sonorex verwendet.

HPLC-Chromatographie

HPLC-Chromatographie wurde an einer Jasco-Anlage (PU-980 Pumpe, UV-975 Detektor, DG-2080-53 Lösungsmittelentgaser, LG-980-02S 3-Kanal-Lösungsmittel-Mischer, Säule: *Macherey-Nagel* EC250/4 Nucleosil 100-3 C18) durchgeführt.

5.1 Synthesen

5.1.1 Synthese der Pinzette

Darstellung von (1α,4α,4αβ,8αβ)-Tetrahydro-1,4-methanonaphthalin-5,8-dion (3)

$C_6H_4O_2$ + C_5H_6 $\xrightarrow{\text{MeOH}, 0\,°C - RT}$ $C_{11}H_{10}O_2$

$C_6H_4O_2$ C_5H_6 $C_{11}H_{10}O_2$
108.09 g/mol   66.10 g/mol   174.20 g/mol

Durchführung:

In einem 2 L-Dreihalskolben wurden 144 g (1.33 mol) *p*-Benzochinon **1** in 800 mL Methanol p. a. suspendiert. Zu dieser auf 0 °C gehaltenen gelbgrünen Suspension wurden unter Rühren, mittels eines kühlbaren Tropftrichters, 88.0 g (1.33 mol) auf -78 °C gekühltes, frisch destilliertes Cyclopentadien **2** zugetropft. Nach beendeter Zugabe wurde die Reaktionsmischung langsam auf Raumtemperatur erwärmt. Der dabei ausgefallene Feststoff wurde über eine D4-Fritte abfiltriert und im Ölpumpenvakuum getrocknet. Durch Einengen und erneute Kristallisation konnte aus dem Filtrat weiteres Produkt in Form von gelbgrünen Kristallen erhalten werden.

Ausbeute: 176 g (1.01 mol, 76%).

^{1}H-NMR (300 MHz, CDCl$_3$): δ [ppm] =1.38 (dt, $^2J_{9i\text{-H}/9a\text{-H}}$ = 8.00 Hz, $^3J_{9i\text{-H}/1\text{-H}}$ = 2.00 Hz, 1 H, H-9i), 1.55 (dt, $^3J_{9a\text{-H}/1\text{-H}}$ = 2.00 Hz, 1 H, H-9a), 3.19 (dd, $^3J_{8a\text{-H}/1\text{-H}}$ = 1.50 Hz, 2 H, H-8a, H-4a), 3.52 (m, $^3J_{1\text{-H}/2\text{-H}}$ = 2.00 Hz, $^4J_{1\text{-H}/4a\text{-H}}$ = 1.50 Hz, 2 H, H-1, H-4), 6.05 (t, 2 H, H-2, H-3), 6.54 (s, 2 H, H-6, H-7).

Darstellung von 1,4-Dihydro-1,4-methanonaphthalin-5,8-dion (5)

C$_{11}$H$_{10}$O$_2$
174.20 g/mol

NEt$_3$, MeOH
RT, 15 h

C$_{11}$H$_{10}$O$_2$
174.20 g/mol

CHCl$_3$
40 - 50 °C, 15 h

C$_{11}$H$_8$O$_2$
172.18 g/mol

Durchführung:

In einem 2 L-Einhalskolben wurden 130 g (0.75 mol) des Diels-Alder-Adduktes **3** in 800 mL Methanol p.a. gelöst und mit 1.50 mL Triethylamin versetzt. Wegen der Wärmetönung der Reaktion wurde anfangs darauf geachtet, dass die Temperatur unterhalb von 25°C blieb. Man ließ die dunkelbraune Reaktionsmischung über Nacht bei Raumtemperatur rühren. Nachdem das Lösungsmittel unter vermindertem Druck am Rotationsverdampfer entfernt wurde, wurde der ölige Rückstand in 300 mL Aceton p. a. aufgenommen. Das Lösungsmittel wurde erneut unter vermindertem Druck entfernt und der Rückstand zusammen mit 82.0 g (0.76 mol) *p*-Benzochinon in 2 L Chloroform p. a. suspendiert. Die Reaktionsmischung wurde zunächst 4 h bei 50 °C und anschließend noch eine weitere Stunde bei 40 °C kräftig gerührt. Nach Abkühlung auf Raumtemperatur wurde die Suspension durch Filtration über eine D3-Fritte vom Feststoff befreit. Das orangefarbene Filtrat wurde zunächst mit 1 L einer 1%igen wässrigen NaOH-Lösung und anschließend mit 300 mL dest. Wasser gewaschen. Die organische Phase wurde über MgSO$_4$ getrocknet. Nachdem das Lösungsmittel am Rotationsverdampfer entfernt wurde, filtrierte man den öligen Rückstand mit Cyclohexan als Elutionsmittel über ca. 40 g Kieselgel. Anschließend wurde das orangefarbene Filtrat am Rotationsverdampfer vom Lösungsmittel befreit. Das Produkt konnte in Form von orangefarbenen Kristallen isoliert werden.

Ausbeute: 103 g (0.60 mol, 80 %).

^{1}**H-NMR** (300 MHz, CDCl$_3$): δ [ppm] =2.23 (dt, $^2J_{9a\text{-H}/9i\text{-H}}$ = 7.00 Hz, $^3J_{9a\text{-H}/\ 1\text{-H}}$ = 2.00 Hz, 1 H, H-9a), 2.33 (dt, $^3J_{9i\text{-H}/\ 1\text{-H}}$ = 2.00 Hz, 1 H, H-9i), 4.09 (m, $^3J_{1\text{-H}/2\text{-H}}$ = 2.00 Hz, $^4J_{1\text{-H}/\ 3\text{-H}}$ = 2.00 Hz, 2 H, H-1, H-4), 6.55 (s, 2 H, H-6, H-7), 6.85 (t, 2 H, H-2, H-3).

Darstellung von *syn*-(1α,4α,4αβ,5α,8α,9αβ)-1,4,4a,5,8,9a-Hexahydro-1,4: 5,8-dimethanoanthracen-9,10-dion (6)

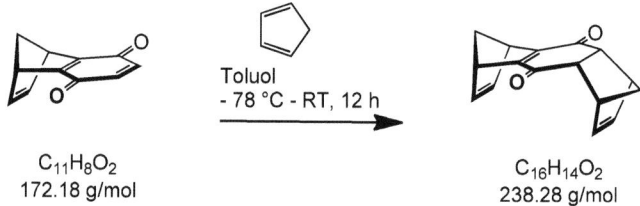

Durchführung:

In einem 1 L-Einhalskolben wurden 30.0 g (0.19 mol) des Chinons **5** in 200 mL Toluol p. a. gelöst. Zu dieser auf -78 °C gekühlten Lösung wurde mittels eines kühlbaren Tropftrichters, 13.2 g (0.20 mol) auf -78 °C gekühltes, frisch destilliertes Cyclopentadien zugetropft. Die orangefarbene Reaktionsmischung ließ man über Nacht in einem Dewar-Gefäß auf Raumtemperatur erwärmen. Anschließend wurde der Reaktionslösung unter vermindertem Druck am Rotationsverdampfer so lange Lösungsmittel entzogen, bis eine Trübung eintrat. Die so erhaltene Lösung wurde unter Abkühlung auf Raumtemperatur für 5 h stark gerührt. Der entstandene Niederschlag wurde über eine D4-Fritte abfiltriert, im Ölpumpenvakuum getrocknet und mittels ^{1}H-NMR-Spektroskopie auf das *syn/anti*-Verhältnis überprüft. Der

Niederschlag wurde so lange in Toluol p. a. umkristallisiert, bis das Isomerenverhältnis *syn/anti* ca. 20:1 betrug.

Ausbeute: 23.8 g (0.10 mol, 50%).

^{1}H-NMR (300 MHz, CDCl$_3$): δ [ppm] =1.40 (d, $^2J_{\text{H-11i/H-11a}}$ = 9.00 Hz, $^3J_{\text{H-11i/ H-1}}$ = 1.50 Hz. 1 H, H-11i), 1.47 (dt, $^3J_{\text{H-11a /H-1}}$ = 1.50 Hz, 1 H, H-11a), 2.14 (dm, $^2J_{\text{H-12i/ H-12a}}$ = 7.50 Hz, $^3J_{\text{H-12i/ H-5}}$ = 1.50 Hz, 1 H, H-12i), 2.20 (dt, $^3J_{\text{H-12a/ H-5}}$ = 1.50 Hz, 1 H, H-12a), 3.18 (dd, $^3J_{\text{H-4a/ H-4}}$ = 2.00 Hz, $^4J_{\text{H-4a/H-1}}$ = 1.50 Hz, 2 H, H-10a, H-8a), 3.42 (m, $^3J_{\text{H-1/ H-2}}$ = 2.00 Hz, $^4J_{\text{H-1/H-3}}$ = 2.00 Hz, 2 H, H-1, H-4), 3.94 (m, $^3J_{\text{H-5/ H-12a}}$ = 1.50 Hz, $^3J_{\text{H-5/ H-12i}}$ = 1.50 Hz, $^3J_{\text{H-5/ H-6}}$ = 2.00 Hz, $^4J_{\text{H-5/ H-7}}$ = 2.00 Hz, 2 H, H-5, H-8), 5.77 (t, 2 H, H-2, H-3), 6.76 (t, 2 H, H-6, H-7).

Darstellung von *syn*-9,10-Diacetoxy-(1α,4α,5α,8α)-1,4,5,8-tetrahydro-1,4:5,8-dimethanoanthracen (7)

C$_{16}$H$_{14}$O$_2$
238.28 g/mol

Ac$_2$O, DMAP, Pyridin
0 - 50 °C, 12 h

C$_{20}$H$_{18}$O$_4$
322.35 g/mol

Durchführung:

In einem 250 mL-Stickstoffkolben wurden unter Schutzgas-Atmosphäre 10.0 g (42.0 mmol) des *syn*-Adduktes **6** und 0.59 g (4.20 mmol) Dimethylaminopyridin (DMAP) in 46 mL Pyridin p. a. suspendiert. Bei einer Temperatur von 0 °C wurden zu dieser dunkelbraunen

Suspension mittels eines Tropftrichters 25.0 mL (273 mmol) Essigsäureanhydrid p. a. zugetropft. Danach ließ man die Reaktionsmischung langsam innerhalb von 3 h auf Raumtemperatur erwärmen und erhitzte anschließend für 16 h auf 50 °C. Bei dieser Temperatur ging die Suspension in eine klare Lösung über. Nach Abkühlung auf Raumtemperatur, wurde die dunkle Reaktionsmischung auf 200 mL eines Eis/Wasser-Gemisches gegeben. Der beige Feststoff wurde über eine D3-Fritte abfiltriert und mehrmals mit dest. Wasser gewaschen. Anschließend wurde dieser in 50 mL Chloroform/Ethanol 1:4 umkristallisiert. Nach Abkühlung auf Raumtemperatur fiel ein hellgelber Feststoff aus, der über eine D3-Fritte abfiltriert wurde. Durch Waschen mit Ethanol p.a. entfärbte sich der Feststoff. Die Trocknung erfolgte im Ölpumpenvakuum.

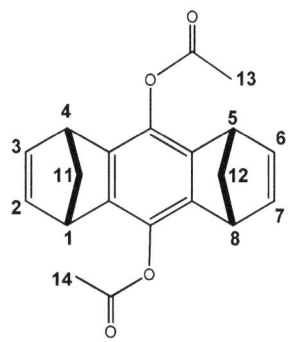

Ausbeute: 12.2 g (37.8 mmol, 90%).

^{1}H-NMR (300 MHz, CDCl$_3$): δ [ppm] = 2.21 (dt, $^2J_{\text{H-11a/ H-11i}}$ = 7.00 Hz, $^3J_{\text{H-11i/ H-1}}$ = 1.50 Hz, 2 H, H-11i, H-12i), 2.26 (dt, $^3J_{\text{H-11a/H-1}}$ = 1.50 Hz, 2 H, H-11a, H-12a), 2.34 (s, 6 H, H-13, H-14), 3.81 (m, $^3J_{\text{H-1/H-2}}$ = 2.00 Hz, $^4J_{\text{H-1/H-3}}$ = 2.00 Hz, 4 H, H-1, H-4, H-5, H-8), 6.74 (t, 4 H, H-2, H-3, H-6, H-7).

Darstellung von 7,16-Dihydroxy-(1α,4α,5α,8α)-1,4,5,8-tetrahydro-1,4:5,8-dimethanoanthracen (7B)

```
                                1. Phenylhydrazin, EtOH
        OAc                     15 %- NaOH-Lsg.                              OH
  AcO                           1h, RT                              HO
                                ─────────────────────────►
  C20H18O4                      2. 15%-HCl-Lsg, Eiswasser           C16H14O2
  322.35 g/mol                                                      238.28 g/mol
```

Durchführung:

In einem 100 mL-Stickstoffkolben wurden unter Schutzgas-Atmosphäre 500 mg (1.55 mmol) der Verbindung 7 und 185 µL (1.88 mmol) Phenylhydrazin in 50 mL Ethanol p.a. suspendiert. Zu der Suspension wurden unter Argon 2 mL einer 15%igen wässrigen entgasten NaOH-Lösung gegeben. Die weiße Suspension ging nach ca. 10 min in eine klare, gelblich gefärbte Lösung über. Nach 1 h Rühren bei Raumtemperatur versetzte man die Reaktionsmischung mit 4 mL einer 15%igen wässrigen HCl-Lösung und gab diese in 150 mL Eiswasser. Dabei fiel unter Rühren der Hydroxy-Spacer quantitativ als farbloser Feststoff aus. Der Feststoff wurde unter Schutzgas über eine D4-Fritte abfiltriert und für mehrere Stunden im Ölpumpenvakuum getrocknet.

Ausbeute: 350 mg (1.47 mmol, 95%).

^{1}H-NMR (300 MHz, CDCl$_3$): δ [ppm] = 2.11 (m, 4 H, H-11, H-12), 3.93 (m, 4 H, H-1, H-4, H-5, H-8), 5.94 (s, 2 H, -OH), 6.75 (t, 4 H, H-2, H-3, H-6, H-7).

Darstellung von 1,4-Dimethano-1,2,3,4-tetrahydronaphthalin-2,3-dicarbonsäureanhydrid (10)

C_9H_8
116.16 g/mol

$C_4H_2O_3$
98.06 g/mol

Tetralin
200 °C, 5 h

$C_{13}H_{10}O_3$
214.22 g/mol

Durchführung:

In einem 500 mL-Dreihalskolben mit Rückflusskühler und Blasenzähler wurden unter Schutzgas-Atmosphäre 69.0 g (0.70 mol) Maleinsäureanhydrid **8** und 6.00 g 1,4-Hydrochinon in einer Lösung von 80.0 g (0.69 mol) Inden **9** und 100 mL 1,2,3,4-Tetrahydronaphthalin vorgelegt. Die orange gelbe Suspension wurde 3 ½ h lang unter Rückfluss in einem Heizpilz (zuerst Stufe III, dann auf Stufe II herunterschalten) auf ca. 200 °C erhitzt. Dabei ging die gelbe Suspension zunächst in eine orangefarbene Lösung über, die immer dunkler wurde. Die Lösung wurde danach auf ca. 80-90 °C abgekühlt und schnell unter starkem Rühren in 500 mL, 60 °C heißes Toluol gegeben. Man ließ die beige Suspension (Polymerbildung) 15 min lang rühren und filtrierte anschließend die noch warme Lösung über eine D4-Fritte direkt in einen zuvor austarierten 1 L-Kolben ab. Der Kolben wurde zur vollständigen Auskristallisation über Nacht ins Eisfach gestellt. Am nächsten Tag wurde die überstehende Lösung abdekantiert und der Feststoff im Ölpumpenvakuum getrocknet. Die Reinigung erfolgte aus 100 mL eines Ethylacetat/Ether 1:1-Gemisches (ca. 1 h bei 70 °C unter Rückfluss). Der zunächst hellgelbe Feststoff ging bei diesem Reinigungsschritt in einen farblosen Feststoff über. Man ließ den Feststoff über Nacht im Kühlschrank auskristallisieren. Am nächsten Tag wurde er über eine D4-Fritte abfiltriert und im Ölpumpenvakuum getrocknet.

Experimenteller Teil 113

Ausbeute: 41.0 g (0.19 mol, 28%).

^{1}**H-NMR** (300 MHz, CDCl$_3$): δ [ppm] = 1.88 (dt, $^2J_{9i\text{-}H/\,9a\text{-}H}$ = 9.40 Hz, $^3J_{H\text{-}9i/\,H\text{-}1}$ = 1.60 Hz, 1 H, H-9i), 2.09 (dt, $^3J_{H\text{-}9a/H\text{-}1}$ = 1.60 Hz, 1 H, H-9a), 3.72 (dd, $^3J_{H\text{-}2/H\text{-}1}$ = 3.00 Hz, $^4J_{H\text{-}2/H\text{-}4}$ = 1.90 Hz, 2 H, H-2, H-3), 3.84 (m, 2 H, H-1, H-4), 7.15 (m, $^3J_{H\text{-}6/H\text{-}7}$ = 2.80 Hz, $^3J_{H\text{-}6/H\text{-}5}$ = 3.20 Hz, 2 H, H-6, H-7), 7.22 (m, 2 H, H-8, H-5).

Darstellung von 5-*endo*,6-*endo*-Bis-(methoxycarbonyl)-1,4-dimethano-1,2,3,4-tetrahydronaphthalin (11)

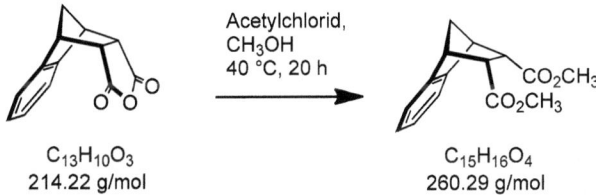

Durchführung:

In einem zuvor austarierten 1 L-Einhalskolben wurden 25.0 g (0.12 mol) 1,4-Dimethano-1,2,3,4-tetrahydronaphthalin-2,3-dicarbonsäureanhydrid **10** in 300 mL Methanol p.a. suspendiert und auf 0 °C gekühlt. Zu dieser weißen Suspension wurden 2 mL Acetylchlorid zupipettiert und anschließend 20 h bei 40 °C gerührt. Dabei ging die helle Suspension in eine klare Lösung über. Am nächsten Tag wurde das Lösungsmittel unter vermindertem Druck am Rotationsverdampfer entfernt. Es wurde ein gelbes Öl erhalten, welches im Ölpumpenvakuum von restlichen Verunreinigungen befreit wurde.

Ausbeute: 31.2 g (0.12 mol, 98%).

^{1}H-NMR (300 MHz, CDCl$_3$): δ [ppm] = 1.73 (dm, $^2J_{\text{H-9a/H-9i}}$ = 8.90 Hz, 1 H, H-9i), 1.85 (dm, 2 H, H-1, H-9a), 3.44 (s, 6 H, H-10, H-11), 3.46 (m, 2 H, H-2, H-3), 3.63 (m, 2 H, H-1, H-4), 7.11 (m, 2 H, H-6, H-7), 7.24 (m, 2 H, H-5, H-8).

Darstellung von *trans*-5,6-Bis-(methoxycarbonyl)-1,4-dimethano-1,2,3,4-tetrahydronaphthalin (12)

Durchführung:

In einem 1 L-Einhalskolben wurden 35.0 g (0.13 mol) des *cis*-Diesters **11** in 450 mL Methanol p.a. suspendiert. Zu dieser hellgelben Suspension wurden 15.0 g (0.28 mol) Natriummethanolat zugegeben. Dabei ging die zunächst hellgelbe Suspension in eine braungelbe Suspension über. Diese wurde 5 h lang unter Rückfluss gerührt. Anschließend wurde das Reaktionsgemisch am Rotationsverdampfer eingeengt und der Rückstand in 100 mL Ether aufgenommen. Dieser wurde zunächst mit 100 mL 2 M HCl, dann mit 100 mL ges. NaHCO$_3$-Lösung und schließlich mit 100 mL ges. NaCl-Lösung gewaschen. Die Etherphase wurde über Na$_2$SO$_4$ getrocknet und danach am Rotationsverdampfer eingeengt. Der Feststoff wurde im Ölpumpenvakuum getrocknet.

Experimenteller Teil 115

Ausbeute: 34.5 g (132 mmol, 98%).

^{1}H-NMR (300 MHz, CDCl$_3$): δ [ppm] = 1.87 (dm, $^2J_{H-9i/H-9a}$= 8.90 Hz, 1 H, H-9i), 1.93 (dm, 1 H, H-9a), 2.85 (m, 1 H, H-4), 3.55 (s, 3 H, H-10), 3.6-3.71 (m, 3 H, H-1, H-2, H-3), 3.75 (s, 3 H, H-11), 7.15 (m, 3 H, H-6, H-7, H-8), 7.40 (m, 1 H, H-5).

Darstellung von *trans*-2,3-Bis-(hydroxymethyl)-1,4-methano-1,2,3,4-tetrahydronaphthalin (13)

C$_{15}$H$_{16}$O$_4$
260.29 g/mol

1. LiAlH$_4$, THF
reflux, 16 h
2. H$_2$O

C$_{13}$H$_{16}$O$_2$
204.26 g/mol

Durchführung:

In einem 1 L-Dreihalskolben mit Tropftrichter und Blasenzähler wurden 6.00 g (158 mmol) Lithiumaluminiumhydrid in 370 mL abs. THF suspendiert und auf 0 °C gekühlt. Zu dieser grauen Suspension wurden 17.0 g (65.0 mmol) des *trans*-Diesters **12** in 70 mL abs. THF gelöst zugetropft. Anschließend wurde die graue Suspension 16 h lang refluxiert. Am nächsten Tag wurde das Reaktionsgemisch unter Eiskühlung mit 60 mL gesättigter Magnesiumsulfat-Lösung hydrolysiert und erneut für ½ h unter Rückfluss erhitzt. Die Li/Al-Salze wurden abfiltriert und dreimal mit je 300 mL Diethylether unter Rückfluss zum Sieden erhitzt. Danach wurde das Filtrat (THF-Phase) mit den etherischen Phasen vereinigt, über Natriumsulfat getrocknet und am Rotationsverdampfer vom Lösungsmittel befreit. Der farblose Feststoff wurde im Ölpumpenvakuum getrocknet.

Ausbeute: 12.5 g (61.2 mmol, 94%).

^{1}H-NMR (300 MHz, CDCl$_3$): δ [ppm] = 1.20 (m, 1 H, H-3), 1.66 (dm, $^2J_{H-9i/H-9a}$ = 9.00 Hz, 1 H, 9i-H), 1.84 (dm, 1 H, H-9a), 2.05 (m, 1 H, H-2), 2.87 (m, 1 H, H-10), 2.96 (m, 1 H, H-10), 3.19 (m, 1 H, H-4), 3.30 (m, 1 H, H-1), 3.61 (m, 3 H, H-11 + OH), 3.88 (t, 1 H, OH), 6.99 (m, 2 H, H-6, H-7), 7.03 (m, 2 H, H-5, H-8).

Darstellung von *trans*-2,3-Bis-(chlorymethyl)-1,4-methano-1,2,3,4-tetrahydronaphthalin (14)

C$_{13}$H$_{16}$O$_2$
204.26 g/mol

Ph$_3$PCl$_2$, Pyridin/CH$_3$CN
50 °C, 5 h

C$_{13}$H$_{14}$Cl$_2$
241.16 g/mol

Durchführung:

In einem 1 L-Dreihalskolben mit Tropftrichter und Blasenzähler wurden 26.5 g (390 mmol) Imidazol in 75 mL Acetonitril p. a. und 75 mL Pyridin p. a. gelöst und auf 0 °C gekühlt. Zu dieser Lösung wurden unter Schutzgasatmosphäre 61.0 g des Chlorierungsreagenzes Triphenylphosphindichlorid in 150 mL Dichlormethan p.a. gelöst zugetropft. Dadurch verfärbte sich die Reaktionsmischung von orange nach braun. Nach 20 min Rühren wurden bei Raumtemperatur 10.0 g (49.0 mmol) des *trans*-Diols **13** zugegeben und anschließend für 5 h auf 50-60 °C erwärmt. Nach Abkühlen auf Raumtemperatur wurde mit 200 mL eines 1:1 Gemisches aus halbkonz. HCl und Eis hydrolysiert. Nach Zugabe von 200 mL Dichlormethan p.a. wurde die organische Phase abgetrennt und die wässrige Phase dreimal mit je 200 mL Dichlormethan extrahiert. Die vereinigten organischen Phasen wurden je mit 200 mL 2 M wässriger HCl, dest. Wasser und ges. NaHCO$_3$-Lösung gewaschen und über Natriumsulfat getrocknet. Anschließend wurde das Solvens am Rotationsverdampfer entfernt, der Rückstand

Experimenteller Teil 117

in 50 mL Diethylether suspendiert und 5 min lang im Ultraschallbad behandelt. Danach wurde der Niederschlag über eine D3-Fritte abfiltriert und noch zweimal mit Diethylether aufgenommen und erneut im Ultraschallbad behandelt. Die vereinten Etherphasen wurden am Rotationsverdampfer eingeengt und der Rückstand über 120 g Kieselgel mit Diethylether p. a. als Elutionsmittel gereinigt. Die erste, hellgelbe Fraktion wurde am Rotationsverdampfer vom Lösungsmittel befreit. Man erhielt das Dichlorid in Form eines gelben Öls.

Ausbeute: 9.70 g (40.2 mmol, 82%).

^{1}H-NMR (300 MHz, CDCl$_3$): δ [ppm] = 1.4 (m, 1 H, H-1/4), 1.86 (dm, 2 H, H-9), 2.62 (t, 1 H, H-3), 3.26 (m, 2 H, H-11), 3.5 (m, 1 H, H-2), 3.69 (m, 2 H, H-10), 7.1-7.4 (m, 4 H, H-5, H-6, H-7, H-8).

Darstellung von 2,3-Bisexomethylen-1,4-methano-1,2,3,4-tetrahydronaphthalin (15)

$C_{13}H_{14}Cl_2$
241.16 g/mol

$C_{13}H_{12}$
168.23 g/mol

Durchführung:

In einem 250 L-Dreihalskolben mit Rückflusskühler und Blasenzähler wurden 10.0 g (42.0 mmol) des Dichlorids **14** und 2.40 g (9.00 mmol) 18-Krone-6 in 100 mL THF p.a. gelöst. Zu dieser Lösung wurden unter Argon bei 0 °C portionsweise 40.0 g (710 mmol) gepulvertes Kaliumhydroxid zugegeben. Die beige Suspension wurde für 24 h auf 40 °C erwärmt und anschließend in 100 mL Eiswasser gegeben. Nach Zugabe von 100 mL *n*-Hexan wurde die rötliche organische Phase abgetrennt und die wässrige Phase noch dreimal mit je 100 mL *n*-Hexan gewaschen. Die vereinigten organischen Phasen wurden dann mit je 100 mL dest. Wasser und gesättigter wässriger NaCl-Lösung gewaschen und über Natriumsulfat getrocknet. Nach Entfernen des Lösungsmittels unter vermindertem Druck erhielt man einen gelben Feststoff. Dieser wurde in 50 mL *n*-Hexan aufgenommen und über 50 g Kieselgel mit *n*-Hexan als Elutionsmittel filtriert. Nachdem das Lösungsmittel am Rotationsverdampfer entfernt wurde, erhielt man das Produkt als farblosen Feststoff.

Ausbeute: 6.10 g (36.3 mmol, 87%).

^{1}H-NMR (300 MHz, CDCl$_3$): δ [ppm] = 1.93 (dt, $^2J_{\text{H-9a/H-9i}}$ = 8.60 Hz, $^3J_{\text{H-9a/H-1}}$ = 1.50 Hz, 1 H, H-9a), 2.11 (dt, $^3J_{\text{H-9i/H-1}}$= 1.50 Hz, 1 H, H-9i), 3.81 (t, 2 H, H-4, H-1), 5.06 (s, 2 H, H-10a, H-11a), 5.17 (s, 2 H, H-10i, H-11i), 7.05 (m, $^3J_{\text{H-6/H-7}}$ = 3.20 Hz, $^3J_{\text{H-6/H-5}}$ = 3.30 Hz, 2 H, H-6, H-7), 7.22 (m, 2 H, H-5, H-8).

^{13}C-NMR (75 MHz, CDCl$_3$): δ [ppm] = 52.1 (C-9), 52.8 (C-1, C-4), 102.5 (C-10, C-11), 121.3 (C-5, C-8), 126.4 (C-6, C-7), 146.7 (C-4a, C-8a), 148.9 (C-2, C-3).

Darstellung von 8,19-Diacetoxy-(5α,6aα,7α,9α,9aα,11α,16α,17aα,18α ,20 α,20aα,22α)-5,-6,6a,7,9,9a,10,11,16,17,17a,18,20,20a,21,22-hexadecahydro-5,22:7,20:9,18:11,16-tetramethanononacen (16)

Experimenteller Teil   119

Durchführung:

In einer Glasampulle wurden 1.00 g (3.10 mmol) **7** und 2.00 g (11.9 mmol) **15** in 10 mL Acetonitril, 20 mL Toluol und 400 µL Triethylamin gelöst. Anschließend wurde die Glasampulle unter Argon auf -78 °C gekühlt, unter Hochvakuum dreimal entgast und abgeschmolzen. Nachdem die abgeschmolzene Ampulle auf Raumtemperatur abgekühlt wurde, thermolysierte man in einem Röhrenofen 4 Tage lang bei 170 °C. Danach wurde die Reaktionsmischung unter vermindertem Druck auf ca. 5 mL eingeengt und 10 min lang im Ultraschallbad behandelt. Der ausgefallene hellgelbe Kristallbrei wurde über eine D4-Fritte abfiltriert, mit kaltem Cyclohexan p.a. gewaschen. Der farblose Feststoff wurde am Rotationsverdampfer getrocknet.

Ausbeute: 1.37 g (2.08 mmol, 67%).

^{1}**H-NMR** (300 MHz, CDCl$_3$): δ [ppm] =1.67 (m, 4 H, H-24, H-25), 1.9-2.37 (m, 16 H, H-6, H-6a, H-9a, H-10, H-12a, H-17, H-20a, H-21, H-26), 2.29 (s, 6 H, H-28, H-30), 2.83 (s, 4 H, H-7, H-8, H-18, H-20), 3.53 (s, 4 H, H-5, H-11, H-16, H-22), 6.84 (m, 4 H, H-2, H-3, H-13, H-14), 7.10 (m, 4 H, H-1, H-4, H-12, H-15).

^{13}**C-NMR** (75 MHz, CDCl$_3$): δ [ppm] = 20.8 (C-30, C-31), 29.5 (C-6, C-10, C-17, C-21), 38.7 (C-6a, C-9a, C-17a, C-20a), 45.7 (C-24, C-25), 53.6 (C-5, C-11, C-16, C-22), 67.2 (C-23, C-26), 120.59 (C-1, C-4, C-12, C-15), 123.9 (C-2, C-3, C-13, C-14), 135.1 (C-7a, C-8a, C-18a, C-19a), 139.1 (C-8, C-19), 146.9 (C-5a, C-10a, C-16a, C-21a), 151.9 (C-4a, C-11a, C-15a, C-22a), 168.8 (C-29, C-27).

Experimenteller Teil 120

Darstellung von 8,19-Diacetoxy-(5α,7α,9α,11α,16α,18α,20α,22α)-5,7,9,11,16,18,20,22-octahydro-5,22:7,20:9,18:11,16-tetramethanononacen (17)

$C_{46}H_{42}O_4$
658.82 g/mol

DDQ, Toluol
120 °C, 2 h

$C_{46}H_{34}O_4$
650.76 g/mol

Durchführung:

In einem 50 mL Dreihalskolben mit Rückflusskühler und Blasenzähler wurden unter Schutzgasatmosphäre 800 mg (1.20 mmol) **16** in 30 mL Toluol p.a. suspendiert. Die weiße Suspension wurde in einem auf 120 °C vorgeheizten Ölbad portionsweise mit 2.00 g (8.80 mmol) DDQ versetzt, wobei sich die klare Lösung dunkelrot verfärbte. Nach Entfärbung wurde weiteres DDQ zugegeben. Nach vollständiger Zugabe wurde die Reaktionsmischung noch 2 h lang unter Rückfluss erhitzt. Nach dem Abkühlen der Reaktionsmischung auf ca. 60 °C wurden 600 µL 1,4-Cyclohexadien zugegeben und noch weitere 5 min bei 60 °C gerührt. Das ausgefallene violette $DDQH_2$ wurde über eine D4-Fritte abfiltriert. Das dunkelviolette Filtrat wurde aufbewahrt, der Feststoff im Ultraschallbad mit Dichlormethan behandelt und erneut abfiltriert. Dieser Vorgang wurde zweimal wiederholt. Die vereinigten organischen Phasen wurden dann unter vermindertem Druck vom Lösungsmittel befreit. Der hellviolette Rückstand wurde in 3 mL Dichlormethan aufgenommen, durch Säulenchromatographie (Cyclohexan/Ethylacetat 3:1) gereinigt und aus Toluol umkristallisiert.

Ausbeute: 547 mg (0.84 mmol, 71%).

^{1}H-NMR (300 MHz, CDCl$_3$): δ [ppm] = 2.33 (d, $^2J_{\text{H-24a/H-24i}}$ = 9.20 Hz, 2 H, H-24a, H-25a), 2.36 (s, 6 H, H-28, H-30), 2.43 (m, 4 H, H-23, H-26), 2.49 (d, 2 H, H-24i, H-25i), 3.95 (s, 4 H, H-5, H-11, H-16, H-22), 4.07 (s, 4 H, H-7, H-9, H-18, H-20), 3.77 (m, 4 H, H-2, H-3, H-13, H-14), 7.07 (m, 4 H, H-1, H-4, H-12, H-15), 7.16 (s, 4 H, H-6, H-10, H-17, H-21).

^{13}C-NMR (75 MHz, CDCl$_3$): δ [ppm] = 20.9 (C-28, C-30), 48.9 (C-7, C-9, C-18, C-20), 52.1 (C-5, C-11, C-16, C-22), 69.2 (C-24, C-25), 70.2 (C-23, C-26), 116.5 (C-6, C-10, C-17, C-21), 121.6 (C-1, C-4, C-12, C-15), 124.7 (C-2, C-3, C-13, C-14), 137.1 (C-8, C-19), 141.3 (C-7a, C-8a, C-18a, C-19a), 146.2 (C-6a, C-9a, C-17a, C-20a), 147.6 (C-5a, C-10a, C-16a, C-21a), 150.4 (C-4a, C-11a, C-15a, C-22a), 161.9 (C-27, C-29).

Darstellung von **8,19-Dihydroxy-(5α,7α,9α,11α,16α,18α,20α,22α)-5,7,9,11,16,18,20,22-octahydro-5,22:7,20:9,18:11,16-tetramethanononacen (18)**

Experimenteller Teil　　　　　　122

Durchführung:

In einem 100 mL Dreihalskolben mit Rückflusskühler, Tropftrichter und Blasenzähler wurden unter Schutzgasatmosphäre 100 mg (2.70 mmol) **17** Lithiumaluminiumhydrid in 15 mL abs. THF suspendiert. Zu dieser auf 0 °C gekühlten grauweißen Suspension wurden 210 mg (0.32 mmol) in 15 mL absolutem THF suspendiert langsam zugetropft (separater Stickstoffkolben). Die Reaktionsmischung wurde 5 h lang unter Rückfluss gerührt. Anschließend wurden bei 0 °C unter Argon 15 mL gesättigte wässrige Ammoniumchlorid-Lösung zugetropft. Danach wurde die Reaktionsmischung mit 1 M wässriger HCl auf pH 1 eingestellt ca. 10 mL und dreimal mit je 50 mL Chloroform extrahiert. Die vereinten organischen Phasen wurden mit je 50 mL dest. Wasser und gesättigter wässriger NaCl-Lösung gewaschen. Diese wurde über Natriumsulfat getrocknet und unter vermindertem Druck bis zur Trockne eingeengt.

Ausbeute: 170 mg (0.30 mmol, 93%).

^{1}**H-NMR** (300 MHz, CDCl$_3$): δ [ppm] = 2.21 (dm, 2 H, H-24a, H-25a), 2.23 (d, 2 H, H-24i, H-25i), 2.34 (m, 4 H, H-23, H-26), 4.07 (4 H, H-5, H-11, H-16, H-22), 4.23 (s, 4 H, H-7, H-9, H-18, H-20), 6.81 (m, 4 H, H-2, H-3, H-13, H-14), 7.03 (s, 4 H, H-6, H-10, H-17, H-21), 7.08 (m, 4 H, H-1, H-4, H-12, H-15).

^{13}**C-NMR** (75 MHz, CDCl$_3$): δ [ppm] = 47.4 (C-7, C-9, C-18, C-20), 51.1 (C-5, C-11, C-16, C-22), 68.2 (C-23, C-24, C-25, C-26), 116.3 (C-6, C-10, C-17, C-21), 121.4 (C-1, C-2, C-12, C-15), 124.8 (C-2, C-3, C-13, C-14), 136.4 (C-7a, C-8a, C-18a, C-19a), 147.2 (C-6a, C-9a, C-17a, C-20a), 148.1 (C-5a, C-10a, C-16a, C-21a, C-8, C-19), 150.9 (C-4a, C-11a, C-15a, C-22a).

Darstellung von (6α, 8α, 15α, 17α)-6, 8, 15, 17- Tetrahydro- 6:17, 8:15-dimethanoheptacen-7,16-bis-(dihydrogenphosphat) (20)

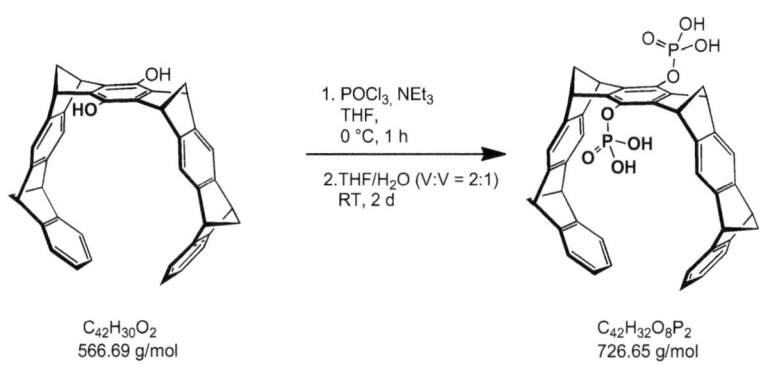

C$_{42}$H$_{30}$O$_2$
566.69 g/mol

C$_{42}$H$_{32}$O$_8$P$_2$
726.65 g/mol

Durchführung:

In einem 100 mL-Zweihalskolben mit Blasenzähler wurden unter Schutzgas-Atmosphäre 200 mg (0.35 mmol) der Dihydroxy-Verbindung **18** in 20 mL abs. THF gelöst und in einem Eisbad auf 0 °C gekühlt. Zu dieser Lösung wurden mittels einer Einwegspritze 435 µL, 729 mg (4.75 mmol) Phosphoroxychlorid zugegeben. Nach weiteren 10 min Rühren wurden ebenfalls mit einer Einwegspritze 130 µL, 94.9 mg (0.94 mmol) Triethylamin zugegeben. Kurze Zeit später war eine Trübung der Lösung zu beobachten. Man rührte 1 h lang bei 0 °C. Danach wurde die noch kalte Reaktionsmischung von dem ausgefallenen farblosen Feststoff über eine D4-Fritte in einen 250 mL Stickstoffkolben überführt. Das Filtrat wurde an der Ölpumpe bis zur Trockne eingeengt. Anschließend wurde der Rückstand mit 2.5 %iger HCl und in der Fritte noch mehrmals mit 2.5 %iger HCl gewaschen. Danach wurde das Phosphorsäureesterchlorid mit THF/H2O (2:1) aus der Fritte gespült und die gelbliche Lösung 2 Tage lang bei RT gerührt. Danach wurde das THF am Rotationsverdampfer abdestilliert. Nach Entfernen des THF wurde mit wenig 2.5%iger HCl nachgefüllt und 10 min lang im Ultraschallbad behandelt. Anschließend wurden erneut die THF-Reste abdestilliert und danach wieder ins Ultraschallbad gestellt. Der Feststoff wurde dann über eine D4-Fritte abfiltriert und mehrmals mit 2.5%iger HCl in der Fritte gewaschen. Anschließend wurde der Feststoff mit Methanol aus der Fritte gespült und das Lösungsmittel erneut am Rotationsverdampfer entfernt. Der beige Feststoff wurde im Ölpumpenvakuum getrocknet.

Experimenteller Teil 124

Ausbeute: 251 mg (345 µmol, 98%).

¹H-NMR (500 MHz, CD$_3$OD): δ [ppm] = 2.30 (d, ^2J(H-24a/H-24i) = 7.40 Hz, 2 H, H-24a, H-25a, 2.32 – 2.37 (m, 4 H, H-23i, H-23a, H-26i, H-26a), 2.44 (d, 2 H, H-24i, H-25i), 4.07 (s, 4 H, H-5, H-11, H-16, H-22), 4.39 (s, 4 H, H-7, H-9, H-18, H-20), 6.84 (m, 4 H, H-2, H-3, H-13, H-14), 7.07 (m, 4 H, H-1, H-4, H-12, H-15), 7.15 (s, 4 H, H-6, H-10, H-17, H-21).

¹³C-NMR (125.7 MHz, CD$_3$OD): δ [ppm] = 48.4 (C-7, C-9, C-18, C-20), 51.1 (C-5, C-11, C-16, C-22), 67.8, 67.9 (C-23, C-24, C-25, C-26), 116.4 (C-6, C-10, C-17, C-21), 120.8 (C-1, C-4, C-12, C-15), 124.6 (C-2, C-3, C-13, C-14), 136.8 (C-8, C-19), 142.0 (C-7a, C-8a, C-18a, C-19a), 147.5, 147.8 (C-5a, C-6a, C-9a, C-10a, C-16a, C-17a, C-20a, C-21a), 150.9 (C-4a, C-11a, C-15a, C-22a).

³¹P-NMR (202 MHz, CD$_3$OD): δ [ppm] = - 4.61.

Darstellung von Tetra-Natrium-(6α, 8α, 15α, 17α)-6, 8, 15, 17- tetrahydro- 6:17, 8:15-dimethanoheptacen-7,16-bisphosphat (21)

$C_{42}H_{32}O_8P_2$
726.65 g/mol

$C_{42}H_{28}Na_4O_8P_2$
814.57 g/mol

Durchführung:

In einem 50 mL-Stickstoffkolben wurden unter Schutzgas-Atmosphäre 329 mg (0.45 mmol) der Verbindung **20** in 20 mL absolutem Methanol gelöst. Zu dieser Lösung wurden unter Rühren 105 mg (182 mmol) Natriumhydroxidmonohydrat zugegeben. Die klare Reaktionsmischung wurde 1 h lang bei Raumtemperatur gerührt. Anschließend wurde das Lösungsmittel unter vermindertem Druck am Rotationsverdampfer entfernt. Der feste Rückstand wurde für mehrere Stunden bei 50 °C im Ölpumpenvakuum getrocknet.

Ausbeute: quantitativ

Experimenteller Teil 126

¹H-NMR (500 MHz, D$_2$O): δ [ppm] = 2.27 (dt, $^2J_{H-24a/H-24i}$ = 7.80 Hz, 2 H, H-24a, H-25a), 2.35 – 2.40 (m, 4 H, H-23i, H-23a, H-26i, H-26a), 2.57 (dt, 2 H, H-24i, H-25i), 4.19 (t, 4 H, H-5, H-11, H-16, H-22), 4.53 (t, 4 H, H-7, H-9, H-18, H-20), 6.74 (s, 4 H, H-2, H-3, H-13-H-14), 7.14 (m, 4 H, H-1, H-4, H-12, H-13), 7.35 (s, 4 H, H-6, H-10, H-17, H-21).

¹³C-NMR (125.7 MHz, D$_2$O): δ [ppm] = 48.2 (C-7, C-9, C-18, C-20), 50.9 (C-5, C-11, C-16, C-22), 68.2, 68.7 (C-23, C-24, C-25, C-26), 116.6 (C-6, C-10, C-17, C-21), 120.0 (C-1, C-4, C-12, C-15), 121.3 (C-2, C-3, C-13, C-14), 138.5 (C-8, C-19), 141.6 (C-7a, C-8a, C-18a, C-19a), 147.7, 148.9 (C-5a, C-6a, C-9a, C-10a, C-16a, C-17a, C-20a, C-21a), 151.1 (C-4a, C-11a, C-15a, C-22a).

³¹P-NMR (202 MHz, D$_2$O): δ [ppm] = 1.01.

Darstellung von 19-Acetoxy-8-hydroxy-(5α,7α,9α,11α,16α,18α,20α,22α)-5,7,9,11,16,18-,20,22-octahydro-5,22:7,20:9,18:11,16-tetramethanononacen (22)

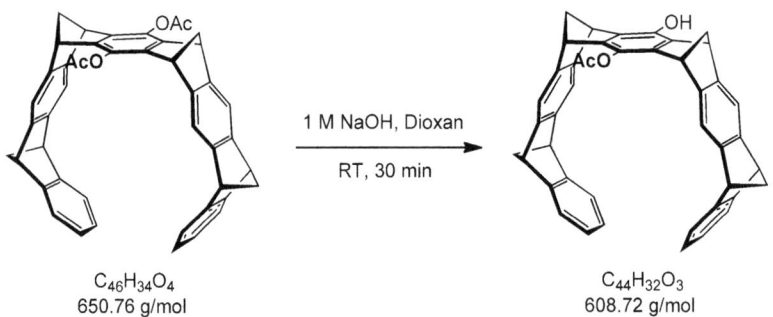

Durchführung:

Zu einer kräftig gerührten Lösung aus 210 mg (0.32 mmol) Diacetoxypinzette **17** in 20 ml Dioxan wurden langsam 3 mL 1 M NaOH zugetropft und 30 min bei Raumtemperatur nachgerührt. Anschließend wurde die Reaktionsmischung in 50 mL eines 1:1 Gemisches aus ges. NH$_4$Cl-Lösung und halbkonz. HCl gegeben und dreimal mit Dichlormethan extrahiert. Die vereinigten org. Phasen wurden mit Wasser gewaschen und über Na$_2$SO$_4$ getrocknet. Der nach Entfernen des Lösungsmittels am Rotationsverdampfer erhaltene Feststoff wurde aus Methanol/Chloroform 1:1 umkristallisiert. Das Produkt wurde als farbloser Feststoff erhalten.

Ausbeute: 188 mg (309 µmol, 97%).

R_f: 0.44 (CH/EE 3:1).

^{1}H-NMR (300 MHz, CDCl$_3$): δ [ppm] = 2.33 (s, 3 H, H-28), 2.37 (d, 2 H, H-24i, H-25i), 2.41 (s, 4 H, H-23, H-26), 2.47 (d, 2 H, H-24a, H-25a), 3.97 (s, 2 H, H-7, H-9), 4.11 (s, 4 H, H-5, H-11, H-16, H-22), 4.22 (s, 2 H, H-18, H-20), 4.49 (s, 1 H, O-H), 6.77 (m, 4 H, H-2, H-3, H-13, H-14), 7.08 (m, 4 H, H-1, H-4, H-12, H-15), 7.14 (s, 2 H, H-6, H-10), 7.17 (s, 2 H, H-17, H-21).

^{13}C-NMR (75 MHz, CDCl$_3$): δ [ppm] = 20.8 (C-28), 47.3 (C-18, C-20), 48.6 (C-7, C-9), 51.2 (C-5, C-11, C-16, C-22), 68.9 (C-24, C-25), 70.1 (C-23, C-26), 116.2, 116.52, 121.40, 121.48, 124.59, 124.62, (C-6, C-10, C-17, C-21, C-3, C-13, C-2, C-14), 133.63, 135.30, 140.79, 141.95, 146.43, 146.63 (C-5a, C-10a, C-16a, C-21a, C-8, C-19, C-7a, C-8a, C-19a, C-18a, C-17a, C-20a C-6a, C-9a), 147.49, 147.53, 150.24, 150.26 (C-4a, C-11a, C-15a, C-22a), 169.44 (C-27).

HRMS (ESI pos., MeOH):

m/z [M+Na]$^+$:   ber. 631.2244

  gef. 631.2309.

5.1.2 Synthese des Guanidiniocarbonylpyrrols

Darstellung von Trichloracetylpyrrol (34)

C$_4$H$_5$N	C$_2$Cl$_4$O	C$_6$H$_4$Cl$_3$NO
67.09 g/mol	181.83 g/mol	212.46 g/mol

Durchführung:

Zu einer Lösung von 100 g (0.55 mol) Trichloracetylchlorid **32** in 400 mL abs. Diethylether wird frisch 33.6 g (0.50 mol) destilliertes Pyrrol **33** über den Zeitraum von 3 h zugetropft. Nach 1 h Rühren bei RT wird die Lösung vorsichtig mit wässriger Natriumhydrogencarbonatlösung neutralisiert, die org. Phase abgetrennt und über MgSO$_4$ getrocknet. Aktivkohle wird zugegeben, 10 min gerührt und über Celite abfiltriert. Das Lösungsmittel wird am Rotationsverdampfer entfernt und der Rückstand aus *n*-Hexan umkristallisiert. Man erhält das Produkt als weißen Feststoff.

Ausbeute: 94.5 g (0.44 mol, 89%)

^{1}H-NMR (300 MHz, CDCl$_3$): δ [ppm] = 6.34-6.38 (m, 1 H, H-5), 7.16-7.17 (m, 1 H, H-4), 7.35-7.38 (m, 1 H, H-6), 9.57 (bs, 1 H, NH).

^{13}C-NMR (75 MHz, CDCl$_3$): δ [ppm] = 95.1 (C-1), 112.1 (C-5), 121.4 (C-4), 123.0 (C-3), 127.2 (C-6), 173.5 (C-2).

Darstellung von 1*H*-Pyrrol-2-carbonsäurebenzylester (35)

$C_6H_4Cl_3NO$	C_7H_8O	$C_{12}H_{11}NO_2$
212.46 g/mol	108.14 g/mol	201.22 g/mol

Durchführung:

54.8 g (25.8 mmol) Trichloracetylpyrrol **34** wurden in 150 mL abs. Chloroform gelöst. 540 mg (94.0 mmol) Natrium wurden unter Argonatmosphäre in 13.4 mL (130 mmol) Benzylalkohol gelöst und zugetropft. Das Reaktionsgemisch wurde 1 h bei RT gerührt. Nach Zugabe von 25 mL HCl (1 M in H_2O) wurde 10 min bei RT gerührt. Anschließend wurde das Chloroform im Vakuum entfernt. Nach Zugabe von 50 mL Wasser wurde das Gemisch getrocknet. Das Rohprodukt wurde säulenchromatographisch mit Cyclohexan /Ethylacetat 9:1 gereinigt. Das Produkt wurde als farbloser kristalliner Feststoff erhalten.

Ausbeute: 49.3 g (24.5 mmol, 95%).

^{1}H-NMR (300 MHz, $CDCl_3$): δ [ppm] = 5.13 (s, 2 H, H-6), 6.26-6.28 (m, 1 H, H-2), 6.97-6.99 (m, 2 H, H-1, H-3), 7.31-7.43 (m, 5 H, H-8, H-9, H-10, H-11, H-12), 9.26 (bs, 1 H, NH).

^{13}C-NMR (75 MHz, $CDCl_3$): δ [ppm] = 66.1 (C-6), 110.9 (C-2), 115.7 (C-3), 122.9 (C-4), 123.1 (C-1), 128.3 – 128.7 (C-8, C-9, C-10, C-11, C-12), 136.4 (C-7), 161.0 (C-5).

Darstellung von Formylpyrrolcarbonsäurebenzylester (36)

$C_{12}H_{11}NO_2$
201.22 g/mol

$C_{13}H_{11}NO_3$
229.23 g/mol

Durchführung:

8.06 g (52.6 mmol, 4.81 mL) Phosphorylchlorid wurden bei 0°C langsam in abs. DMF getropft und 30 min bei 0 °C gerührt. 5.29 g (26.3 mmol) 1*H*-Pyrrol-2-carbonsäurebenzylester **35** wurden in 100 mL Dichlormethan gelöst, auf -15°C gekühlt und das Vilsmeier-Reagenz zugetropft. Das Reaktionsgemisch wurde 3 h bei 0 °C und 20 h bei RT gerührt. Es wurden 65 mL gesättigte wässrige NaHCO$_3$-Lösung zugegeben, das Gemisch 15 min unter Rückfluss erhitzt und die Phasen getrennt. Die org. Phase wurde zweimal mit je 25 mL gesättigter wässriger NaCl-Lösung, zweimal mit je 25 mL Wasser extrahiert und über MgSO$_4$ getrocknet. Das Trockenmittel wurde abfiltriert und mit Dichlormethan gewaschen. Das Filtrat wurde getrocknet. Das Rohprodukt wurde säulenchromatographisch mit Cyclohexan/Ethylacetat/Dichlormethan 70:15:15 gereinigt. Das Produkt wurde als farbloser Feststoff erhalten.

Ausbeute: 3.61 g (15.7 mmol, 60%).

¹H-NMR (300 MHz, CDCl₃): δ [ppm] = 5.36 (s, 2 H, H-7), 6.93-6.96 (m, 2 H, H-10, H-11), 7.36-7.43 (m, 5 H, H-1, H-2, H-3, H-4, H-5), 9.64 (s, 1 H, H-14), 9.94 (bs, 1 H, NH).

¹³C-NMR (75 MHz, CDCl₃): δ [ppm] = 67.2 (C-7), 116.2 (C-10), 119.9 (C-11), 128.4 (C-9), 128.7 – 128.9 (C-1, C-2, C-3, C-4, C-5), 134.8 (C-12), 135.4 (C-6), 160.3 (C-8), 180.5 (C-13).

Darstellung von 1*H*-Pyrrol-2,5-dicarbonsäurebenzylester (37)

C₁₃H₁₁NO₃
229.23 g/mol

C₁₃H₁₁NO₄
245.23 g/mol

Durchführung:

8.60 g (37.5 mmol) Formylpyrrolcarbonsäurebenzylester **36** wurden in 150 mL Aceton gelöst und mit 50 mL Wasser versetzt. Unter Rühren wurden innerhalb einer Stunde 11.9 g (75.0 mmol) Kaliumpermanganat portionsweise zugegeben. Anschließend wurde das Gemisch 1 h unter Rückfluss erhitzt und 1 h bei RT gerührt. 655 mg Natriumdithionit (3.75 mmol) wurden zugegeben und 15 min gerührt, über Kieselgur filtriert und mit 75 mL NaOH (1 M in H₂O) gewaschen. Die vereinigten Filtrate wurden mit kalter HCl (2 M in H₂O) angesäuert. Der ausgefallene Feststoff wurde abfiltriert und getrocknet. Das Produkt wurde als farbloser Feststoff erhalten.

Ausbeute: 6.15 g (25.1 mmol, 67%).

¹H-NMR (300 MHz, DMSO-d$_6$): δ [ppm] = 5.29 (s, 2 H, H-7), 6.76-6.78 (m, 1 H, H-11), 6.83-6.85 (m, 1 H, H-10), 7.33-7.46 (m, 5 H, H-1, H-2, H-3, H-4, H-5), 12.54 (s, 1 H, NH), 12.89 (bs, 1 H, COOH).

¹³C-NMR (75 MHz, DMSO-d$_6$): δ [ppm] = 65.5 (C-7), 115.2 (C-11), 115.6 (C-10), 125.9 (C-12), 127.9 (C-9), 128.0 – 128.3 (C-1, C-2, C-3, C-4, C-5), 136.2 (C-6), 159.6 (C-8), 161.4 (C-13).

Darstellung von 1*H*-Pyrrol-5-*N*-*Boc*-guanidinocarbonyl-2-carbonsäurebenzylester (38)

Durchführung:

Unter Argon wurden 1.60 g (6.52 mmol) 1*H*-Pyrrol-2,5-dicarbonsäurebenzylester **37** in 40 mL DMF gelöst, mit 1.60 mL NMM (14.4 mmol) und 2.97 g (7.18 mmol) HCTU versetzt und 30 min bei RT gerührt. 2.08 g (13.1 mmol) Boc-Guanidin wurden zugegeben und 24 h bei RT gerührt. Es wurde 120 mL Wasser zugegeben und der ausgefallene farblose Niederschlag wurde abfiltriert, mit eisgekühltem Wasser nachgewaschen und getrocknet. Man erhielt das Produkt als farblosen Feststoff.

Ausbeute: 2.15 g (5.56 mmol, 85%).

¹H-NMR (300 MHz, DMSO-d₆): δ [ppm] = 1.45 (s, 9 H, H-17, H-18, H-19), 5.32 (s, 2 H, H-7), 6.83-6.84 (m, 2 H, H-9, H-10), 7.32-7.44 (m, 5 H, H-1, H-2, H-3, H-4, H-5), 8.54 (bs, 1 H, NH), 9.33 (bs, 1 H, NH), 10.71 (bs, 1 H, NH), 11.62 (bs, 1 H, NH).

¹³C-NMR (75 MHz, DMSO-d₆): δ [ppm] = 27.8 (C-17, C-18, C-19), 65.5 (C-7), 115.8 (C-10, C-11), 127.9 – 128.3 (C-1, C-2, C-3, C4, C-5), 136.2 (C-6), 158.3, 159.9, 168.06 (C-8, C-13, C-14, C-15).

Darstellung von 1*H*-Pyrrol-5-*N*-*Boc*-guanidinocarbonyl-2-carbonsäure (39)

C₁₉H₂₂N₄O₅
386.40 g/mol

C₁₈H₃₁N₅O₅
397.47 g/mol

Durchführung:

1.94 g (5.00 mmol) 1*H*-Pyrrol-5-*N*-Boc-guanidinocarbonyl-2-carbonsäurebenzylester **38** wurden in 30 mL Methanol suspendiert und mit 1.05 mL (7.50 mmol) Triethylamin und katalytischen Mengen Pd / C (10% Pd) versetzt. Das Gemisch wurde 5 h bei 40 °C unter H₂-Atmosphäre gerührt. Das Reaktionsgemisch wurde über Celite filtriert, mit einem Gemisch aus 30 mL Methanol und 1 mL Triethylamin nachgewaschen und getrocknet. Das Produkt wurde als farbloser kristalliner Feststoff erhalten.

Ausbeute: 1.76 g (4.43 mmol, 89%).

¹H-NMR (300 MHz, DMSO-d₆): δ [ppm] = 1.45 (s, 9 H, H-10,11,12), 1.77 (t, $^3J_{H/H}$ = 7.20 Hz, 9 H, NEt3), 2.83 (q, $^3J_{H,H}$ = 7.2 Hz, 6 H, NEt3), 6.47-6.48 (m, 1 H, H-3), 6.76-6.77 (m, 1 H, H-4), 8.52 (bs, 1 H, NH), 9.32 (bs, 1 H, NH), 10.87 (bs, 1 H, NH).

¹³C-NMR (75 MHz, DMSO-d₆): δ [ppm] = 9.4 (NEt3), 27.8 (C-10,C-11,C-12), 45.2 (NEt3), 80.7 (C-9), 113.0 (C-3), 114.0 (C-4), 158.4 (C-2, C-5), 160.6, 162.3, 163.1 (C-6, C-1,C-8, C-7).

Darstellung von *N-Boc*-Guanidin (31)

HCl · H₂N–C(=NH)–NH₂ → (Boc₂O, NaOH, Dioxan, H₂O) → H₂N–C(=NH)–NHBoc

CH₆ClN₃
95.03 g/mol

C₆H₁₃N₃O₂
159.19 g/mol

Durchführung:

12.1 g (303 mmol) NaOH und 26.3 g (277 mmol) Guanidiniumhydrochlorid **30** wurden in 100 mL Wasser gelöst und 30 min im Eisbad gerührt. 12.0 g (55.0 mmol) Di-*tert*-butyldicarbonat wurden in 100 mL Dioxan gelöst und langsam zugetropft. Das Reaktionsgemisch wurde über Nacht gerührt. Das Gemisch wurde viermal mit je 100 mL Ethylacetat extrahiert, die vereinigten org. Phasen über MgSO₄ getrocknet und das Lösungsmittel entfernt. Man erhielt das Produkt als weißen Feststoff.

H₂N–1–N(H)–2(=O)–O–3–C(4,5)–6

Ausbeute: 8.22 g (51.6 mmol, 95%).

¹H-NMR (300 MHz, DMSO-d₆): δ [ppm] = 1.35 (s, 9 H, H-4, H-5, H-6), 6.85 (bs, 3 H, NH).

¹³C-NMR (75 MHz, DMSO-d₆): δ [ppm] = 28.2 (C-4, C-5, C-6), 75.4 (C-3), 162.9 (C-2), 163.5 (C-1).

Darstellung von 1*H*-Pyrrol-2-carbonsäuremethylester (41)

Cl$_3$C-pyrrol-C(=O)	+ —OH	$\xrightarrow{\text{Na, CHCl}_3}$	MeO-C(=O)-pyrrol
C$_6$H$_4$Cl$_3$NO	CH$_4$O		C$_6$H$_7$NO$_2$
212.46 g/mol	32.04 g/mol		125.13 g/mol

Durchführung:

In 320 mL trockenem Methanol wurde 1.17 g (48.5 mmol) Natrium gelöst und 73.5 g (346 mmol) Trichloracetylpyrrol **34** über den Zeitraum von 30 min hinzugegeben. Die Lösung wurde für 2 h 30 min bei RT gerührt, dass Lösungsmittel im Vakuum entfernt und der zurückbleibende Feststoff in 400 mL Diethylether gelöst. Die etherische Lösung wurde mit 3 N HCl-Lösung und anschließend mit Hydrogencarbonatlösung gewaschen. Die org. Phase wurde über Magnesiumsulfat getrocknet und im Vakuum auf ca. 150 mL konzentriert. Aktivkohle wurde zugegeben und die Suspension heiß über Celite abfiltriert. Nach Abkühlen auf RT fiel das Produkt als farbloser Feststoff aus, dieser wurde abfiltriert, mit Diethylether gewaschen und im Vakuum getrocknet.

Ausbeute: 38.0 g (304 mmol, 88%).

^{1}**H-NMR** (300 MHz, CDCl$_3$): δ [ppm] = 3.88 (s, 3 H, H-6), 6.26-6.27 (m, 1 H, H-2), 6.91-6.97 (m, 2 H, H-1, H-3), 9.26 (bs, 1 H, NH).

^{13}**C-NMR** (75 MHz, CDCl$_3$): δ [ppm] = 51.7 (C-6), 110.7 (C-2), 115.3 (C-3), 122.9 (C-4), 123.1 (C-1), 161.6 (C-5).

Darstellung von Formylpyrrolcarbonsäuremethylester (42)

$C_6H_7NO_2$
125.13 g/mol

POCl$_3$, DMF
DCM
15 °C → 0 °C → RT

$C_7H_7NO_3$
153.14 g/mol

Durchführung:

5.59 mL (59.9 mmol) Phosphorylchlorid wurde langsam zu 4.64 mL (59.9 mmol) DMF bei 5-10 °C zugetropft und anschließend für 15 min bei RT gerührt. 5.00 g (40.0 mmol) 2-Methoxycarbonylpyrrol **41** wurde in 50 mL DCM gelöst, auf -10 °C gekühlt und das Vilsmeier-Reagenz wurde langsam zugetropft. Die Mischung wurde 1 h bei -10 °C, dann 1 h bei 0 °C und 1 h bei RT gerührt. Abschließend wurde die Lösung für 30 min bei 40 °C gerührt und nach Abkühlen vorsichtig mit wässriger Natriumhydrogencarbonatlösung neutralisiert. Die Lösung wurde 15 min zum Rückfluss erhitzt, die org. Phase anschließend getrennt, zweimal mit NaCl-Lösung gewaschen und über Magnesiumsulfat getrocknet. Nach Entfernen des Lösungmittels im Vakuum erhielt man einen gelben Feststoff. Säulenchromatographie (*n*-Hexan/Ethylacetat 2:1) lieferte das farblose Produkt und das gelbe Nebenprodukt.

Ausbeute: 3.80 g (24.8 mmol, 62%)

^{1}H-NMR (300 MHz, CDCl$_3$): δ [ppm] = 3.91 (s, 3 H, H-1), 6.94-6.95 (m, 2 H, H-4, H-5), 9.65 (s, 1 H, H-8), 9.90 (bs, 1 H, NH).

^{13}C-NMR (75 MHz, CDCl$_3$): δ [ppm] = 52.3 (C-1), 116.0 (C-4), 119.8 (C-5), 128.4 (C-6), 134.7 (C-3), 160.9 (C-7), 180.5 (C-2).

Darstellung von 5-Formyl-1*H*-pyrrol-2-carbonsäure (43)

C$_7$H$_7$NO$_3$
153.14 g/mol

KOH, EtOH
H$_2$O, reflux

C$_6$H$_5$NO$_3$
139.11 g/mol

Durchführung:

Eine Lösung von 10.0 g (65.3 mmol) Formylpyrrolcarbonsäuremethylester **42** und 4.03 g (71.8 mmol) Kaliumhydroxid wurde in 80 mL Ethanol und 20 mL Wasser für 3 h refluxiert. Das Ethanol wurde am Rotationsverdampfer entfernt, 80 mL Wasser hinzugegeben und mit konz. HCl angesäuert. Der ausgefallene hellgelbe Feststoff wurde abfiltriert und im Vakuum getrocknet.

Ausbeute: 7.20 g (51.8 mmol, 80%).

^{1}**H-NMR** (300 MHz, DMSO-d$_6$): δ [ppm] = 6.83-6.85 (m, 1 H, H-3), 6.94-6.95 (m, 1 H, H-4), 9.69 (s, 1 H, H-7), 12.85 (bs, 1 H, NH), 13.08 (bs, 1 H, COOH).

^{13}**C-NMR** (75 MHz, DMSO-d$_6$): δ [ppm] = 115.2 (C-3), 116.9 (C-4), 129.4 (C-5), 135.3 (C-2), 161.3 (C-6), 181.5 (C-1).

Darstellung von 5-(*N*-Cbz-Guanidinocarbonyl)-1*H*-pyrrol-2-carbaldehyd (44)

$C_6H_5NO_3$	$C_9H_{11}N_3O_2$	$C_{15}H_{14}N_4O_4$
139.11 g/mol	193.20 g/mol	314.30 g/mol

Durchführung:

Eine Lösung von 8.50 g (61.1 mmol) 5-Formyl-1*H*-pyrrol-2-carbonsäure **43**, 38.7 g (90.8 mmol) HCTU und 12.0 mL NMM wurde in trockenen 150 mL DMF für 10 min bei RT gerührt. Anschließend gab man 17.5 g (90.8 mmol) *N-Cbz*-Guanidin zu und ließ die Lösung über Nacht rühren. Die Lösung wurde mit Wasser (500 ml) hydrolysiert, mit DCM (3 x 200 ml) extrahiert und die vereinigten org. Phase mit NaCl-Lösung (2 x 100 ml) gewaschen. Die org. Phase wurde teilweise am Rotationsdampfer eingeengt und der Feststoff abfiltriert. Man erhielt das Produkt als beigen Feststoff.

Ausbeute: 12.8 g (40.9 mmol, 67%).

^{1}H-NMR (300 MHz, DMSO-d$_6$): δ [ppm] = 5.18 (s, 2 H, H-10), 6.95-6.98 (m, 2 H, H-4, H-5), 7.38-7.43 (m, 5 H, H-12, H-13, H-14, H-15, H-16), 8.74 (bs, 1 H, NH), 9.44 (bs, 1 H, NH), 11.11 (bs, 1 H, NH), 12.42 (bs, 1 H, NH).

^{13}C-NMR (75 MHz, DMSO-d$_6$): δ [ppm] = 66.4 (C-11), 114.8 (C-4), 117.3 (C-5), 127.9, 128.1, 128.5 (C-12,C-13,C-14,C-15,C-16), 134.6 , 136.2(C3, C-6, C-11), 158.9, 181.4 (C-2, C-8, C-7, C-9).

Darstellung von 5-(*N*-*Cbz*-Guanidinocarbonyl)-1*H*-pyrrol-2-carbonsäure (45)

Durchführung:

Zu einer Suspension von 2.09 g (6.26 mmol) 5-(*N*-*Cbz*-Guanidinocarbonyl)-1*H*-pyrrol-2-carbaldehyd **44** in 40 mL Aceton wurde eine Lösung von 2.08 g (13.2 mmol) Kaliumpermanganat in Aceton/Wasser (1:1, 80 mL) über den Zeitraum von 1 h zugetropft. Die Lösung wurde 1 h bei 40 °C gerührt und noch eine weitere Stunde bei RT. 114 mg (0.64 mmol) Natriumdithionit wurde zugegeben und die Lösung über Celite abfiltriert. Das Celitepad wurde gründlich mit 5%iger NaOH gewaschen, dass Filtrat mit 5%iger HCl angesäuert und der ausgefallene Feststoff abfiltriert und mit 5%iger HCl gewaschen. Man erhielt das Produkt als leicht hellgelben Feststoff.

Ausbeute: 1.61 g (4.88 mmol, 78%).

^{1}H-NMR (300 MHz, DMSO-d$_6$): δ [ppm] = 5.27 (s, 2 H, H-9), 6.82 (d, $^3J_{H-4/H-5}$ = 4.00 Hz, 1 H, H-4), 7.38-7.43 (m, 6 H, H-5, H-11, H-12, H-13, H-14, H-15), 9.46 (bs, 1 H, NH), 9.96 (bs, 1 H, NH), 12.54 (bs, 1 H, NH).

^{13}C-NMR (75 MHz, DMSO-d$_6$): δ [ppm] = 68.4 (C-10), 115.4 (C-3), 116.5 (C-4), 127.3, 128.1, 128.5 (C-11, C-12, C-13, C-14, C-15), 129.7, 135.0, 153.4, 154.7, 160.8, 161.2 (C-1, C-2, C-5, C-10, C-6, C-8).

Darstellung von *N-Cbz*-Guanidin (40)

HCl · H₂N–C(=NH)–NH₂ →[Cbz-Cl, NaOH / Dioxan, H₂O]→ H₂N–C(=NH)–NHCbz

CH₆ClN₃
95.03 g/mol

C₉H₁₁N₃O₂
193.20 g/mol

Durchführung:

Eine Lösung aus 5.35 ml (37.5 mmol) Benzylchloroformiat in 50 mL Dioxan wurde langsam (15 h) zu einer Lösung aus 21.9 g (230 mmol) Guanidiniumhydrochlorid **31** und 10.3 g (260 mmol) NaOH 50 mL in dest. Wasser zugetropft. Die Lösung wurde über Nacht bei RT gerührt. Nach Extrahieren mit Ethylacetat (4 x 100 mL) wurden die vereinigten org. Phasen mit wässriger NaCl-Lösung (2 x 50 mL) gewaschen, über Magnesiumsulfat getrocknet und vom Lösungsmittel befreit. Nach Lyophilisieren mit Wasser erhielt man das Produkt als weißen Feststoff.

H₂N–C¹(=NH)–N²H–C(=O)–O–³CH₂–C⁴(C⁵=C⁶–C⁷=C⁸–C⁹=)

Ausbeute: 6.96 g (36.0 mmol, 96%).

¹H-NMR (300 MHz, DMSO-d₆): δ [ppm] = 4.96 (s, 2 H, H-3), 6.96 (bs, 4 H, NH), 7.23-7-38 (m, 5 H, H-5, H-6, H-7, H-8, H-9).

¹³C-NMR (75 MHz, DMSO-d₆): δ [ppm] = 64.8 (C-3), 127.3, 127.4, 128.2 (C-5, C-6, C-7, C-8, C-9), 138.1, 162.8, 162.9 (C-4, C-1, C-2).

5.1.3 Synthese der Monophosphatpinzette

Darstellung von 19-Acetoxy-8-dimethylphosphat-(5α,7α,9α,11α,16α,18α,20α,22α)-5,7,9,11,16,18,20,22-octahydro-5,22:7,20:9,18:11,16-tetramethanononacen (23)

A:

$C_{46}H_{34}O_4$
650.76 g/mol

$CH_3Cl_2O_2P$
148.91 g/mol

THF, NEt$_3$
0 °C-RT, 16 h

$C_{46}H_{37}O_6P$
716.76 g/mol

B:

$C_{46}H_{34}O_4$
650.76 g/mol

1. POCl$_3$, NEt$_3$, THF, 0 °C-RT, 2 h
2. MeOH, NEt$_3$, RT, 16 h

$C_{46}H_{37}O_6P$
716.76 g/mol

Durchführung:

A: Zu einer Lösung von 100 mg (0.15 mmol) **22** in 10 mL abs. THF wurde bei 0°C 532 µl (4.80 mmol) Dimethylchlorophosphat zugegeben. Nach 10 min rühren wurde 469 mL (1.60 mmol) Triethylamin zugegeben und über Nacht gerührt. Anschließend wurde das Lösungsmittel entfernt und der Rückstand per Säulenchromatographie (Cyclohexan/Essigester 1:1) gereinigt. Das Produkt wurde als klarer kristalliner Feststoff erhalten.

B: In einem 50 mL-Zweihalskolben mit Blasenzähler wurden unter Schutzgas-Atmosphäre 300 mg (0.46 mmol) **22** in 20 mL abs. THF gelöst und in einem Eisbad auf 0 °C gekühlt. Zu dieser Lösung wurden mittels einer Einwegspritze 847 µL (9.60 mmol) Phosphoroxychlorid zugegeben. Nach weiteren 10 min Rühren wurden ebenfalls mit einer Einwegspritze 1.30 mL (9.60 mmol) Triethylamin zugegeben. Kurze Zeit später war eine Trübung der Lösung zu beobachten. Man ließ eine Stunde bei 0 °C und noch eine weitere Stunde bei RT rühren und gab 10 mL abs. Methanol, sowie 3.90 mL (28.8 mmol) Triethylamin hinzu. Die Lösung wurde über Nacht gerührt. Anschließen wurde etwas Ethylacetat (ca. 10 mL) hinzugegeben und das Volumen verringert. Der dabei ausgefallene Feststoff wurde abgesaugt und mit Ethylacetat gewaschen. Die vereinigten Filtrate wurde vom Lösungsmittel befreit und per Säulenchromatographie (Cyclohexan/Essigester 1:1) aufgereinigt. Man erhielt das Produkt als klaren kristallinen Feststoff.

Ausbeute: A: 84.9 mg (118 µmol, 79%) B: 287 mg (400 µmol, 87%).

Smp.: > 200 °C Braunfärbung.

R$_f$: 0.4 (CH/EE 1:1).

^{1}H-NMR (500 MHz, CD$_3$OD): δ [ppm] = 2.35-2.38 (m, 5 H, H-24a, H-25a, H-27), 2.43 (s, 4 H, H-23i, H-23a, H-26i, H-26a), 2.48 (d, 2 H, H-24i, H-25i), 3.25 (d, ^3J $_{H-28/P,\ H-29/P}$= 11.00 Hz, 6 H, H-28, H-29), 3.97 (d, 2 H, H-16, H-22), 4.07 (d, 4 H, H-7, H-9, H-5, H-7), 4.38 (d, 2 H, H-18, H-20), 6.71 (m, 4 H, H-2, H-3, H-13, H-14), 7.02 (d, 2 H, H-4, H-12), 7.07 (d, 2 H, H-1, H-15), 7.12 (s, 2 H, H-17, H-21), 7.24 (d, 2 H, H-6, H-10).

[143]

¹³C-NMR (125.7 MHz, CD₃OD): δ [ppm] = 21.2 (C-27), 48.6, 48.9 (C-7, C-9, C-18, C-20), 51.3 (C-5, C-11, C-16, C-22), 54.9 (d, C-28, C-29), 68.5, 69.7 (C-23, C-24, C-25, C-26), 116.5 (C-17, C-21), 117.7 (C-6, C-10), 121.0, 121.8 (C-1, C-4, C-12, C-15), 124.8 (C-2, C-3, C-13, C-14), 136.7, 141.5, 142.3 (C-5a, C-16a, C-21a, C-10a,C-7a, C-8a, C-18a, C-19a), 146.8, 147.9 (C-6a, C-9a, C-17a, C-20a, C-8, C-9), 150.5, 150.8 (C-4a, C-11a, C-15a, C-22a), 169.10 (C-27).

³¹P-NMR (202 MHz, CD₃OD): δ [ppm] = - 3.81.

HRMS (ESI pos., MeOH):

m/z [M+Na]⁺: ber. 739.2220

gef. 739.2284.

Darstellung von 19-Hydroxy-8-dimethylphosphat-(5α,7α,9α,11α,16α,18α,20α,22α)-5,7,9,11,16,18,20,22-octahydro-5,22:7,20:9,18:11,16-tetramethanononacen (24)

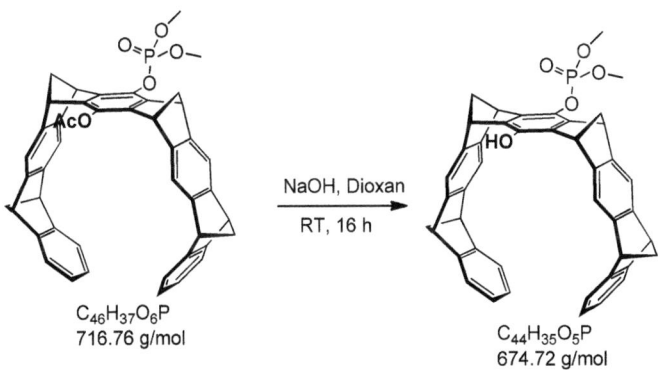

Durchführung:

Zu einer kräftig gerührten Lösung aus 200 mg (0.28 mmol) **23** in 20 ml Dioxan wurden langsam 3 mL 1 M NaOH zugetropft und 16 h bei Raumtemperatur nachgerührt. Anschließend wurde die Reaktionsmischung in 40 mL eines 1:1 Gemisches aus ges. NH₄Cl-

Lösung und halbkonz. HCl gegeben und dreimal mit Dichlormethan extrahiert. Die vereinigten org. Phasen wurden mit Wasser gewaschen und über Na_2SO_4 getrocknet. Nach Entfernen des Lösungsmittels wurde das Produkt als leicht gelber Feststoff erhalten.

Ausbeute: 175 mg (263 µmol, 94%).

Smp.: 240 °C.

R_f: 0.7 (CH/EE 1:4).

^{1}H-NMR (500 MHz, CD_3OD): δ [ppm] = 2.38 (dt, 2 H, H-24a, H-25a), 2.41 (dt, 2 H, H-24i, H-25i), 2.44 (s, 4 H, H-23i, H-23a, H-26i, H-26a), 3.10 (d, $^3J_{H-28/P, H-27/P}$= 11.00 Hz, 6 H, H-28, H-27), 4.06 (s, 2 H, H-16, H-22), 4.08 (s, 2 H, H-5, H-11), 4.22 (s, 2 H, H-7, H-9), 4.36 (s, 2 H, H-18, H-20), 6.71-6.78 (m, 4 H, H-2, H-3, H-13, H-14), 7.03 (d, 2 H, H-4, H-12), 7.07 (d, 2 H, H-1, H-15), 7.13 (s, 2 H, H-17, H-21), 7.24 (d, 2 H, H-6, H-10).

^{13}C-NMR (125.7 MHz, CD_3OD): δ [ppm] = 47.5, 48.6 (C-7, C-9, C-18, C-20), 51.3 (C-5, C-11, C-16, C-22), 54.8 (d, C-27, C-28), 68.4, 69.5 (C-23, C-24, C-25, C-26), 116.3 (C-17, C-21), 117.2 (C-6, C-10), 121.1, 121.7 (C-1, C-4, C-12, C-15), 124.7 (d, C-2, C-3, C-13, C-14), 135.9, 136.5, 140.9 (C-5a, C-16a, C-21a, C-10a, C-7a, C-8a, C-18a, C-19a), 146.9, 147.6, 147.8 (C-6a, C-9a, C-17a, C-20a, C-8, C-9), 150.6, 150.8 (C-4a, C-11a, C-15a, C-22a).

^{31}P-NMR (202 MHz, CD_3OD): δ [ppm] = - 3.47.

HRMS (ESI pos., MeOH):

m/z [M+Na]$^+$:   ber. 697.2114

gef. 697.2168.

Darstellung von 19-Hydroxy-8-dihydrogenphosphat-(5α,7α,9α,11α,16α,18α,20α,22α)-5,7,9,11,16,18,20,22-octahydro-5,22:7,20:9,18:11,16-tetramethanononacen (25)

C$_{44}$H$_{35}$O$_5$P
674.72 g/mol

1. TMSBr, DCM, RT, 6 h
2. DCM, MeOH, H$_2$O 1/1/1 RT, 16 h

C$_{42}$H$_{31}$O$_5$P
646.67 g/mol

Durchführung:

50.0 mg (724 µmol) **24** wurde bei RT in 10 mL abs. DCM gelöst und 96.2 µl (0.74 mmol) Trimethylbromsilan zugegeben. Die Lösung wurde für 6 h bei RT gerührt und anschließend wurde das Lösungsmittel entfernt und der Rückstand mehrere Stunden unter Hochvakuum getrocknet. Der Rückstand wurde anschließend mit 15 mL DCM/MeOH/H$_2$O 1:1:1 aufgenommen und die zwei Phasen für 16 h kräftig gerührt. Das Lösungsmittel wurde entfernt und der zurückbleibende weiß-kristalline Feststoff getrocknet.

Ausbeute: quantitativ

Smp.: > 300 °C.

R$_f$: 0.67 (RP H$_2$0/Acetonitril 2:8).

^{1}H-NMR (500 MHz, DMSO-d$_6$): δ [ppm] = 2.15 (d, 2 H, H-24a, H-25a), 2.21 (d, 2 H, H-24i, H-25i), 2.30 (t, 4 H, H-23i, H-23a, H-26i, H-26a), 4.06 (d, 4 H, H-16, H-22, H-5, H-11), 4.22 (s, 2 H, H-7, H-9), 4.34 (s, 2 H, H-18, H-20), 6.76-6.81 (m, 4 H, H-2, H-3, H-13, H-14), 7.05-7.07 (m, 6 H, H-4, H-12, H-1, H-15, H-17, H-21), 7.08 (s, 2 H, H-6, H-10), 8.40 (bs, 1 H, OH).

^{13}C-NMR (125.7 MHz, DMSO-d$_6$): δ [ppm] = 46.8, 47.8 (C-7, C-9, C-18, C-20), 50.3 (C-5, C-11, C-16, C-22), 67.7, 68.2 (C-23, C-24, C-25, C-26), 116.1 (C-17, C-21), 116.6 (C-6, C-10), 121.4 (d, C-1, C-4, C-12, C-15), 124.5 (d, C-2, C-3, C-13, C-14), 136.2, 140.6 (C-5a, C-16a, C-21a, C-10a, C-7a, C-8a, C-18a, C-19a), 146.8, 147.3, 147.5 (C-6a, C-9a, C-17a, C-20a, C-8, C-9), 150.3 (d, C-4a, C-11a, C-15a, C-22a).

^{31}P-NMR (202 MHz, DMSO-d$_6$): δ [ppm] = - 4.78.

HRMS (ESI pos., neg., MeOH):

m/z [M+Na]$^+$:   ber. 669.1801

                gef. 669.1842.

m/z [M-H]$^-$:   ber. 645.1836

                gef. 645.1902.

Darstellung von 19-Hydroxy-8-dinatriumphosphat-(5α,7α,9α,11α,16α,18α,20α,22α)-5,7,9,11,16,18,20,22-octahydro-5,22:7,20:9,18:11,16-tetramethanononacen (26)

$C_{42}H_{31}O_5P$
646.67 g/mol

NaOH, Dioxan, H_2O
RT, 5 h

$C_{42}H_{29}Na_2O_5P$
690.63 g/mol

Durchführung:

35.0 mg (0.05 mmol) **25** wurden in 5 mL Dioxan gelöst und 5.75 mg (0.10 mmol) NaOH · H_2O, gelöst in 1 mL H_2O, hinzugegeben. Die leicht gelbe Lösung wurde für 5 h gerührt und das Lösungsmittel anschließend entfernt. Der zurückbleibende hellgelbe Feststoff wurde im Hochvakuum getrocknet.

Ausbeute: quantitativ.

Smp.: > 260 °C Zersetzung.

R_f: 0.74 (RP H_2O/Acetonitril 2:8).

¹H-NMR (500 MHz, D₂O): δ [ppm] = 2.32 (d, 2 H, H-24a, H-25a), 2.41 (s, 4 H, H-23i, H-23a, H-26i, H-26a), 2.45 (d, 2 H, H-24i, H-25i), 4.24 (d, 4 H, H-16, H-22, H-5, H-11), 4.29 (s, 2 H, H-7, H-9), 4.59 (s, 2 H, H-18, H-20), 5.96 (bs, 4 H, H-2, H-3, H-13, H-14), 6.99 (d, 4 H, H-4, H-12, H-1, H-15), 7.33 (s, 2 H, H-17, H-21), 7.41 (s, 2 H, H-6, H-10).

¹H-NMR (500 MHz, D₂O, 353 K): δ [ppm] = 2.29 (d, 2 H, H-24a, H-25a), 2.37 (s, 4 H, H-23i, H-23a, H-26i, H-26a), 2.46 (d, 2 H, H-24i, H-25i), 4.17 (d, 4 H, H-16, H-22, H-5, H-11), 4.28 (s, 2 H, H-7, H-9), 4.60 (s, 2 H, H-18, H-20), 6.63-6.69 (m, 4 H, H-2, H-3, H-13, H-14), 7.11 (dd, 4 H, H-4, H-12, H-1, H-15), 7.22 (s, 2 H, H-17, H-21), 7.32 (s, 2 H, H-6, H-10).

¹³C-NMR (125.7 MHz, D₂O): δ [ppm] = 47.4, 48.6 (C-7, C-9, C-18, C-20), 50.9 (C-5, C-11, C-16, C-22), 68.3, 69.6 (C-23, C-24, C-25, C-26), 116.2 (C-17, C-21), 117.0 (C-6, C-10), 121.6 (d, C-1, C-4, C-12, C-15), 124.5 (d, C-2, C-3, C-13, C-14), 135.7, 141.9 (C-5a, C-16a, C-21a, C-10a, C-7a, C-8a, C-18a, C-19a), 147.9 (d), 148.1, 148.3 (C-6a, C-9a, C-17a, C-20a, C-8, C-9), 150.2 (d, C-4a, C-11a, C-15a, C-22a).

³¹P-NMR (202 MHz, D₂O): δ [ppm] = 1.05.

IR (ATR): $\tilde{\nu}$ = 3592 (OH), 2968, 2933, 2859 (-CH, -CH₂, -CH₃), 1454, 1442, 1412 (Ringschwingung), 1372, 1320 (O=P-O, P-O-Aryl), 1280 (C-O).

HRMS (ESI pos., MeOH):

m/z [M+H]⁺:   ber. 691.1621

                gef. 691.1691.

m/z [M+Na]⁺:   ber. 713.1440

                gef. 713.1492.

5.1.4 Linkersynthesen

Darstellung von 2-Aminoethyl-4-methylphenylsulfonat (67)

HO–NH$_2$ + Ts-Cl → Tosyl-O-CH$_2$CH$_2$-NH$_2$

C$_2$H$_7$NO	C$_7$H$_7$ClO$_2$S		C$_9$H$_{13}$NO$_3$S
61.08 g/mol	190.65 g/mol		215.27 g/mol

Reagents/conditions: DMAP, DCM, RT, 2 h

Durchführung:

Unter Schutzgas wurde 500 mg (8.19 mmol) Ethanolamin in 20 mL abs. DCM gelöst und 1.03 g (8.40 mmol) DMAP zugegeben. Nach Zugabe von 1.90 g (10.0 mmol) TsCl wurde 2 h bei RT gerührt. Das Lösungsmittel wurde entfernt und der ölige Rückstand per Säulenchromatographie (Cyclohexan/Essigester 1:2) gereinigt. Das Produkt wurde als leicht gelber Feststoff erhalten.

Ausbeute: 583 mg (2.71 mmol, 33%).

Smp.: 57 °C.

R$_f$: 0.23 (CH/EE 1:2).

^{1}H-NMR (500 MHz, CDCl$_3$): δ [ppm] = 2.43 (s, 3 H, H-1), 3.09 (t, $^3J_{H-9/H-8}$ = 5.00 Hz, 2 H, H-9), 3.69 (t, $^3J_{H-8/H-9}$ = 5.00 Hz, 2 H, H-8), 7.32 (d, $^3J_{H-3/H-4, H-5/H-6}$ = 8.50 Hz, 2 H, H-3, H-5), 7.76 (d, $^3J_{H-4/H-3, H-6/H-5}$ = 8.50 Hz, 2 H, H-4, H-6).

^{13}C-NMR (125.7 MHz, CDCl$_3$): δ [ppm] = 23.3 (C-1), 45.7 (C-9), 62.1 (C-8), 127.8 (C-4, C-6), 130.5 (C-3, C-5), 137.3 (C-7), 144.4 (C-2).

HRMS (ESI pos., MeOH):

m/z [M+H]$^+$:   ber. 216.0689

   gef. 216.0701.

m/z [M+Na]$^+$:   ber. 238.0508

   gef. 238.0521.

Darstellung von 4-Nitrobenzyltosylat (73)

[Reaktionsschema: 4-Nitrobenzylalkohol ($C_7H_7NO_3$, 153.14 g/mol) + Tosylchlorid ($C_7H_7ClO_2S$, 190.65 g/mol) → 4-Nitrobenzyltosylat ($C_{14}H_{13}NO_5S$, 307.32 g/mol); Bedingungen: DMAP, DCM, 16 h, RT]

Durchführung:

Unter Argon wurde 500 mg (3.26 mmol) 4-Nitrobenzylalkohol in 20 mL abs. DCM gelöst und 2 mL Pyridin zugegeben. Nach Zugabe von 633 mg (3.32 mmol) TsCl wurde 16 h bei RT gerührt. Das Lösungsmittel wurde entfernt und der Rückstand per Säulenchromatographie (Cyclohexan/Essigester 2:1) gereinigt. Das Produkt wurde als leicht gelber Feststoff erhalten.

[Nummerierte Struktur des Produkts mit Positionen 1–14]

Ausbeute: 631 mg (2.05 mmol, 63%).

Smp.: 102 °C.

R$_f$: 0.45 (CH/EE 2:1).

^{1}H-NMR (500 MHz, CDCl$_3$): δ [ppm] = 2.46 (s, 3 H, H-1), 5.15 (s, 2 H, H-8), 7.36 (d, 2 H, $^3J_{\text{H-10/H-11, H-14/H-13}}$ = 8.50 Hz, H-10, H-14), 7.45 (d, $^3J_{\text{H-3/H-4, H-5/H-6}}$ = 8.50 Hz, 2 H, H-3, H-5), 7.81 (d, $^3J_{\text{H-4/H-3, H-6/H-5}}$ = 8.50 Hz, 2 H, H-4, H-6), 8.20 (d, 2 H, $^3J_{\text{H-13/H-14, H-11/H-10}}$ = 8.50 Hz, H-11, H-13).

^{13}C-NMR (125.7 MHz, CDCl$_3$): δ [ppm] = 22.3 (C-1), 70.2 (C-8), 124.4 (C-11, C-13), 128.6 (C-10, C-14), 129.2 (C-4, C-6), 130.6 (C-3, C-5), 133.4 (C-7), 141.4 (C-2), 145.9 (C-9, C-12).

HRMS (ESI pos., MeOH):

m/z [M+Na]$^+$:   ber. 330.0407

gef. 330.0806.

Darstellung von *tert*-butyl-4-(Hydroxymethyl)phenylcarbamat (77)

Boc$_2$O, NaOH, H$_2$O, Dioxan
RT, 16 h

C$_7$H$_9$NO
123.15 g/mol

C$_{12}$H$_{17}$NO$_3$
223.27 g/mol

Durchführung:

Eine Lösung von 3.93 g (16.0 mmol) Boc$_2$O in 50 mL Dioxan wurde langsam bei 0 °C unter Rühren einer Mischung aus 2.00 g (16.2 mmol) 4-Aminobenzylalkohol **76** und 0.72 g (18.0 mmol) Natriumhydroxid in 50 mL H$_2$O zugetropft. Die Lösung wurde über Nacht bei RT gerührt. Anschließend wurde viermal mit 100 mL Ethylacetat extrahiert, die vereinigten org. Phasen zweimal mit ges. NaCl-Lösung gewaschen und über MgSO$_4$ getrocknet. Nach

Entfernen des Lösungsmittels und Aufreinigung per Säulenchromatographie (Cylohexan/Essigester 3:1) blieb das Produkt als hellgelbes Öl zurück.

Ausbeute: 3.50 g (15.7 mmol, 98%).

R$_f$: 0.18 (CH/EE 3:1).

^{1}H-NMR (500 MHz, CDCl$_3$): δ [ppm] = 1.53 (s, 9 H, H-9, H-10, H-11), 4.61 (s, 2 H, H-1), 6.57 (s, 1 H, NH-CO), 7.26 (d, $^3J_{\text{H-3/H-4, H-5/H-6}}$ = 8.50 Hz, 2 H, H-3, H-5), 7.33 (d, $^3J_{\text{H-4/H-3, H-6/H-5}}$ = 8.50 Hz, 2 H, H-4, H-6).

^{13}C-NMR (125.7 MHz, CDCl$_3$): δ [ppm] = 28.3 (C-9, C-10, C-11), 65.0 (C-1), 80.6 (C-8), 118.8 (C-4, C-6), 128.1 (C-3, C-5), 135.6 (C-7), 137.9 (C-2), 152.9 (NHCO).

HRMS (ESI pos., MeOH):

m/z [M+Na]$^+$: ber. 246.1101

gef. 246.1135.

Darstellung von *tert*-butyl-4-(Bromomethyl)phenylcarbamat (78)

C$_{12}$H$_{17}$NO$_3$
223.27 g/mol

NBS, PPh$_3$
DCM, RT, 4 h

C$_{12}$H$_{16}$BrNO$_2$
286.16 g/mol

Durchführung:

2.00 g (9.00 mmol) **77** wurden in 20 mL abs. DCM gelöst und mit 1.95 g (11.0 mmol) *N*-Bromsuccinimid, sowie 3.00 g (11.5 mmol) Triphenylphosphin versetzt. Die Lösung wurde für 4 h bei RT gerührt und anschließend 2 x mit 100 mL ges. NaCl-Lösung gewaschen und über MgSO$_4$ getrocknet. Das Filtrat wurde eingeengt und per Säulenchromatographie (Cyclohexan/Essigester 3:1) gereinigt. Man erhielt das Produkt als hellgelben Feststoff.

Ausbeute: 180 mg (629 µmol, 70%).

Smp.: 150 °C Zersetzung.

R$_f$: 0.58 (CH/EE 3:1).

^{1}H-NMR (500 MHz, CDCl$_3$): δ [ppm] = 1.53 (s, 9 H, H-9, H-10, H-11), 4.49 (s, 2 H, H-1), 6.49 (s, 1 H, NH-CO), 7.23-7.36 (m, 4 H, H-3, H-4, H-5, H-6).

^{13}C-NMR (125.7 MHz, CDCl$_3$): δ [ppm] = 28.4 (C-9, C-10, C-11), 33.9 (C-1), 81.0 (C-8), 118.7 (C-4, C-6), 129.6 (C-3, C-5), 130.1 (C-7), 138.7 (C-2), 151.3 (NHCO).

Darstellung von *tert*-Butyl-4-(2-hydroxyethyl)phenylcarbamat (82)

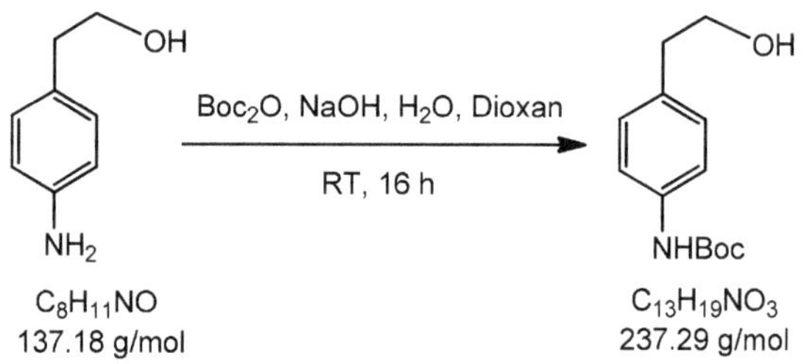

[Reaktionsschema: 4-Amino(2-hydroxyethyl)benzol (C₈H₁₁NO, 137.18 g/mol) reagiert mit Boc₂O, NaOH, H₂O, Dioxan, RT, 16 h zu NHBoc-Produkt (C₁₃H₁₉NO₃, 237.29 g/mol)]

Durchführung:

Eine Lösung von 3.91 g (18.0 mmol) Boc₂O in 50 mL Dioxan wurde langsam bei 0 °C unter Rühren einer Mischung aus 2.00 g (14.6 mmol) 4-Amino(2-hydroxyethyl)benzol **81** und 0.72 g (18.0 mmol) Natriumhydroxid in 50 mL H₂O zugetropft. Die Lösung wurde über Nacht bei RT gerührt. Anschließend wurde viermal mit 100 mL Ethylacetat extrahiert, die vereinigten org. Phasen zweimal mit ges. NaCl-Lösung gewaschen und über MgSO₄ getrocknet. Nach Entfernen des Lösungsmittels und Aufreinigung per Säulenchromatographie (Cyclohexan/Essigester 4:1) wurde das Produkt als weißer Feststoff erhalten.

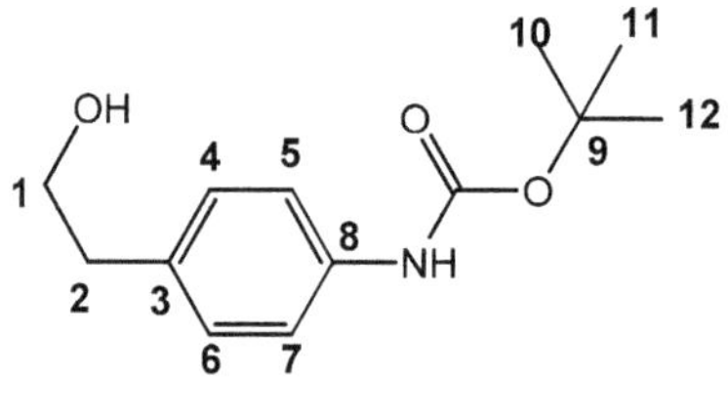

[Strukturformel des Produkts mit nummerierten Positionen 1-12]

Ausbeute: 3.70 g (15.6 mmol, 87%).

Smp.: 108-109 °C.

R$_f$: 0.60 (CH/EE 4:1).

¹H-NMR (500 MHz, CDCl$_3$): δ [ppm] = 1.43 (bs, 1 H, OH), 1.52 (s, 9 H, H-10, H-11, H-12), 2.81 (t, $^3J_{\text{H-2/H-1}}$ = 7.50 Hz, 2 H, H-2), 3.82 (q, $^3J_{\text{H-1/H-2/OH}}$ = 7.50 Hz, 2 H, H-1), 6.48 (s, 1 H, NH-CO), 7.15 (d, $^3J_{\text{H-4/H-5, H-6/H-7}}$ = 8.50 Hz, 2 H, H-4, H-6), 7.30 (d, $^3J_{\text{H-5/H-4, H-7/H-6}}$ = 8.50 Hz, 2 H, H-5, H-7).

¹³C-NMR (125.7 MHz, CDCl$_3$): δ [ppm] = 28.6 (C-10, C-11, C-12), 38.7 (C-2), 63.8 (C-1), 80.6 (C-9), 118.9 (C-5, C-7), 129.8 (C-4, C-6), 133.1 (C-8), 137.0 (C-3), 152.9 (NHCO).

HRMS (ESI pos., MeOH):

m/z [M+Na]$^+$: ber. 246.1101

gef. 246.1135

Darstellung von *tert*-butyl-4-(2-Bromoethyl)phenylcarbamat (83)

$C_{13}H_{19}NO_3$
237.29 g/mol

NBS, PPh$_3$
DCM, RT, 4 h

$C_{13}H_{18}BrNO_2$
300.19 g/mol

Durchführung:

2.38 g (10.0 mmol) **82** wurden in 20 mL abs. DCM gelöst, auf 0 °C gekühlt und mit 1.95 g (11.0 mmol) *N*-Bromsuccinimid, sowie 3.00 g (11.5 mmol) Triphenylphosphin versetzt. Die nun gelbliche Lösung wurde für 2 h bei RT gerührt und anschließend vom Lösungsmittel befreit. Der Rückstand wurde per Säulenchromatographie (Cyclohexan/Essigester 5:1) gereinigt. Das Produkt wurde als weißer Feststoff erhalten.

Ausbeute: 2.10 g (0.70 mmol, 70%).

Smp.: 108 °C.

R$_f$: 0.64 (CH/EE 5:1).

^{1}H-NMR (500 MHz, CDCl$_3$): δ [ppm] = 1.51 (s, 9 H, H-10, H-11, H-12), 3.11 (t, $^3J_{\text{H-2/H-1}}$ = 7.50 Hz 2 H, H-2), 3.52 (t, $^3J_{\text{H-1/H-2}}$ = 7.50 Hz, 2 H, H-1), 6.44 (s, 1 H, NH-CO), 7.13 (d, $^3J_{\text{H-4/H-5, H-6/H-7}}$ = 8.50 Hz, 2 H, H-4, H-6), 7.31 (d, $^3J_{\text{H-5/H-4, H-7/H-6}}$ = 8.50 Hz, 2 H, H-5, H-7).

^{13}C-NMR (125.7 MHz, CDCl$_3$): δ [ppm] = 28.6 (C-10, C-11, C-12), 33.2 (C-1), 38.8 (C-2), 80.9 (C-9), 119.1 (C-5, C-7), 129.3 (C-4, C-6), 133.6 (C-8), 137.5 (C-3), 152.9 (NHCO).

HRMS (ESI pos., MeOH):

m/z [M+Na]$^+$:   ber. 246.1101

                     gef. 246.1135.

Darstellung von Benzyl-2-(2-hydroxyethoxy)ethylcarbamat (85 B)

HO~~~O~~~NH₂   → (Cbz-Cl, NaOH, Dioxan, H₂O, RT, 16 h)   HO~~~O~~~NHCbz

$C_4H_{11}NO_2$
105.14 g/mol

$C_{12}H_{17}NO_4$
239.27 g/mol

Durchführung:

Eine Lösung von 7.10 mL (50.0 mmol) Benzylchloroformat in 50 mL Dioxan wurde langsam bei 0 °C unter Rühren einer Mischung aus 5.30 g (50.0 mmol) 2,2-Aminoethoxyethanol **84** und 2.20 g (55.0 mmol) Natriumhydroxid in 50 mL H₂O zugetropft. Die Lösung wurde über Nacht bei RT gerührt. Anschließend wurde viermal mit 100 mL Ethylacetat extrahiert, die vereinigten org. Phasen zweimal mit ges. NaCl-Lösung gewaschen und über MgSO₄ getrocknet. Nach Entfernen des Lösungsmittels erhielt man das Produkt als klares Öl.

Ausbeute: 12.0 g (50.2 mmol, 82%).

R$_f$: 0.21 (CH/EE 1:3).

^{1}H-NMR (500 MHz, CDCl₃): δ [ppm] = 3.30 (q, $^3J_{\text{H-4/H-3/NH}}$ = 5.50 Hz, 2 H, H-4), 3.45 (t, $^3J_{\text{H-2/H-1}}$ = 5.50 Hz, 2 H, H-2), 3.61 (t, $^3J_{\text{H-3/H-4}}$ = 5.50 Hz, 2 H, H-3), 5.03 (t, 2 H, H-5), 5.54 (s, 1 H, NH-CO), 7.23-7.28 (m, 5 H, H-7, H-8, H-9, H-10, H-11).

^{13}C-NMR (125.7 MHz, CDCl₃): δ [ppm] = 41.1 (C-4), 61.6 (C-1), 66.7 (C-5), 70.1 (C-3), 72.2 (C-2), 127.0 (C-8, C-6), 128.1 (C-9), 128.5 (C-8, C-11), 136.6 (C-6), 156.7 (NH-CO).

HRMS (ESI pos., MeOH):

m/z [M+Na]$^+$: ber. 262.1050

gef. 262.1327.

Darstellung von 2-(2-(Benzyloxycarbonylamino)ethoxy)ethyl-4-methylphenylsulfonat (86B)

HO~~~O~~~NHCbz → (1. TsCl, Pyridin, 0 °C-RT, 16 h; 2. Eiswasser, 5%ige HCl) → TsO~~~O~~~NHCbz

$C_{12}H_{17}NO_4$ 239.27 g/mol $C_{19}H_{23}NO_6S$ 393.45 g/mol

Durchführung:

2.00 g (8.36 mmol) **85B** wurden in 50 mL Pyridin gelöst und unter Eiskühlung wurde 2.60 g (13.6 mmol) TsCl portionsweise zugegeben. Nach langsamem Erwärmen auf RT, wurde die Lösung über Nacht gerührt. Anschließend wurde die Lösung auf Eiswasser gegeben und mit 5%iger HCl sauer gestellt. Es wurde dreimal mit 50 mL Chloroform extrahiert und die vereinigten org. Phasen mit ges. NaHCO$_3$-Lösung. und mit ges. NaCl-Lösung gewaschen. Nach Trocknen über Na$_2$SO$_4$ wurde das Lösungsmittel entfernt und es wurde ein gelbes Öl erhalten.

Ausbeute: 3.09 g (7.85 mmol, 94%).

R$_f$: 0.45 (CH/EE 1:3).

¹H-NMR (500 MHz, CDCl$_3$): δ [ppm] = 2.41 (s, 3 H, H-1), 3.32 (q, 2 H, H-11), 3.48 (t, $^3J_{\text{H-9/H-8}}$ = 5.50 Hz, 2 H, H-9), 3.63 (t, $^3J_{\text{H-10/H-11}}$ = 5.50 Hz, 2 H, H-10), 4.16 (t, $^3J_{\text{H-8/H-8}}$ = 5.50 Hz, 2 H, H-8), 5.11 (s, 2 H, H-12), 7.30 (m, 7 H, H-3, H-5, H-14, H-15, H-16, H-17, H-18), 7.79 (d, $^3J_{\text{H-4/H-3, H-6/H-5}}$ = 8.50 Hz, 2 H, H-4, H-6).

¹³C-NMR (125.7 MHz, CDCl$_3$): δ [ppm] = 21.7 (C-1), 40.9 (C-11), 66.9 (C-12), 68.6 (C-10), 69.2 (C-9), 70.3 (C-8), 128.1 (C-14, C-18), 128.3 (C-16), 128.5 (C-15, C-17), 128.7 (C-4, C-6), 133.2 (C-3, C-5), 136.7 (C-7), 145.1 (C-2, C-13), 156.5 (NH-CO).

HRMS (ESI pos., MeOH):

m/z [M+H]$^+$:   ber. 394.1319

                gef. 394.1389.

m/z [M+Na]$^+$:   ber. 416.1138

                gef. 416.1214.

Darstellung von *tert*-butyl-2-(2-Hydroxyethoxy)ethylcarbamat (85)

Durchführung:

Eine Lösung von 7.60 g (31.2 mmol) Boc$_2$O in 100 mL Dioxan wurde langsam bei 0 °C unter Rühren einer Mischung aus 3.00 g (28.5 mmol) 2-(2-Aminoethoxy)ethanol **84** und 1.24 g (31.2 mmol) Natriumhydroxid in 100 mL H$_2$O zugetropft. Die Lösung wurde über Nacht bei RT gerührt. Anschließend wurde viermal mit 100 mL Ethylacetat extrahiert, die vereinigten org. Phasen zweimal mit ges. NaCl-Lösung gewaschen und über MgSO$_4$ getrocknet. Nach Entfernen des Lösungsmittels blieb das Produkt als farbloses Öl zurück.

Ausbeute: 5.50 g (26.8 mmol, 95%).

^{1}H-NMR (500 MHz, CDCl$_3$): δ [ppm] = 1.46 (s, 9 H, H-6, H-7, H-8), 2.03 (s, 1 H, OH), 3.34 (q, $^3J_{H-4/H-3/NH}$ = 5.50 Hz 2 H, H-4), 3.56 (dt, 4 H, H-2, H-3), 3.73 (t, 2 H, H-1), 4.87 (s, 1 H, NHCO).

HRMS (ESI pos., MeOH):

m/z [M+Na]$^+$: ber. 228.1217

gef. 228.1235.

Darstellung von 2-(2-(*tert*-Butoxycarbonylamino)ethoxy)ethyl-4-methylphenylsulfonat (86)

C$_9$H$_{19}$NO$_4$
205.25 g/mol

C$_{16}$H$_{25}$NO$_6$S
359.44 g/mol

Durchführung:

5.10 g (24.8 mmol) **85** wurden in 50 mL Pyridin gelöst und unter Eiskühlung wurde 7.60 g (40.0 mmol) TsCl portionsweise zugegeben. Nach langsamem Erwärmen auf RT, wurde die Lösung über Nacht gerührt. Anschließend wurde die Lösung auf Eiswasser gegeben und mit 5%iger HCl sauer gestellt. Es wurde dreimal mit 100 mL Chloroform extrahiert und die vereinigten org. Phasen mit ges. NaHCO$_3$-Lösung und mit ges. NaCl-Lösung gewaschen. Nach Trocknen über Na$_2$SO$_4$ wurde das Lösungsmittel entfernt und das Produkt blieb als klares Öl zurück.

Experimenteller Teil 161

Ausbeute: 6.50 g (17.1 mmol, 69%).

R$_f$: 0.18 (CH/EE 3:1).

^{1}H-NMR (500 MHz, CDCl$_3$): δ [ppm] = 1.44 (s, 9 H, H-13, H-14, H-15), 2.45 (s, 3 H, H-1), 3.24 (q, $^3J_{\text{H-11/H-10/NH}}$ = 5.50 Hz, 2 H, H-11), 3.43 (t, $^3J_{\text{H-9/H-8}}$ = 5.50 Hz, 2 H, H-9), 3.63 (t, $^3J_{\text{H-10/H-11}}$ = 5.50 Hz, 2 H, H-10), 4.16 (t, $^3J_{\text{H-8/H-8}}$ = 5.50 Hz, 2 H, H-8), 4.80 (s, 1 H, NH-CO), 7.35 (d, $^3J_{\text{H-3/H-4, H-5/H-6}}$ = 8.50 Hz, 2 H, H-3, H-5), 7.81 (d, $^3J_{\text{H-4/H-3, H-6/H-5}}$ = 8.50 Hz, 2 H, H-4, H-6).

^{13}C-NMR (125.7 MHz, CDCl$_3$): δ [ppm] = 21.9 (C-1), 28.6 (C-13, C-14, C-15), 40.9 (C-11), 68.6 (C-8), 69.2 (C-9), 70.5 (C-10), 79.5 (C-12), 128.1 (C-4, C-6), 130.0 (C-3, C-5), 133.2 (C-7), 145.0 (C-2), 156.0 (NHCO).

HRMS (ESI pos., MeOH):

m/z [M+Na]$^+$:   ber. 382.1295

                  gef. 382.1327.

Darstellung von (4-(Aminomethyl)phenyl)methanol (121)

[Reaction scheme: 4-Cyanobenzoic acid (C₈H₅NO₂, 147.13 g/mol) → (4-(Aminomethyl)phenyl)methanol (C₈H₁₁NO, 137.18 g/mol); Reagents: 1. LiAlH$_4$, THF, reflux, 16 h; 2. NaOH, 0 °C]

Durchführung:

5.80 g (153 mmol) Lithiumaluminiumhydrid wurde in 300 mL abs. THF suspendiert und auf 0 °C gekühlt. 5.00 g (34.0 mmol) 4-Cyanobenzaldehyd gelöst in 50 mL abs. THF wurde langsam zugetropft. Die Suspension wurde über Nacht refluxiert. Anschließend wurde unter Eiskühlung 2 M NaOH zugegeben, der Feststoff abfiltriert und nach Zugabe von 300 mL H$_2$O viermal mit DCM extrahiert. Die vereinigten org. Phasen wurden mit 300 mL H$_2$O gewaschen, über MgSO$_4$ getrocknet und vom Lösungsmittel befreit. Man erhielt das Produkt als hellgelben Feststoff.

[Structure of product with numbered positions 1–8: HO–CH$_2$(1,2)–benzene ring(3,4,5,6)–CH$_2$(7,8)–NH$_2$]

Ausbeute: 2.74 g (19.9 mmol, 57%).

Smp.: 120 °C.

¹H-NMR (500 MHz, CDCl₃): δ [ppm] = 3.81 (s, 2 H, H-8), 4.63 (s, 2 H, H-1), 7.22 (d, $^3J_{\text{H-4/H-3, H-6/H-5}}$ = 8.50 Hz, 2 H, H-4, H-6), 7.29 (d, $^3J_{\text{H-3/H-4, H-5/H-6}}$ = 8.50 Hz, 2 H, H-3, H-5).

¹³C-NMR (125.7 MHz, CDCl₃): δ [ppm] = 46.0 (C-8), 64.8 (C-1), 127.3 (C-3, C-5), 127.3 (C-4, C-6), 140.1 (C-2), 142.1 (C-7).

HRMS (ESI pos., MeOH):

m/z [M+H]⁺:   ber. 138.0913

gef. 138.0912.

Darstellung von *tert*-Butyl-4-(hydroxymethyl)benzylcarbamat (122)

C₈H₁₁NO
137.18 g/mol

C₁₃H₁₉NO₃
237.29 g/mol

Durchführung:

2.43 g (17.7 mmol) **121** wurden in 100 mL THF gelöst und 2.47 mL (17.7 mmol) Triethylamin zugegeben. Nach 10 min rühren bei RT wurde 4.07 g (17.7 mmol) Boc₂O hinzugegeben und für 90 min gerührt. Das THF wurde unter vermindertem Druck entfernt und der Rückstand mit 100 mL Ethylacetat aufgenommen. Es wurde zweimal mit ges. Ammoniumchloridlösung gewaschen, über MgSO₄ getrocknet und das Filtrat vom Lösungsmittel befreit. Der Rückstand wurde per Säulenchromatographie (Cyclohexan/Essigester 3:1) gereinigt. Das Produkt wurde als weißer Feststoff erhalten.

Ausbeute: 3.20 g (13.5 mmol, 76%).

Smp.: 100 °C.

R_f: 0.13 (CH/EE 3:1).

^{1}H-NMR (500 MHz, DMSO-d_6): δ [ppm] = 1.39 (s, 9 H, H-10, H-11, H-12), 4.09 (d, $^3J_{\text{H-8/NH}}$ = 6.50 Hz, 2 H, H-8), 4.46 (d, $^3J_{\text{H-1/OH}}$ = 6.00 Hz, 2 H, H-1), 5.12 (t, $^3J_{\text{OH/H-1}}$ = 6.00 Hz, 1 H, OH), 7.18 (d, $^3J_{\text{H-4/H-3, H-6/H-5}}$ = 8.50 Hz, 2 H, H-4, H-6), 7.25 (d, $^3J_{\text{H-3/H-4, H-5/H-6}}$ = 8.50 Hz, 2 H, H-3, H-5), 7.34 (t, $^3J_{\text{NH/H-8}}$ = 6.50 Hz, 1 H, NH-CO).

^{13}C-NMR (125.7 MHz, DMSO-d_6): δ [ppm] = 28.3 (C-10, C-11, C-12), 43.3 (C-8), 62.9 (C-1), 77.8 (C-9), 126.4 (C-3, C-5), 126.7 (C-4, C-6), 138.6 (C-2), 140.9 (C-7), 155.9 (NHCO).

HRMS (ESI pos., MeOH):

m/z [M+Na]$^+$: ber. 260.1257

  gef. 260.1296.

Darstellung von *tert*-Butyl-4-(bromomethyl)benzylcarbamat (123)

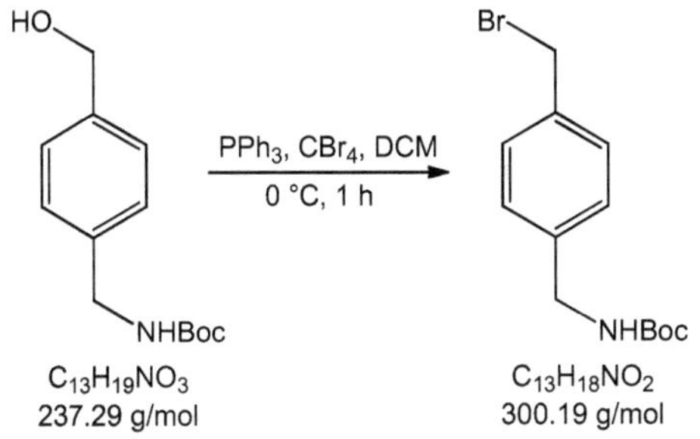

HO
NHBoc
$C_{13}H_{19}NO_3$
237.29 g/mol
PPh_3, CBr_4, DCM
0 °C, 1 h
Br
NHBoc
$C_{13}H_{18}NO_2$
300.19 g/mol

Durchführung:

400 mg (1.69 mmol) **122** wurde mit 530 mg (2.52 mmol) Triphenylphosphin in 20 mL DCM bei 0 °C gelöst. Anschließend wurde langsam portionsweise 838 mg (2.52 mmol) CBr_4 zugegeben und 1 h gerührt. Die Lösung wurde eingeengt und per Säulenchromatographie (Cyclohexan/Essigester 5:1) gereinigt. Das Produkt wurde als weißer Feststoff erhalten.

Br
1
2
3
4
5
6
7
8
NH
O
O
9
10
11
12

Ausbeute: 300 mg (999 µmol, 59%).

Smp.: 91 °C.

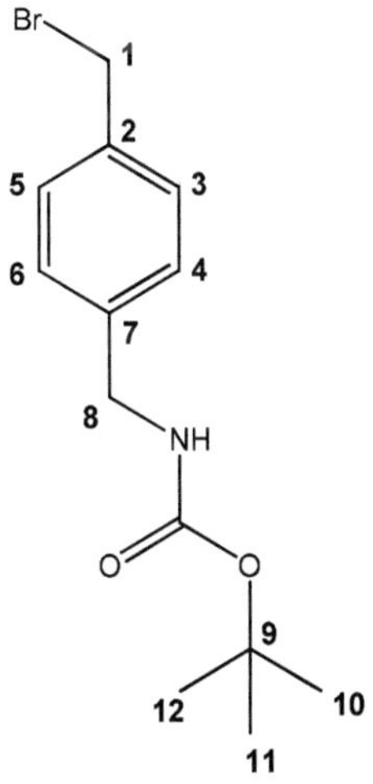

R_f: 0.38 (CH/EE 5:1).

¹H-NMR (500 MHz, CDCl$_3$): δ [ppm] = 1.46 (s, 9 H, H-10, H-11, H-12), 4.29 (s, 2 H, H-8), 4.49 (s, 2 H, H-1), 4.85 (s, 1 H, NHCO), 7.25 (d, $^3J_{\text{H-4/H-3, H-6/H-5}}$ = 8.50 Hz, 2 H, H-4, H-6), 7.36 (d, $^3J_{\text{H-3/H-4, H-5/H-6}}$ = 8.50 Hz, 2 H, H-3, H-5).

¹³C-NMR (125.7 MHz, CDCl$_3$): δ [ppm] = 28.7 (C-10, C-11, C-12), 33.3 (C-1), 44.5 (C-8), 77.7 (C-9), 127.9 (C-4, C-6), 129.4 (C-3, C-5), 137.1 (C-2), 139.5 (C-7), 156.1 (NHCO).

HRMS (ESI pos., MeOH):

m/z [M+Na]$^+$: ber. 322.0413

gef. 322.0455.

Darstellung von *tert*-Butyl-2-(2-bromoacetamid)ethylcarbamat (124)

Br–CH$_2$–COOH (C$_2$H$_3$BrO$_2$, 138.95 g/mol) + H$_2$N–CH$_2$CH$_2$–NHBoc (C$_7$H$_{16}$N$_2$O$_2$, 160.21 g/mol) →[DCC, DCM; RT, 24h] Br–CH$_2$–C(O)–NH–CH$_2$CH$_2$–NHBoc (C$_9$H$_{17}$BrN$_2$O$_3$, 281.15 g/mol)

Durchführung:

1.00 g (7.20 mmol) Bromessigsäure wurde in 40 mL abs. DCM gelöst und 1.30 g (6.30 mmol) DCC und 0.96 g (6.00 mmol) *N-Boc*-1,2-diaminoethan wurden hinzugegeben. Die weiße Suspension wurde für 24 h bei RT gerührt. Der ausgefallene Feststoff wurde abfiltriert und das eingeengt Filtrat wurde per Säulenchromatographie (Essigester/Cyclohexan 2:1) aufgereinigt. Man erhielt das Produkt als weißen Feststoff.

Ausbeute: 1.35 g (4.80 mmol, 80%).

Smp.: 95 °C.

R_f: 0.5 (CH/EE 1:2).

^{1}H-NMR (500 MHz, CDCl$_3$): δ [ppm] = 1.34 (s, 9 H, H-5, H-6, H-7), 3.26 (q, 2 H, H-3), 3.42 (q, $^3J_{\text{H-2/H-3/NH}}$ = 6.00 Hz, 2 H, H-2), 3.85 (s, 2 H, H-1), 4.89 (s, 1 H, NH-CO), 7.13 (s, 1 H, NH-CO).

^{13}C-NMR (125.7 MHz, CDCl$_3$): δ [ppm] = 28.5 (C-5, C-6, C-7), 28.9 (C-1), 39.9 (C-3), 41.7 (C-2), 79.9 (C-4), 156.8 (NHCO), 166.6 (NHCO).

HRMS (ESI pos., MeOH):

m/z [M+Na]$^+$:   ber. 303.0315

                gef. 303.0344.

5.1.5 Rezeptormolekülsynthesen

Darstellung von 19-Hydroxy-8-(4-(*tert*-butoxycarbonylamino)benzoat)-(5α,7α, 9α,11α,16α,18α,20α,22α)-5,7,9,11,16,18,20,22-octahydro-5,22:7,20:9,18:11,16-tetramethanononacen (51)

C$_{42}$H$_{30}$O$_2$
566.69 g/mol

C$_{12}$H$_{15}$NO$_4$
237.25 g/mol

PyBOP, NMM
DCM, 40 °C, 72 h

C$_{54}$H$_{43}$NO$_5$
785.92 g/mol

Durchführung:

200 mg (0.35 mmol) Dihydroxypinzette **18**, 83.8 mg (0.35 mmol) *N-Boc*-aminobenzoesäure und 180 mg (0.358 mmol) PyBOP wurden unter Argon in 15 mL abs. Dichlormethan vorgelegt. Nach Zugabe von 116 µl (1.06 mmol) NMM wurde die Lösung für 3 Tage bei 40 °C gerührt. Das Lösungsmittel wurde entfernt und der Rückstand wurde durch Säulenchromatographie (Cyclohexan/Essigester 3:1) gereinigt. Das Produkt wurde als weißer Feststoff erhalten.

Experimenteller Teil 169

Ausbeute: 165 mg (210 µmol, 59%).

Smp.: 254 °C.

R$_f$: 0.27 (CH/EE 3:1).

^{1}H-NMR (500 MHz, CDCl$_3$): δ [ppm] = 1.58 (s, 9 H, H-34, H-35, H-36), 2.35 (dt, 2 H, H-24a, H-25a), 2.42 (q, 4 H, H-23a, H-23i, H-26a, H-26i), 2.51 (dt, 2 H, H-24i, H-25i), 3.99 (s, 2 H, H-16, H-22), 4.06 (d, 4 H, H-5, H-7, H-9, H-11), 4.21 (d, 2 H, H-18, H-20), 6.74-6.77 (m, 4 H. H-2, H-3, H-13, H-14), 7.07-7.11 (m, 6 H, H-4, H-12, H-1, H-15, H-17, H-21), 7.15 (s, 2 H, H-6, H-10), 7.58 (d, ^3J $_{H-29/H-28, H-31/H-30}$ = 8.50 Hz, 2 H, H-29, H-31), 8.22 (d, ^3J $_{H-28/H-29, H-30/H-31}$ = 8.50 Hz, 2 H, H-28, H-30).

^{13}C-NMR (125.7 MHz, CDCl$_3$): δ [ppm] = 28.5 (C-34, C-35, C-36), 47.5, 48.9 (C-18, C-20, C-7, C-9), 51.4 (C-16, C-22, C-5, C-11), 69.1, 70.2 (C-23, C-24, C-25, C-26), 81.6 (C-33), 116.3 (C-17, C-21), 116.8 (C-6, C-10), 117.8 (C-29, C-31), 121.6 (d, C-4, C-12, C-1, C-15), 124.8 (C-3, C-13, C-2, C-14), 125.2 (C-27), 131.9 (C-28, C-30), 142.0 (C-32), 135.5, 141.2 (C-5a, C-10a, C-16a, C-21a, C-7a, C-8a, C-18a, C-19a), 146.7, 146.9, 147.6, 147.7 (C-6a, C-9a, C-17a, C-20a, C-8, C-19), 150.5 (C-4a, C-11a, C-15a, C-22a), 152.2 (NH-CO), 164.9 (COO).

HRMS (ESI pos., MeOH):

m/z [M+Na]$^+$:   ber. 808.3033

                gef. 808.3083.

| Experimenteller Teil | 170 |

Darstellung von 19-Dimethylphosphat-8-(4-(*tert*-butoxycarbonylamino)benzoat)-(5α,7α–,9α,11α,16α,18α,20α,22α)-5,7,9,11,16,18,20,22-octahydro-5,22:7,20:9,18:11,16-tetramethanononacen (54)

C$_{54}$H$_{43}$NO$_5$
785.92 g/mol

C$_2$H$_6$ClO$_3$P
144.49 g/mol

THF, 0 °C-RT, 4 h

C$_{56}$H$_{48}$NO$_8$P
893.96 g/mol

Durchführung:

Zu einer Lösung von 130 mg (0.16 mmol) **51** in 10 mL abs. THF wurde bei 0 °C 531 µL (4.80 mmol) Dimethylchlorophosphat zugegeben. Nach 10 min Rühren wurde 900 µL (3.00 mmol) Triethylamin zugegeben und nach 4 h Rühren bei 0 °C wurde für weitere 16 h bei RT gerührt. Das Produkt wurde nach Reinigung per Säulenchromatographie (Essigester/Cyclohexan 1:2) als weißer kristalliner Feststoff erhalten.

Ausbeute: 133 mg (149 µmol, 93%).

Smp.: 258 °C Braunfärbung.

R$_f$: 0.26 (CH/EE 2:1).

^{1}H-NMR (500 MHz, CDCl$_3$): δ [ppm] = 1.59 (s, 9 H, H-34, H-35, H-36), 2.36 (dt, 2 H, H-24a, H-25a), 2.42 (t, 4 H, H-23a, H-23i, H-26a, H-26i), 2.53 (dt, 2 H, H-24i, H-25i), 3.27 (d, $^3J_{\text{H-37/P, H-38/P}}$ = 11.00 Hz, 6 H, H-37, H-38), 4.01 (d, 2 H, H-16, H-22), 4.06 (d, 4 H, H-5, H-7, H-9, H-11), 4.40 (d, 2 H, H-18, H-20), 6.72-6.78 (m, 4 H. H-2, H-3, H-13, H-14), 7.03 (d, 2 H, H-4, H-12), 7.09-7.11 (m, 4 H, H-1, H-15, H-17, H-21), 7.25 (s, 2 H, H-6, H-10), 7.59 (d, $^3J_{\text{H-29/H-28, H-31/H-30}}$ = 8.50 Hz, 2 H, H-29, H-31), 8.23 (d, $^3J_{\text{H-28/H-29, H-30/H-31}}$ = 8.50 Hz, 2 H, H-28, H-30).

^{13}C-NMR (125.7 MHz, CDCl$_3$): δ [ppm] = 28.5 (C-34, C-35, C-36), 48.7, 48.9 (C-18, C-20, C-7, C-9), 51.3 (C-16, C-22, C-5, C-11), 55.1 (d, C-37, C-38), 68.6, 69.8 (C-23, C-24, C-25, C-26), 81.4 (C-33), 116.7 (C-17, C-21), 117.1 (C-6, C-10), 117.8 (C-29, C-31), 121.1, 121.8 (C-4, C-12, C-1, C-15), 123.6 (C-27), 124.8 (C-3, C-13, C-2, C-14), 131.9 (C-28, C-30), 137.0, 141.4 (C-5a, C-10a, C-16a, C-21a, C-7a, C-8a, C-18a, C-19a), 142.6 (C-32), 146.5, 146.9, 147.6, 147.9 (C-6a, C-9a, C-17a, C-20a, C-8, C-19), 150.6, 150.7 (C-4a, C-11a, C-15a, C-22a), 152.4 (NH-CO), 164.6 (COO).

^{31}P-NMR (202 MHz, CDCl$_3$): δ [ppm] = - 3.82.

HRMS (ESI pos., MeOH):

m/z [M+Na]$^+$: ber. 916.3010

gef. 916.3080.

Experimenteller Teil   172

Darstellung von 19-Hydroxy-8-(4-((*tert*-butoxycarbonylamino)methyl)benzoat)-(5α,7α–,9α,11α,16α,18α,20α,22α)-5,7,9,11,16,18,20,22-octahydro-5,22:7,20:9,18:11,16-tetramethanononacen (53)

$C_{42}H_{30}O_2$
566.69 g/mol

$C_{13}H_{17}NO_4$
251.28 g/mol

PyBOP, NMM
DCM, 40 °C, 72 h

$C_{55}H_{45}NO_5$
799.99 g/mol

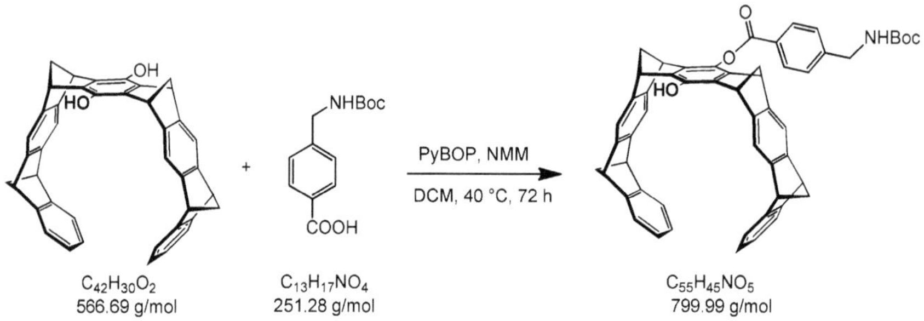

Durchführung:

300 mg (0.53 mmol) Dihydroxypinzette **18**, 133 mg (0.53 mmol) *N-Boc*-aminomethylbenzoesäure und 180 mg (0.36 mmol) PyBOP wurden unter Argon in 15.0 mL abs. Dichlormethan vorgelegt. Nach Zugabe von 174 µl (1.60 mmol) NMM wurde die Lösung für 3 Tage bei 40 °C gerührt. Das Lösungsmittel wurde unter vermindertem Druck entfernt und der Rückstand wurde durch Säulenchromatographie (Cyclohexan/Essigester 3:1) gereinigt. Das Produkt wurde als weißer Feststoff erhalten.

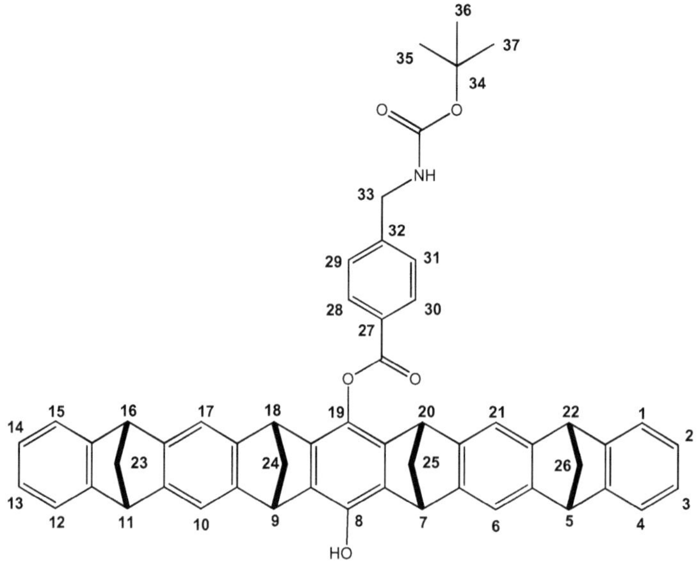

Ausbeute: 320 mg (0.40 mmol, 75%).

Smp.: > 200 °C Gelbfärbung.

R_f: 0.22 (CH/EE 3:1).

^{1}H-NMR (500 MHz, CDCl$_3$): δ [ppm] = 1.68 (s, 9 H, H-35, H-36, H-37), 2.49 (m, 6 H, H-24a, H-25a, H-23a, H-24i, H-26a, H-25i), 2.66 (d, 1 H, H-23i), 2.77 (d, 1 H, H-26i), 4.14 (s, 1 H, H-22), 4.19-4.22 (m, 6 H, H-5, H-7, H-9, H-11, H-18, H-20), 4.39(s, 1 H, H-16), 4.60 (d, 2 H, H-33), 6.89-6.94 (m, 4 H. H-2, H-3, H-13, H-14), 7.22-7.27 (m, 6 H, H-4, H-12, H-1, H-15, H-17, H-21), 7.33 (s, 2 H, H-6, H-10), 7.60(d, 2 H, H-29, H-31), 8.39 (d, 2 H, H-28, H-30).

^{13}C-NMR (125.7 MHz, CDCl$_3$): δ [ppm] = 28.4 (C-35, C-36, C-37), 44.6 (C-33), 47.4, 48.9 (C-18, C-20, C-7, C-9), 51.3 (C-16, C-22, C-5, C-11), 69.3, 70.3 (C-23, C-24, C-25, C-26), 80.1 (C-34), 116.4 (C-17, C-21), 116.8 (C-6, C-10), 121.6 (C-4, C-12, C-1, C-15), 124.8 (d, C-3, C-13, C-2, C-14), 127.6 (C-29, C-31), 128.6 (C-27), 130.9 (C-28, C-30), 137.5, 141.1, 141.8 (C-5a, C-10a, C-16a, C-21a, C-7a, C-8a, C-18a, C-19a), 146.6, 146.8, 147.0, 147.6 (C-6a, C-9a, C-17a, C-20a, C-8, C-19, C-32), 150.5 (d, C-4a, C-11a, C-15a, C-22a), 156.1 (NH-CO), 164.5 (COO).

HRMS (ESI pos., MeOH):

m/z [M+Na]$^+$: ber. 822.3190

  gef. 822.3258.

Darstellung von 19-Dimethylphosphat-8-(4-((*tert* -butoxycarbonylamino)methyl)benzoat)-(5α,7α,9α,11α,16α,18α,20α,22α)-5,7,9,11,16,18,20,22-octahydro-5,22:7,20:9,18:11,16-tetramethanononacen (56)

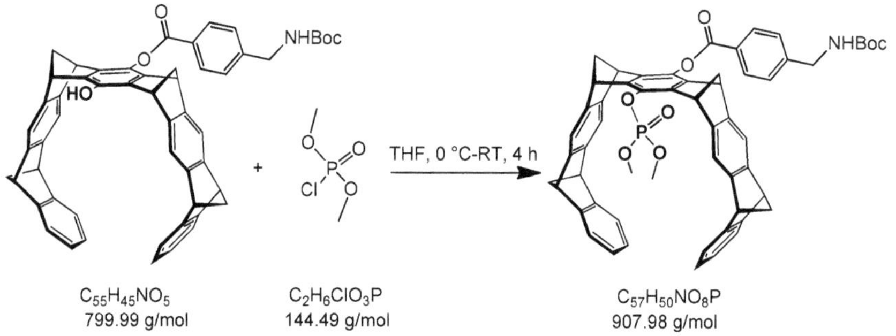

NHBoc
HO
THF, 0 °C-RT, 4 h
NHBoc
$C_{55}H_{45}NO_5$
799.99 g/mol
$C_2H_6ClO_3P$
144.49 g/mol
$C_{57}H_{50}NO_8P$
907.98 g/mol

Durchführung:

Zu einer Lösung von 200 mg (0.25 mmol) **53** in 10 mL abs. THF wurde bei 0 °C 828 µL (7.50 mmol) Dimethylchlorophosphat zugegeben. Nach 10 min Rühren wurde 1.80 mL (6.00 mmol) Triethylamin zugegeben und nach 4 h Rühren bei 0 °C wurde für weitere 16 h bei RT gerührt. Das Produkt wurde nach Reinigung per Säulenchromatographie (Essigester/Cyclohexan 1:2) als weißer kristalliner Feststoff erhalten.

Ausbeute: 227 mg (250 µmol, 90%).

Smp.: 185 °C Braunfärbung.

R$_f$: 0.25 (CH/EE 2:1).

^{1}H-NMR (500 MHz, CDCl$_3$): δ [ppm] = 1.53 (s, 9 H, H-35, H-36, H-37), 2.37 (dt, 2 H, H-24a, H-25a), 2.43 (t, 4 H, H-23a, H-23i, H-26a, H-26i), 2.54 (dt, 2 H, H-24i, H-25i), 3.29 (d, $^3J_{\text{H-38/P, H-39/P}}$ = 11.00 Hz, 6 H, H-38, H-39), 4.01 (d, 2 H, H-16, H-22), 4.07 (d, 4 H, H-5, H-7, H-9, H-11), 4.40 (d, 2 H, H-18, H-20), 4.49 (d, 2 H, H-33), 6.72-6.78 (m, 4 H. H-2, H-3, H-13, H-14), 7.04 (d, 2 H, H-4, H-12), 7.10 (d, 4 H, H-1, H-15, H-17, H-21), 7.25 (s, 2 H, H-6, H-10), 7.51 (d, $^3J_{\text{H-29/H-28, H-31/H-30}}$ = 8.50 Hz, 2 H, H-29, H-31), 8.26 (d, $^3J_{\text{H-28/H-29, H-30/H-31}}$ = 8.50 Hz, 2 H, H-28, H-30).

^{13}C-NMR (125.7 MHz, CDCl$_3$): δ [ppm] = 28.6 (C-35, C-36, C-37), 44.6 (C-33), 48.6, 48.9 (C-18, C-20, C-7, C-9), 51.3 (C-16, C-22, C-5, C-11), 55.0 (d, C-38, C-39), 68.6, 69.8 (C-23, C-24, C-25, C-26), 79.5 (C-33), 116.7 (C-17, C-21), 117.1 (C-6, C-10), 121.0, 121.7 (C-4, C-12, C-1, C-15), 124.8 (C-3, C-13, C-2, C-14), 127.5 (C-29, C-31), 128.5 (C-27), 130.9 (C-28, C-30), 136.8, 141.5 (C-5a, C-10a, C-16a, C-21a, C-7a, C-8a, C-18a, C-19a), 142.3 (C-32),

146.4, 146.8, 147.6, 147.9 (C-6a, C-9a, C-17a, C-20a, C-8, C-19), 150.6, 150.8 (C-4a, C-11a, C-15a, C-22a), 156.1 (NH-CO), 164.7 (COO).

^{31}P-NMR (202 MHz, CDCl$_3$): δ[ppm] = - 3.77.

HRMS (ESI pos., MeOH):

m/z [M+Na]$^+$: ber. 930.3166

gef. 930.3207.

Darstellung von 19-Dimethylphosphat-8-(4-(aminomethyl)benzoat)-(5α,7α,9α,11α,16α–,18α,20α,22α)-5,7,9,11,16,18,20,22-octahydro-5,22:7,20:9,18:11,16-tetramethanononacen-trifluoroacetat (56B)

C$_{57}$H$_{50}$NO$_8$P
907.98 g/mol

C$_{54}$H$_{43}$F$_3$NO$_8$P
921.89 g/mol

Durchführung:

30.0 mg (0.03 mmol) **56** wurden in 16 mL DCM/TFA 15:1 gelöst und bei 0 °C für 2 h gerührt. Das Lösungsmittel wurde abkondensiert und noch dreimal mit Benzol versetzt und abermals abkondensiert. Das Produkt blieb als weißer Feststoff zurück.

Ausbeute: ca. 60 % (aus Spektrum berechnet).

^{1}H-NMR (500 MHz, MeOD): δ [ppm] = 2.32-2.38 (m, 6 H, H-24a, H-25a, H-23a, H-23i, H-26a, H-26i), 2.47 (dt, 2 H, H-24i, H-25i), 3.44 (dd, 6 H, H-34, H-35), 3.99-4.07 (m, 6 H, H-16, H-22, H-5, H-7, H-9, H-11), 4.31-4.38 (m, 4 H, H-18, H-20, H-33), 6.78-6.85 (m, 4 H. H-2, H-3, H-13, H-14), 7.01-7.10 (m, 6 H, H-4, H-12, H-1, H-15, H-17, H-21), 7.19 (s, 2 H, H-6, H-10), 7.73 (d, ^3J $_{H-29/H-28,\ H-31/H-30}$ = 8.50 Hz, 2 H, H-29, H-31), 8.36 (d, ^3J $_{H-28/H-29,\ H-30/H-31}$ = 8.50 Hz, 2 H, H-28, H-30).

^{31}P-NMR (202 MHz, MeOD): δ [ppm] = - 2.46.

HRMS (ESI pos., MeOH):

m/z [M+H]$^+$: ber. 808.2823

gef. 808.2904.

Darstellung von 19-Dimethylphosphat-8-(4-(amidomethyl)benzoat-1*H*-pyrrol-5-*N*-*cbz*-guanidinocarbonyl)-(5α,7α,9α,11α,16α,18α,20α,22α)-5,7,9,11,16,18,20,22-octahydro-5,22:7,20:9,18:11,16-tetramethanononacen (56C)

$C_{54}H_{43}F_3NO_8P$
921.89 g/mol

$C_{15}H_{14}N_4O_5$
330.30 g/mol

HCTU, NMM | DMF, 40 °C, 2 d

$C_{67}H_{54}N_5O_{10}P$
1120.15 g/mol

Experimenteller Teil 179

Durchführung:

20.0 mg (21.7 µmol) **56B**, 67.0 mg (20.3 µmol) 5-(*N-Cbz*-guanidiniocarbonyl)-1*H*-pyrrol-2-carbonsäure **45** und 42.0 mg (100 µmol) HCTU wurden unter Argon in 5 mL abs. Dichlormethan und 5 mL abs. DMF gelöst. Nach 10 min Rühren wurde 14.0 µl (130 µmol) NMM zugegeben und die Lösung wurde für 48 h bei 40 °C erhitzt. Das Lösemittel wurde im Vakuum entfernt. Das erhaltene gelbe Öl wurde durch Säulenchromatographie (Cyclohexan/Essigester 1:4) gereinigt und das Produkt als weißer Feststoff erhalten.

Ausbeute: 12.1 mg (10.8 µmol, 53%).

Smp.: 275 °C Braunfärbung.

R$_f$: 0.75 (CH/EE 1:4).

¹H-NMR (500 MHz, MeOD): δ [ppm] = 2.32-2.36 (m, 6 H, H-24a, H-25a, H-23a, H-23i, H-26a, H-26i), 2.46 (dt, 2 H, H-24i, H-25i), 3.40 (d, $^3J_{\text{H-45/P, H-46/P}}$ = 11.00 Hz, 6 H, H-45, H-46), 4.00 (d, 2 H, H-16, H-22), 4.03 (d, 2 H, H-5, H-11), 4.06 (d, 2 H, H-7, H-9), 4.38 (d, 2 H, H-18, H-20), 4.73 (d, 2 H, H-33), 5.33 (s, 2 H, H-38), 6.77-6.82 (m, 4 H. H-2, H-3, H-13, H-14), 7.04-711 (m, 8 H, H-4, H-12, H-1, H-15, H-17, H-21, H-35, H-36), 7.22 (s, 2 H, H-6, H-10), 7.39-7.48 (m, 5 H, H-40, H-41, H-42, H-43, H-44), 7.64 (d, $^3J_{\text{H-29/H-28, H-31/H-30}}$ = 8.50 Hz, 2 H, H-29, H-31), 8.28 (d, $^3J_{\text{H-28/H-29, H-30/H-31}}$ = 8.50 Hz, 2 H, H-28, H-30).

¹³C-NMR (125.7 MHz, MeOD): δ [ppm] = 44.2 (C-33), 49.0 (C-18, C-20, C-7, C-9, unter MeOH-Signal), 52.5 (C-16, C-22, C-5, C-11), 56.0 (d, C-45, C-46), 61.7 (C-38), 69.1, 69.5 (C-23, C-24, C-25, C-26), 113.4 (C-36), 116.5 (C-35), 117.6 (C-17, C-21), 117.9 (C-6, C-10), 121.9, 122.7 (C-4, C-12, C-1, C-15), 126.1, 126.4 (C-3, C-13, C-2, C-14), 129.4 (C-27), 129.1 (C-29, C-31), 129.9, 130.2 (C-40, C-41, C-42, C-43, C-44), 131.9 (C-28, C-30), 138.0 (C-39) 142.9, 144.3 (C-5a, C-10a, C-16a, C-21a, C-7a, C-8a, C-18a, C-19a), 147.1 (C-32), 148.0, 148.3, 149.7 (C-6a, C-9a, C-17a, C-20a, C-8, C-19), 152.0, 152.1 (C-4a, C-11a, C-15a, C-22a), 162.4 (NH-CO), 166.2 (COO).

³¹P-NMR (202 MHz, MeOD): δ [ppm] = - 4.32.

HRMS (ESI pos., MeOH):

m/z [M+H]⁺:   ber. 1120.3681

                gef. 1120.3696

m/z [M+Na]⁺:   ber. 1142.3501

                gef. 1142.3547.

Experimenteller Teil 181

Darstellung von 19-Hydroxy-8-(2-(4-(*tert*-butoxycarbonylamino)phenyl)acetat)-(5α,7α–,9α,11α,16α,18α,20α,22α)-5,7,9,11,16,18,20,22-octahydro-5,22:7,20:9,18:11,16-tetramethanononacen (52)

C₄₂H₃₀O₂
566.69 g/mol

C₁₃H₁₇NO₄
251.28 g/mol

C₅₅H₄₅NO₅
799.95 g/mol

Durchführung:

400 mg (0.71 mmol) Dihydroxypinzette **18**, 175 mg (0.70 mmol) 4-(*tert*-Butyloxycarbonylamin)phenylcarbonsäure und 360 mg (0.72 mmol) PyBOP wurden unter Argon in 30 mL abs. Dichlormethan vorgelegt. Nach Zugabe von 232 µl (2.12 mmol) NMM wurde die Lösung für 3 Tage bei 40 °C gerührt. Das Lösungsmittel wurde entfernt und der Rückstand wurde durch Säulenchromatographie (Cyclohexan/Essigester 3:1) gereinigt. Das Produkt wurde als weißer Feststoff erhalten.

Ausbeute: 286 mg (358 µmol, 51%).

Smp.: > 230 °C Braunfärbung.

R$_f$: 0.26 (CH/EE 2:1).

^{1}H-NMR (500 MHz, CDCl$_3$): δ [ppm] = 1.54 (s, 9 H, H-35, H-36, H-37), 2.28 (dt, 2 H, H-24a, H-25a), 2.37-2.45 (m, 6 H, H-23a, H-23i, H-26a, H-26i, H-24i, H-25i), 3.72 (s, 2 H, H-27), 3.84 (d, 2 H, H-16, H-22), 4.04-4.08 (m, 4 H, H-5, H-7, H-9, H-11), 4.14 (d, 2 H, H-18, H-20), 6.73-6.77 (m, 4 H. H-2, H-3, H-13, H-14), 6.97 (d, 2 H, H-4, H-12), 7.05-7.10 (m, 6 H, H-1, H-15, H-17, H-21, H-29, H-31), 7.20 (d, 2 H, H-6, H-10), 7.42-7.49 (m, 2 H, H-30, H-32).

^{13}C-NMR (125.7 MHz, CDCl$_3$): δ [ppm] = 28.5 (C-35, C-36, C-37), 41.2 (C-27), 48.6, 48.9 (C-18, C-20, C-7, C-9), 51.4 (C-16, C-22, C-5, C-11), 69.1, 70.4 (C-23, C-24, C-25, C-26), 80.7 (C-34), 116.4 (C-17, C-21), 116.7 (C-6, C-10), 117.5 (C-30, C-32), 121.6 (C-4, C-12, C-1, C-15), 124.8, 125.3 (C-3, C-13, C-2, C-14), 128.6 (C-28), 130.2, 130.9 (C-29, C-31), 135.5, 140.9 (C-5a, C-10a, C-16a, C-21a, C-7a, C-8a, C-18a, C-19a), 137.9 (C-33), 146.6, 146.8, 147.6, 147.8 (C-6a, C-9a, C-17a, C-20a, C-8, C-19), 150.5 (C-4a, C-11a, C-15a, C-22a), 158.3 (NH-CO), 169.6 (COO).

HRMS (ESI pos., MeOH):

m/z [M+Na]$^+$: ber. 1055.4242

gef. 1055.4318.

Darstellung von 19-Dimethylphosphat-8-(2-(4-(*tert*-butoxycarbonylamino)phenyl)acetat)-(5α,7α,9α,11α,16α,18α,20α,22α)-5,7,9,11,16,18,20,22-octahydro-5,22:7,20:9,18:11,16-tetramethanononacen (55)

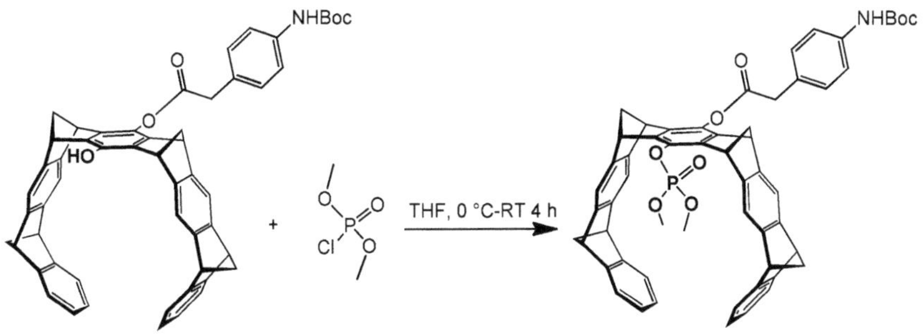

C$_{55}$H$_{45}$NO$_5$
799.95 g/mol

C$_2$H$_6$ClO$_3$P
144.49 g/mol

C$_{57}$H$_{50}$NO$_8$P
907.98 g/mol

THF, 0 °C-RT 4 h

Durchführung:

Zu einer Lösung von 150 mg (0.19 mmol) **52** in 10 mL abs. THF wurde bei 0 °C 598 µL (5.40 mmol) Dimethylchlorophosphat zugegeben. Nach 10 min Rühren wurde 1.20 mL (4.00 mmol) Triethylamin zugegeben und nach 4 h Rühren bei 0 °C wurde für weitere 16 h bei RT gerührt. Das Produkt wurde nach Reinigung per Säulenchromatographie (Essigester/Cyclohexan 1:2) als weißer kristalliner Feststoff erhalten.

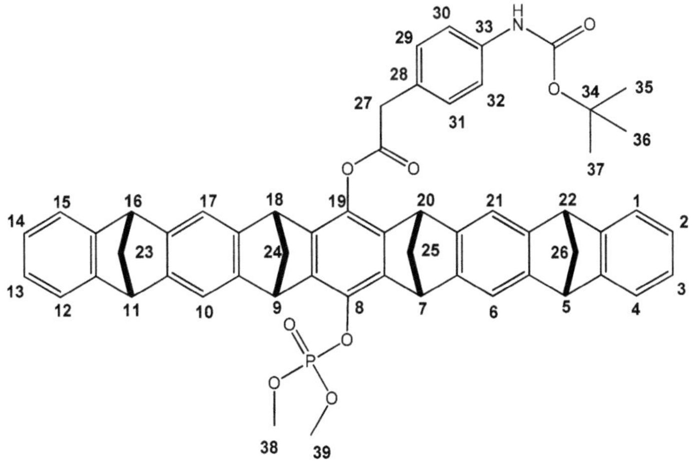

Ausbeute: 167 mg (184 µmol, 97%).

Smp.: 185 °C Braunfärbung.

R$_f$: 0.29 (CH/EE 2:1).

^{1}H-NMR (500 MHz, CDCl$_3$): δ [ppm] = 1.55 (s, 9 H, H-35, H-36, H-37), 2.29 (dt, 2 H, H-24a, H-25a), 2.42 (q, 6 H, H-23a, H-23i, H-26a, H-26i), 3.26 (d, $^3J_{\text{H-38/P, H-39/P}}$ = 11.00 Hz, 6 H, H-38, H-39), 3.74 (d, 2 H, H-16, H-22), 3.82 (s, 2 H, H-27), 4.06 (d, 4 H, H-5, H-7, H-9, H-11), 4.34 (d, 2 H, H-18, H-20), 6.55 (s, 1 H, NHCO), 6.70-6.77 (m, 4 H. H-2, H-3, H-13, H-14), 6.97 (d, 2 H, H-17, H-21), 7.01 (d, 2 H, H-1, H-4, H-12), 7.11 (d, 2 H, H-1, H-15), 7.21 (s, 2 H, H-6, H-10), 7.43 (d, $^3J_{\text{H-29/H-28, H-31/H-30}}$ = 8.50 Hz, 2 H, H-29, H-31), 7.49 (d, $^3J_{\text{H-28/H-29, H-30/H-31}}$ = 8.50 Hz, 2 H, H-30, H-32).

^{13}C-NMR (125.7 MHz, CDCl$_3$): δ [ppm] = 28.5 (C-35, C-36, C-37), 41.21 (C-27), 48.6, 48.8 (C-18, C-20, C-7, C-9), 51.3 (C-16, C-22, C-5, C-11), 55.0 (d, C-38, C-39), 68.6, 69.8 (C-23, C-24, C-25, C-26), 80.8 (C-34), 116.7 (C-17, C-21), 117.2 (C-6, C-10), 118.8 (C-30, C-32), 121.0, 121.9 (C-4, C-12, C-1, C-15), 124.7, 124.9 (C-3, C-13, C-2, C-14), 128.4 (C-28), 130.3 (C-29, C-31), 136.7 (C-33), 138.1, 141.4, 142.3 (C-5a, C-10a, C-16a, C-21a, C-7a, C-8a, C-18a, C-19a), 146.4, 146.8, 147.7, 147.8 (C-6a, C-9a, C-17a, C-20a, C-8, C-19), 150.5, 150.7 (C-4a, C-11a, C-15a, C-22a), 152.8 (NH-CO), 169.7 (COO).

^{31}P-NMR (202 MHz, CDCl$_3$): δ [ppm] = - 3.86.

HRMS (ESI pos., MeOH):

m/z [M+Na]$^+$: ber. 930.3166

gef. 930.3341.

Experimenteller Teil   185

Darstellung von 19-Dimethylphosphat-8-(2-(4-aminophenyl)acetat)-(5α,7α,9α,11α,16α–,18α,20α,22α)-5,7,9,11,16,18,20,22-octahydro-5,22:7,20:9,18:11,16-tetramethanonononacen (55B)

$C_{57}H_{50}NO_8P$
907.98 g/mol

DCM/TFA 15:1, 0 °C, 2 h

$C_{54}H_{43}F_3NO_8P$
921.89 g/mol

Durchführung:

15.0 mg (16.5 µmol) **55** wurden in 16 mL DCM/TFA 15:1 gelöst und bei 0 °C für 2 h gerührt. Das Lösungsmittel wurde abkondensiert und noch dreimal mit Benzol versetzt und abermals abkondensiert. Das Produkt blieb als weißer Feststoff zurück.

Ausbeute: quantitativ.

Smp.: > 150 °C Braunfärbung.

^{1}H-NMR (500 MHz, MeOD): δ [ppm] = 2.27 (dt, 2 H, H-24a, H-25a), 2.34-2.38 (m, 6 H, H-23a, H-23i, H-26a, H-26i, H-24i, H-25i), 3.39 (d, $^3J_{\text{H-34/P, H-35/P}}$ = 11.00 Hz, 6 H, H-34, H-35), 3.85 (d, 2 H, H-16, H-22), 4.04 (s, 6 H, H-5, H-7, H-9, H-11, H-27), 4.31 (d, 2 H, H-18, H-20), 6.77-6.82 (m, 4 H, H-2, H-3, H-13, H-14), 6.97 (s, 2 H, H-17, H-21), 7.01 (d, 2 H, H-4, H-12), 7.06 (d, 2 H, H-1, H-15), 7.19 (s, 2 H, H-6, H-10), 7.43 (d, $^3J_{\text{H-29/H-28, H-31/H-30}}$ = 8.50 Hz, 2 H, H-29, H-31), 7.67 (d, $^3J_{\text{H-28/H-29, H-30/H-31}}$ = 8.50 Hz, 2 H, H-30, H-32).

^{13}C-NMR (125.7 MHz, MeOD): δ [ppm] = 41.2 (C-27), 49.0 (C-18, C-20, C-7, C-9, unter MeOH Signal), 52.3, 52.4 (C-16, C-22, C-5, C-11), 55.9 (d, C-34, C-35), 68.9, 69.3 (C-23, C-24, C-25, C-26), 117.3 (C-17, C-21), 117.8 (C-6, C-10), 121.9, 122.4 (C-4, C-12, C-1, C-15), 123.4 (C-30, C-32), 125.9, 126.1 (C-3, C-13, C-2, C-14), 129.2, 129.9 (C-29, C-31), 135.1 (C-28), 137.8, 142.7 (C-5a, C-10a, C-16a, C-21a, C-7a, C-8a, C-18a, C-19a), 143.9 (C-33), 147.8, 147.9, 149.4, 149.5 (C-6a, C-9a, C-17a, C-20a, C-8, C-19), 151.9, 152.0 (C-4a, C-11a, C-15a, C-22a), 171.3 (COO).

^{31}P-NMR (202 MHz, MeOD): δ [ppm] = - 4.17.

HRMS (ESI pos., MeOH):

m/z [M+H]$^+$: ber. 808.2823

 gef. 808.2898.

m/z [M+Na]$^+$: ber. 830.2720

 gef. 830.2642.

Darstellung von 19-Acetoxy-8-oxy-nitrobenzyl-(5α,7α,9α,11α,16α,18α,20α,22α)-5,7,9,11,16,18,20,22-octahydro-5,22:7,20:9,18:11,16-tetramethanononacen (74)

A:

C$_{44}$H$_{32}$O$_3$
608.72 g/mol

+

C$_7$H$_6$BrNO$_2$
216.03 g/mol

KI, 18-Krone-6, K$_2$CO$_3$
Aceton, 60 °C, 4 d

C$_{51}$H$_{37}$NO$_5$
743.84 g/mol

B:

C$_{44}$H$_{32}$O$_3$
608.72 g/mol

+

C$_{14}$H$_{13}$NO$_5$S
307.32 g/mol

KI, 18-Krone-6, K$_2$CO$_3$
Aceton, 60 °C, 4 d

C$_{51}$H$_{37}$NO$_5$
743.84 g/mol

Durchführung:

A: Unter Schutzgas wurden 40.0 mg (65.7 µmol) **22**, 27.3 mg (88.8 µmol) 4-Nitrobenzylbromid **72**, 28.3 mg (200 µmol) Kaliumcarbonat und kat. Mengen Kaliumiodid und 18-Krone-6 in 10 mL abs. Aceton gelöst und für 4 d auf 60 °C erhitzt. Der ausgefallene Feststoff wurde abgesaugt und das Filtrat wurde eingeengt und per Säulenchromatographie (Cyclohexan/Essigester 4:1) gereinigt. Das Produkt wurde als weiß-kristalliner Feststoff erhalten.

B: Unter Schutzgas wurden 50.0 mg (82.1 µmol) **22**, 30.7 mg (100 µmol) 4-Nitrobenzyltosylat **73**, 30.7 mg (220 µmol) Kaliumcarbonat und kat. Mengen Kaliumiodid und 18-Krone-6 in 10 mL abs. Aceton gelöst und für 4 Tage auf 60 °C erhitzt. Der ausgefallene Feststoff wurde abgesaugt und das Filtrat wurde eingeengt und per Säulenchromatographie (Cyclohexan/Essigester 4:1) gereinigt. Das Produkt wurde als weiß-kristalliner Feststoff erhalten.

Ausbeute: A: 41.0 mg (55.1 µmol, 92%), B: 48.0 mg (64.5 µmol, 81%).

Smp.: > 205 °C Braunfärbung.

R$_f$: 0.38 (CH/EE 4:1).

^{1}H-NMR (500 MHz, CDCl$_3$): δ [ppm] = 2.34 (dt, 2 H, H-24a, H-25a), 2.38 (s, 3 H, H-28), 2.41 – 2.47 (m, 6 H, H-23i, H-23a, H-26i, H-26a, H-24i, H-25i), 3.98 (s, 2 H, H-16, H-22), 4.06 (d, 4 H, H-5, H-7, H-9, H-11), 4.23 (d, 2 H, H-18, H-20), 5.07 (s, 2 H, H-29), 6.74-6.81 (m, 4 H, H-2, H-3, H-13, H-14), 6.95 (s, 2 H, H-17, H-21), 7.08-7.12 (m, 4 H, H-4, H-12, H-1, H-15), 7.16 (s, 2 H, H-6, H-10), 7.50 (d, ^3J $_{H-31/H-32,\ H-33/H-34}$ = 8.50 Hz, 2 H, H-31, H-33), 8.22 (d, ^3J $_{H-32/H-31,\ H-34/H-33}$ = 8.50 Hz, 2 H, H-32, H-34).

^{13}C-NMR (125.7 MHz, CDCl$_3$): δ [ppm] = 21.1 (C-28), 48.9 (C-18, C-20, C-7, C9), 51.4 (C-16, C-22, C-5, C-11), 69.2, 70.4 (C-23, C-24, C-25, C-26), 74.4 (C-29), 115.9 (C-17, C-21), 117.0 (C-6, C-10), 121.5 (C-4, C-12), 121.7 (C-1, C-15), 124.0 (C-32, C-34), 124.9 (d, C-3, C-13, C-2, C-14), 128.2 (C-31, C-33), 135.8, 140.3, 141.4 (C-5a, C-10a, C-16a, C-21a, C-7a, C-8a, C-18a, C-19a), 145.6, 145.9, 147.7, 147.9 (C-6a, C-9a, C-17a, C-20a, C-8, C-19), 150.4 (C-4a, C-11a, C-15a, C-22a), 156.1 (NH-CO), 169.2 (C-27).

HRMS (ESI pos., MeOH):

m/z [M+Na]$^+$: ber. 766.2564

gef. 766.2584.

Darstellung von 19-Acetoxy-8-oxy-(benzyl-2-ethoxyethylcarbamat)-(5α,7α,9α,11α,16α–,18α,20α,22α)-5,7,9,11,16,18,20,22-octahydro-5,22:7,20:9,18:11,16-tetramethanononacen (87B)

C$_{44}$H$_{32}$O$_3$
608.72 g/mol

C$_{19}$H$_{23}$NO$_6$S
393.45 g/mol

C$_{55}$H$_{45}$NO$_6$
815.95 g/mol

Durchführung:

Unter Schutzgas wurden 200 mg (0.33 mmol) **22**, 197 mg (0.50 mmol) **86B**, 212 mg (1.50 mmol) Kaliumcarbonat und kat. Mengen Kaliumiodid und 18-Krone-6 in 20 mL abs. Aceton gelöst und für 4 Tage auf 60 °C erhitzt. Der ausgefallene Feststoff wurde abgesaugt und das Filtrat wurde eingeengt und per Säulenchromatographie (Cyclohexan/Essigester 3:1) gereinigt. Das Produkt wurde als weiß-kristalliner Feststoff erhalten.

Ausbeute: 188 mg (0.23 mmol, 72%).

Smp.: > 200 °C Braunfärbung.

R$_f$: 0.19 (CH/EE 3:1).

^{1}H-NMR (500 MHz, CDCl$_3$): δ [ppm] = 2.32-2.35 (m, 5 H, H-24a, H-25a, H-28), 2.40 – 2.44 (m, 6 H, H-23i, H-23a, H-26i, H-26a, H-24i, H-25i), 2.86 (t, 2 H, H-32), 3.13 (t, 2 H, H-31), 3.54 (t, $^3J_{H-30/H-29}$= 5.07 Hz, 2H, H-30), 3.97-4.00 (m, 4 H, H-29, H-16, H-22), 4.06 (s, 4 H, H-5, H-7, H-9, H-11), 4.28 (d, 2 H, H-18, H-20), 5.16 (s, 2 H, H-33), 6.73-6.79 (m, 4 H, H-2, H-3, H-13, H-14), 7.7 (dd, 4 H, H-4, H-12, H-1, H-15), 7.12 (s, 4 H, H-17, H-21, H-6, H-10), 7.36-7.42 (m, 5 H, H-35, H-36, H-37, H-38, H-39).

^{13}C-NMR (125.7 MHz, CDCl$_3$): δ [ppm] = 21.0 (C-28), 40.6 (C-32), 48.6, 48.7 (C-18, C-20, C-7, C9), 51.3 (C-16, C-22, C-5, C-11), 66.6 (C-33), 69.0 (C-23, C-24, C-25, C-26), 69.9 (C-31), 70.5 (C-30), 72.8 (C-29), 116.1 (C-17, C-21), 116.9 (C-6, C-10), 121.4 (C-4, C-12), 121.8 (C-1, C-15), 124.6 (C-3, C-13), 124.9 (C-2, C-14), 135.5, 140.6, 141.0, 145.9 (C-5a, C-10a, C-16a, C-21a, C-7a, C-8a, C-18a, C-19a), 146.7, 147.0, 147.6, 147.7 (C-6a, C-9a, C-17a, C-20a, C-8, C-19), 150.4, 150.5 (C-4a, C-11a, C-15a, C-22a), 156.2 (NH-CO), 169.2 (C-27).

HRMS (ESI pos., MeOH):

m/z [M+Na]$^+$:   ber. 852.3296

   gef. 852.3364.

Darstellung von 19-Acetoxy-8-oxy-(*tert*-butyl-4-(methyl)phenylcarbamat)-(5α,7α,9α–,11α,16α,18α,20α,22α)-5,7,9,11,16,18,20,22-octahydro-5,22:7,20:9,18:11,16-tetramethanononacen (79)

$C_{44}H_{32}O_3$	$C_{12}H_{16}BrNO_2$	$C_{56}H_{47}NO_5$
608.72 g/mol	286.16 g/mol	813.98 g/mol

Reagents/conditions: KI, 18-Krone-6, K_2CO_3, Aceton, 60 °C, 4 d

Durchführung:

Unter Schutzgas wurden 100 mg (0.16 mmol) **22**, 57.0 mg (0.20 mmol) **78**, 30.5 mg (0.22 mmol) Kaliumcarbonat und kat. Mengen Kaliumiodid und 18-Krone-6 in 20 mL abs. Aceton gelöst und für 4 Tage auf 60 °C erhitzt. Der ausgefallene Feststoff wurde abgesaugt und das Filtrat wurde eingeengt und per Säulenchromatographie (Cyclohexan/Essigester 3:1) gereinigt. Das Produkt wurde als weiß-kristalliner Feststoff erhalten.

Ausbeute: 90 mg (111 µmol, 70%).

Smp.: 150 °C.

R$_f$: 0.36 (CH/EE 3:1).

^{1}H-NMR (500 MHz, CDCl$_3$): δ [ppm] = 1.58 (s, 9 H, H-37, H-38, H-39), 2.31 (dt, 2 H, H-24a, H-25a), 2.35 (s, 3 H, H-28), 2.40 – 2.44 (m, 6 H, H-23i, H-23a, H-26i, H-26a, H-24i, H-25i), 3.97 (d, 2 H, H-16, H-22), 4.06 (s, 4 H, H-5, H-7, H-9, H-11), 4.26 (d, 2 H, H-18, H-20), 4.82 (s, 2 H, H-29), 6.76-6.78 (m, 4 H, H-2, H-3, H-13, H-14), 7.02 (s, 2 H, H-17, H-21), 7.07-7.09 (m, 2 H, H-4, H-12), 7.10-7.12 (m, 2 H, ,H-1, H-15), 7.14 (s, 2 H, H-6, H-10), 7.29 (d, ^3J $_{H-31/H-32,\ H-33/H-34}$ = 8.50 Hz, 2 H, H-31, H-33), 7.36 (d, ^3J $_{H-32/H-31,\ H-34/H-33}$ = 8.50 Hz, 2 H, H-32, H-34).

Experimenteller Teil 193

^{13}C-NMR (125.7 MHz, CDCl$_3$): δ [ppm] = 21.0 (C-28), 28.6 (C-37, C-38, C-39), 48.8 (C-18, C-20, C-7, C9), 51.4 (C-16, C-22, C-5, C-11), 69.3, 70.2 (C-23, C-24, C-25, C-26), 75.6 (C-29), 80.8 (C-36), 116.2 (C-17, C-21), 116.8 (C-6, C-10), 118.7 (C-32, C-34), 121.7 (d, C-4, C-12, C-1, C-15), 124.7 (d, C-3, C-13, C-2, C-14), 128.8 (C-31, C-33), 132.9 (C-35), 138.2 (C-30), 135.5, 140.6, 141.0, 146.3 (C-5a, C-10a, C-16a, C-21a, C-7a, C-8a, C-18a, C-19a), 146.8, 147.0, 147.7, 147.8 (C-6a, C-9a, C-17a, C-20a, C-8, C-19), 150.5 (d, C-4a, C-11a, C-15a, C-22a), 152.9 (NH-CO), 169.3 (C-27).

HRMS (ESI pos., MeOH):

m/z [M+Na]$^+$: ber. 836.3346

gef. 836.3390.

Darstellung von Darstellung von 19-Acetoxy-8-oxy-(tert-butyl-2-ethoxyethylcarbamat)-(5α,7α,9α,11α,16α,18α,20α,22α)-5,7,9,11,16,18,20,22-octahydro-5,22:7,20:9,18:11,16-tetramethanononacen (87)

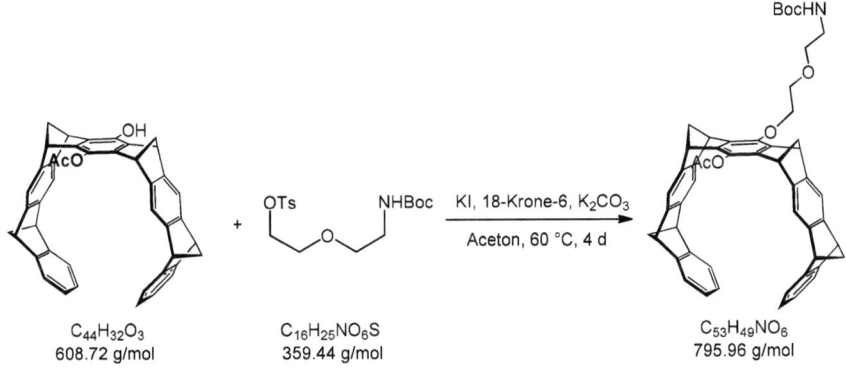

C$_{44}$H$_{32}$O$_3$
608.72 g/mol

C$_{16}$H$_{25}$NO$_6$S
359.44 g/mol

C$_{53}$H$_{49}$NO$_6$
795.96 g/mol

Durchführung:

Unter Schutzgas wurden 200 mg (0.33 mmol) **22**, 137 mg (0.38 mmol) **86**, 55.0 mg (0.40 mmol) Kaliumcarbonat und kat. Mengen Kaliumiodid und 18-Krone-6 in 20 mL abs. Aceton gelöst und für 4 Tage auf 60 °C erhitzt. Der ausgefallene Feststoff wurde abgesaugt und das Filtrat wurde eingeengt und per Säulenchromatographie (Cyclohexan/Essigester 3:1) gereinigt. Das Produkt wurde als weiß-kristalliner Feststoff erhalten.

Ausbeute: 236 mg (296 µmol, 90%).

Smp.: > 95 °C Gelbfärbung.

R$_f$: 0.26 (CH/EE 3:1).

^{1}H-NMR (500 MHz, CDCl$_3$): δ [ppm] = 1.48 (s, 9 H, H-34, H-35, H-36), 2.33 (dt, 2 H, H-24a, H-25a), 2.35 (s, 3 H, H-28), 2.40 – 2.44 (m, 6 H, H-23i, H-23a, H-26i, H-26a, H-24i, H-25i), 3.33 (t, 2 H, H-32), 3.51 (t, 2 H, H-31), 3.606 (t, $^3J_{\text{H-30/H-29}}$= 5.07 Hz, 2 H, H-30), 3.94-3.97 (m, 4 H, H-29, H-16, H-22), 4.07 (t, 4 H, H-5, H-7, H-9, H-11), 4.28 (d, 2 H, H-18, H-20), 6.735-6.773 (m, 4 H, H-2, H-3, H-13, H-14), 7.06-7.08 (m, 4 H, H-4, H-12, H-1, H-15), 7.11 (s, 2 H, H-17, H-21), 7.15 (s, 2 H, H-6, H-10).

^{13}C-NMR (125.7 MHz, CDCl$_3$): δ [ppm] = 21.0 (C-28), 28.7 (C-34, C-35, C-36), 40.6 (C-32), 48.6, 48.8 (C-18, C-20, C-7, C9), 51.4 (C-16, C-22, C-5, C-11), 69.2 (C-23, C-24, C-25, C-26), 70.2 (C-31), 70.3 (C-30), 70.4 (C-29), 79.4 (C-33), 116.1 (C-17, C-21), 116.9 (C-6, C-10), 121.5 (C-4, C-12), 121.7 (C-1, C-15), 124.7 (C-3, C-13), 124.9 (C-2, C-14), 136.6, 140.6, 141.1, 145.95 (C-5a, C-10a, C-16a, C-21a, C-7a, C-8a, C-18a, C-19a), 146.8, 147.0, 147.7, 147.8 (C-6a, C-9a, C-17a, C-20a, C-8, C-19), 150.4, 150.5 (C-4a, C-11a, C-15a, C-22a), 156.1 (NH-CO), 169.2 (C-27).

HRMS (ESI pos., MeOH):

m/z [M+Na]⁺: ber. 818.3550

gef. 818.3452.

Darstellung von 19-Acetoxy-8-oxy-(2-ethoxyethylamin)-(5α,7α,9α,11α,16α,18α,20α-,22α)-5,7,9,11,16,18,20,22-octahydro-5,22:7,20:9,18:11,16-tetramethanononacentrifluoroacetat (89)

$C_{53}H_{49}NO_6$
795.96 g/mol

DCM/TFA 9:1, 0 °C, 2 h

$C_{50}H_{42}F_3NO_6$
809.87 g/mol

Durchführung:

150 mg (0.19 mmol) **87** wurden in 10 mL DCM/TFA 9:1 gelöst und bei 0 °C für 2 h gerührt. Das Lösungsmittel wurde abkondensiert und noch dreimal mit Benzol versetzt und abermals abkondensiert. Das Produkt blieb als weißer Feststoff zurück.

Experimenteller Teil   196

Ausbeute: quantitativ.

Smp.: > 140 °C Gelbfärbung.

^{1}H-NMR (500 MHz, MeOD): δ [ppm] = - 0.82 (t, $^3J_{\text{H-32/H-31}}$ = 5.07 Hz, 2 H, H-32), 1.55 (t, $^3J_{\text{H-31/H-32}}$ = 5.07 Hz, H-31), 2.35-2.40 (m, 4 H, H-24 a, H-25a, H-24i, H-25i), 2.43- 2.44 (m, 7 H, H-28, H-23a, H-23i, H-26a, H-26i), 3.39 (t, $^3J_{\text{H-30/H-29}}$ = 5.07 Hz, 2 H, H-30), 4.09 (d, 2 H, H-16, H-22), 4.15 (d, 4 H, H-1, H-5, H-7, H-9, H-11), 4.31 (t, $^3J_{\text{H-29/H-30}}$ = 5.07 Hz, 2 H, H-29), 4.37 (d, 2 H, H-18, H-20), 6.88-6.96 (m , 4 H, H-2, H-3, H-13, H-14), 7.12 (s, 2 H, H-4, H-12), 7.14 (d, 2 H, H-1, H-15), 7.18 (d, 2 H, H-17, H-21), 7.316 (s, 2 H, H-6, H-10).

^{1}H-NMR (500 MHz, DMSO-d$_6$): δ [ppm] = 2.21-2.34 (m, 8 H, H-24 a, H-25a, H-24i, H-25i, H-23a, H-23i, H-26a, H-26i), 2.36 (s, 3 H, H-28,), 2.99 (t, $^3J_{\text{H-32/H-31}}$ = 5.07 Hz, 2 H, H-32), 3.63 (t, $^3J_{\text{H-31/H-32}}$ = 5.07 Hz, 2 H, H-31), 3.69 (t, $^3J_{\text{H-30/H-29}}$ = 5.07 Hz, 2H, H-30), 4.01 (d, 2 H, H-16, H-22), 4.11 (t, 4 H , H-5, H-7, H-9, H-11), 4.17 (t, $^3J_{\text{H-29/H-30}}$ = 5.07 Hz, 2 H, H-29), 4.29 (d, 2 H, H-18, H-20), 6.75-6.79 (m , 4 H, H-2, H-3, H-13, H-14), 7.07-7.09 (m, 2 H, H-4, H-12), 7.09-7.12 (m, 4 H, H-1, H-15, H-17, H-21), 7.15 (s, 2 H, H-6, H-10), 7.78 (bs, 3 H, NH).

¹³C-NMR (125.7 MHz, DMSO-d$_6$): δ [ppm] = 20.5 (C-28), 38.6 (C-32), 47.4, 47.9 (C-18, C-20, C-7, C9), 50.3 (C-16, C-22, C-5, C-11), 66.9, 67.9, 68.9 (C-23, C-24, C-25, C-26), 69.6 (C-31), 72.1 (C-30), 72.9 (C-29), 116.3 (C-17, C-21), 116.5 (C-6, C-10), 121.5 (d, C-4, C-12, C1, C15), 124.5 (C-3, C-13, C2, C14), 134.2 (CF$_3$) 138.9, 141.1, 145.4 (C-5a, C-10a, C-16a, C-21a, C-7a, C-8a, C-18a, C-19a), 146.3, 146.6, 147.2, 147.4 (C-6a, C-9a, C-17a, C-20a, C-8, C-19), 150.2 (d, C-4a, C-11a, C-15a, C-22a), 157.9 (F$_3$COO), 168.9 (C-27).

¹⁹F-NMR (282.4 MHz, DMSO-d$_6$): δ [ppm] = -73.81.

HRMS (ESI pos., MeOH):

m/z [M+H]$^+$:   ber. 696.3119

                gef. 696.3171.

Darstellung von 19-Acetoxy-8-oxy-(2-ethoxyethanacetamid-1H-pyrrol-5-N-*boc*-guanidinocarbonyl)-(5α,7α,9α,11α,16α,18α,20α,22α)-5,7,9,11,16,18,20,22-octahydro-5,22:7,20:9,18:11,16-tetramethanononacen (91B)

Experimenteller Teil 199

Durchführung:

150 mg (0.19 mmol) **89**, 99.4 mg (0.25 mmol) 5-(*N-Boc*-guanidiniocarbonyl)-1*H*-pyrrol-2-carbonsäure **39** und 106 mg (0.25 mmol) HCTU wurden unter Argon in 10 mL abs. DMF gelöst. Nach 10 min Rühren wurde 114 µl (1.00 mmol) NMM zugegeben und die Lösung wurde für 48 h bei 40 °C erhitzt. Das Lösemittel wurde im Vakuum entfernt. Das erhaltene gelbe Öl wurde durch Säulenchromatographie (Cyclohexan/Essigester 1:5) gereinigt. Das Produkt wurde als weißer Feststoff erhalten.

Ausbeute: 140 mg (144 µmol, 80%).

Smp.: > 250 °C Braunfärbung.

R$_f$: 0.65 (CH/EE 1:5).

^{1}H-NMR (500 MHz, DMSO-d$_6$): δ [ppm] = = 1.45(s, 9 H, H-38, H-39, H-40), 2.19 (d, 2 H, H-24 a, H-25a), 2.24(d, 2 H, H-24i, H-25i), 2.29 (t, 4 H, H-23a, H-23i, H-26a, H-26i), 3.46 (q, $^3J_{\text{H-32/H-31/NH}}$ = 5.00 Hz, 2 H, H-32), 3.58 (t, $^3J_{\text{H-31/H-32}}$ = 5.00 Hz, 2 H, H-31), 3.62 (t, $^3J_{\text{H-30/H-29}}$ = 5.00 Hz, 2 H, H-30), 3.97 (d, 2 H, H-16, H-22), 4.05 (s, 2 H, H-5, H-11), 4.07 (s, 2 H, H-9, H-7), 4.11 (t, $^3J_{\text{H-29/H-30}}$ = 5.00 Hz, 2 H, H-29), 4.25 (d, 2 H, H-18, H-20),

6.69-6.78 (m , 4 H, H-2, H-3, H-13, H-14), 6.85 (s, 1H, H-35), 7.03 (d, 2 H, H-4, H-12), 7.06-7.10 (m, 7 H, H-1, H-15, H-17, H-21, H-6, H-10, H-34), 8.53 (s, 1 H, NHCO), 9.42 (bs, 1 H, NH), 10.76 (bs, 1 H, NH), 11.01 (bs, 1 H, NH).

^{13}C-NMR (125.7 MHz, DMSO-d$_6$): δ [ppm] = 21.0 (C-28), 28.4 (C-38, C-39, C-40), 39.4 (C-32), 48.0, 48.3 (C-18, C-20, C-7, C9), 50.8 (C-16, C-22, C-5, C-11), 68.4, 69.4 (C-23, C-24, C-25, C-26), 69.9 (d, C-30, C-31), 73.1 (C-29), 112.4 (C-35), 116.7, 116.9 (C-17, C-21, C-6, C-10, C34), 121.9 (d, C-4, C-12, C1, C15), 124.9 (d, C-3, C-13, C2, C14) 134.3 (C33, C36), 134.8 (C-33,C-36), 139.9, 141.5, 145.7 (C-5a, C-10a, C-16a, C-21a, C-7a, C-8a, C-18a, C-19a), 146.7, 147.1, 147.7, 147.8 (C-6a, C-9a, C-17a, C-20a, C-8, C-19), 150.6 (C-4a, C-11a, C-15a, C-22a), 169.7 (C-27).

HRMS (ESI pos., MeOH):

m/z [M+H]$^+$:   ber. 974.4123

                 gef. 974.4232.

m/z [M+Na]$^+$:   ber. 996.3943

                 gef. 996.4037.

Darstellung von 19-Hydroxy-8-oxy-(2-ethoxyethanacetamid-1*H*-pyrrol-5-*N-boc*-guanidinocarbonyl)-(5α,7α,9α,11α,16α,18α,20α,22α)-5,7,9,11,16,18,20,22-octahydro-5,22:7,20:9,18:11,16-tetramethanononacen (**93B**)

$C_{60}H_{55}N_5O_8$
974.11 g/mol

NaOH, Dioxan
RT, 16 h

$C_{58}H_{53}N_5O_7$
932.07 g/mol

Durchführung:

Zu einer kräftig gerührten Lösung aus 20.0 mg (20.5 µmol) **91B** in 5 ml Dioxan wurden langsam 360 µL 1 M NaOH zugetropft und 16 h bei Raumtemperatur nachgerührt. Anschließend wurde die Reaktionsmischung in 10 mL eines 1:1 Gemisches aus ges. NH₄Cl-Lösung und halbkonz. HCl gegeben und dreimal mit Dichlormethan extrahiert. Die vereinigten org. Phasen wurden mit Wasser gewaschen und über Na_2SO_4 getrocknet. Nach Entfernen des Lösungsmittels blieb das Produkt als leicht gelber Feststoff zurück.

Ausbeute: 17.0 mg (18.2 µmol, 91%).

Smp.: 160 °C.

R$_f$: 0.83 (CH/EE 1:5).

^{1}H-NMR (500 MHz, DMSO-d$_6$): δ [ppm] = = 1.45 (s, 9 H, H-36, H-37, H-38), 2.15 (d, 2 H, H-24 a, H-25a), 2.22 (d, 2 H, H-24i, H-25i), 2.26-2.30 (t, 4 H, H-23a, H-23i, H-26a, H-26i), 3.46 -3.49 (m, H-28, H-29, H-30), 3.97-4.01 (m, 4 H, H-16, H-22, H-27), 4.06 (s, H-5, H-11), 4.15 (s, 2 H, H-9, H-7), 4.19 (s, 2 H, H-18, H-20), 6.75-6.77 (m, 4 H, H-2, H-3, H-13, H-14), 6.86 (s, 1H, H-33), 7.00-7.09 (m, 9 H, H-4, H-12, H-1, H-15, H-17, H-21, H-6, H-10, H-32), 8.26 (s, 1 H, NHCO), 8.54 (bs, 1 H, NH), 9.34 (bs, 1 H, NH), 10.88 (bs, 1 H, NH).

^{13}C-NMR (125.7 MHz, DMSO-d$_6$): δ [ppm] = 28.1 (C-36, C-37, C-38), 38.1 (C-30), 46.7, 47.5 (C-18, C-20, C-7, C9), 50.2 (C-16, C-22, C-5, C-11), 67.7, 68.1 (C-23, C-24, C-25, C-26), 69.0, 69.4 (C-29, C-28), 72.5 (C-27), 79.8 (C-35), 112.0 (C-32), 115.8, 116.4 (C-17, C-21, C-6, C-10, C33), 121.2, 121.5 (C-4, C-12, C1, C15), 124.5 (d, C-3, C-13, C2, C14), 136.5 (C31, C34), 139.5, 140.8, 141.1 (C-5a, C-10a, C-16a, C-21a, C-7a, C-8a, C-18a, C-19a), 146.7, 147.0, 147.1, 147.2 (C-6a, C-9a, C-17a, C-20a, C-8, C-19), 150.1, 150.3 (C-4a, C-11a, C-15a, C-22a), 159.8 (NHCO).

HRMS (ESI pos., MeOH):

m/z [M+Na]⁺:   ber. 932.4018

            gef. 932.4044.

m/z [M+Na]⁺:   ber. 954.3837

            gef. 954.3880

| Experimenteller Teil | 204 |

Darstellung von Darstellung von 19-Acetoxy-8-oxy-(2-ethoxyethanacetamid-1H-pyrrol-5-N-cbz-guanidinocarbonyl)-(5α,7α,9α,11α,16α,18α,20α,22α)-5,7,9,11,16,18,20,22-octahydro-5,22:7,20:9,18:11,16-tetramethanononacen (91)

$C_{50}H_{42}F_3NO_6$
809.87 g/mol

$C_{15}H_{14}N_4O_5$
330.30 g/mol

HCTU, NMM | DMF, 40 °C, 2 d

$C_{63}H_{53}N_5O_8$
1008.12 g/mol

Durchführung:

70.0 mg (86.4 µmol) **89**, 33.1 mg (100 µmol) 5-(*N-Cbz*-guanidiniocarbonyl)-1*H*-pyrrol-2-carbonsäure **45** und 42.4 mg (100 µmol) HCTU wurden unter Argon in 10 mL abs. DMF gelöst. Nach 10 min Rühren wurde 34.10 µl (1.00 mmol) NMM zugegeben und die Lösung wurde für 48 h bei 40 °C erhitzt. Das Lösemittel wurde im Vakuum entfernt. Das erhaltene gelbe Öl wurde durch Säulenchromatographie (Cyclohexan/Essigester 1:4) gereinigt. Das Produkt wurde als weißer Feststoff erhalten.

Ausbeute: 68.9 mg (68.3 µmol, 79%).

Smp.: > 200 °C Braunfärbung.

R$_f$: 0.49 (CH/EE 1:4).

^{1}H-NMR (500 MHz, DMSO-d$_6$): δ [ppm] = = 2.17-2.19 (m, 2 H, H-24 a, H-25a), 2.22-2.29 (m, 6 H, H-24i, H-25i, H-23a, H-23i, H-26a, H-26i), 2.35 (s, 3 H, H-28,), 3.46 (t, $^3J_{H-32/H-31}$ = 5.07 Hz, 2 H, H-32), 3.57 (t, $^3J_{H-31/H-32}$ = 5.07 Hz, 2 H, H-31), 3.61 (t, $^3J_{H-30/H-29}$ = 5.07 Hz, 2 H, H-30), 3.97 (d, 2 H, H-16, H-22), 4.06 (d, 4 H , H-5, H-7, H-9, H-11), 4.11 (t, $^3J_{H-29/H-30}$ = 5.07 Hz, 2 H, H-29), 4.25 (d, 2 H, H-18, H-20), 5.13 (s, 2H, H-37), 6.69-6.77 (m , 4 H, H-2, H-3, H-13, H-14), 6.88 (s, 1H, H-35), 7.019 (d, 2 H, H-4, H-12), 7.06-7.09 (m, 7 H, H-1, H-15, H-17, H-21, H-6, H-10, H-34), 7.31-7.39 (m, 5 H, H-39, H-40, H-41, H-42, H-43), 8.58 (s, 1 H, NHCO), 8.80 (bs, 1 H, NH), 9.34 (bs, 1 H, NH), 11.15 (bs, 1 H, NH), 12.33 (bs, 1 H, NH).

13C-NMR (125.7 MHz, DMSO-d$_6$): δ [ppm] = 20.5 (C-28), 38.9 (C-32), 47.5, 47.8 (C-18, C-20, C-7, C9), 50.3 (d, C-16, C-22, C-5, C-11), 67.9 (C-23, C-24, C-25, C-26), 68.9 (C-31), 69.4 (d, C-30, C-37), 72.6 (C-29), 111.9 (C-35), 116.2 (C-17, C-21, C34), 116.5 (C-6, C-10), 121.5 (d, C-4, C-12, C1, C15), 124.4 (C-3, C-13, C2, C14), 127.6, 128.4 (C-39, C-40, C-41, C-42, C-43), 134.3 (C33, C36), 135.9 (C38), 139.5, 141.0, 145.2 (C-5a, C-10a, C-16a, C-21a, C-7a, C-8a, C-18a, C-19a), 146.2, 146.6, 147.2, 147.3 (C-6a, C-9a, C-17a, C-20a, C-8, C-19), 150.1 (C-4a, C-11a, C-15a, C-22a), 164.2 (NHCO), 168.8 (NHCO), 169.0 (C-27).

HRMS (ESI pos., MeOH):

m/z [M+H]$^+$: ber. 1008.3967

  gef. 1008.4035.

m/z [M+Na]$^+$: ber. 1030.3786

  gef. 1030.3842.

Darstellung von 19-Hydroxy-8-oxy-(2-ethoxyethanacetamid-1*H*-pyrrol-5-*N*-*cbz*-guanidinocarbonyl)-(5α,7α,9α,11α,16α,18α,20α,22α)-5,7,9,11,16,18,20,22-octahydro-5,22:7,20:9,18:11,16-tetramethanononacen (93)

C$_{63}$H$_{53}$N$_5$O$_8$
1008.12 g/mol

NaOH, Dioxan
RT, 16 h

C$_{61}$H$_{51}$N$_5$O$_7$
966.09 g/mol

Durchführung:

Zu einer kräftig gerührten Lösung aus 50.0 mg (49.6 µmol) **91** in 10 ml Dioxan wurden langsam 450 µL 1 M NaOH zugetropft und 16 h bei Raumtemperatur nachgerührt. Anschließend wurde die Reaktionsmischung in 20 mL eines 1:1 Gemisches aus ges. NH_4Cl-Lösung und halbkonz. HCl gegeben und dreimal mit Dichlormethan extrahiert. Die vereinigten org. Phasen wurden mit Wasser gewaschen und über Na_2SO_4 getrocknet. Nach Entfernen des Lösungsmittels wurde ein leicht gelber Feststoff erhalten.

Ausbeute: 45.0 mg (46.6 µmol, 94%).

Smp.: 178 °C.

R$_f$: 0.48 (CH/EE 1:4).

^{1}H-NMR (500 MHz, DMSO-d$_6$): δ [ppm] = 2.15 (d, 2 H, H-24 a, H-25a), 2.22 (d, 2 H, H-24i, H-25i), 2.27 (s, 4 H, H-23a, H-23i, H-26a, H-26i), 3.46-3.49 (m, 6 H, H-30, H-29, H-28), 3.97-3.99 (m, 4 H, H-16, H-22, H-27), 4.05 (s, 2 H, H-5, H-11), 4.14 (d, 2 H, H-7, H-9), 4.19 (d, 2 H, H-18, H-20), 5.13 (s, 2H, H-35), 6.74-6.77 (m, 4 H, H-2, H-3, H-13, H-14), 6.89 (s, 1 H, H-33), 6.99-7.07 (m, 9 H, H-32, H-4, H-12, H-1, H-15, H-17, H-21, H-6, H-10), 7.32-7.38 (m, 5 H, H-37, H-38, H-39, H-40, H-41), 8.59 (s, 1 H, NHCO), 8.84 (bs, 1 H, NH), 9.31 (bs, 1 H, NH), 11.17 (bs, 1 H, NH), 12.38 (bs, 1 H, NH).

¹³C-NMR (125.7 MHz, DMSO-d₆): δ [ppm] = 34.4 (C-30), 46.7, 47.5 (C-18, C-20, C-7, C9), 50.4 (C-16, C-22, C-5, C-11), 66.4 (C-35) 67.7 (C-23, C-24, C-25, C-26), 69.1 (C-29), 69.4 (C-28), 72.6 (C-27), 111.9 (C-33), 115.8 (C-17, C-21, C32), 116.4 (C-6, C-10), 121.2, 121.5 (C-4, C-12, C1, C15), 124.5 (C-3, C-13, C2, C14), 127.6, 128.0, 128.5 (C-37, C-38, C-39, C-40, C-41), 136.5 (C31, C34), 139.2 (C-36), 139.5, 140.75, 141.0 (C-5a, C-10a, C-16a, C-21a, C-7a, C-8a, C-18a, C-19a), 146.7, 146.9, 147.1, 147.2 (C-6a, C-9a, C-17a, C-20a, C-8, C-19), 150.1, 150.4 (C-4a, C-11a, C-15a, C-22a), 164.3 (NHCO), 170.2 (NHCO).

HRMS (ESI pos., MeOH):

m/z [M+H]⁺:   ber. 966.3861

                gef. 966.3948.

m/z [M+Na]⁺:   ber. 988.3681

                gef. 988.3752.

Darstellung von 19-Hydroxy-8-oxy-(2-ethoxyethanacetamid-1*H*-pyrrol-5-*N*-guanidinocarbonyl)-(5α,7α,9α,11α,16α,18α,20α,22α)-5,7,9,11,16,18,20,22-octahydro-5,22:7,20:9,18:11,16-tetramethanononanonacen (95)

Experimenteller Teil

Durchführung:

80.0 mg (0.08 mmol) **93** wurden in 15 mL Methanol gelöst und mit einer kat. Menge an Pd/C (10%) versetzt. Die Suspension wurde unter H_2-Atmosphäre bei RT für 24 h gerührt. Der Katalysator wurde abfiltiert und das Filtrat eingeengt. Nach Trocknen erhielt man das Produkt als weißen Feststoff.

Ausbeute: quantitativ.

Smp.: ab 225 °C Zersetzung.

R$_f$: 0.28 (RP MeOH/H_2O 4:1).

^{1}H-NMR (500 MHz, DMSO-d_6): δ [ppm] = 2.15 (d, ^3J $_{\text{H-24a/H-24i, H-25a/H-25i}}$ = 7.3 Hz, 2 H, H-24 a, H-25a), 2.20 (d, , ^3J $_{\text{H-24i/H-24a, H-25i/H-25a}}$ = 7.3 Hz, 2 H, H-24i, H-25i), 2.28 (t, 4 H, H-23a, H-23i, H-26a, H-26i), 3.46-3.51 (m, 6 H, H-30, H-29, H-28), 3.98-4.02 (m, 4 H, H-16, H-22, H-27), 4.06 (s, 2 H , H-5, H-11), 4.14 (d, 2 H, H-7, H-9), 4.20 (d, 2 H, H-18, H-20), 6.74-6.78 (m , 4 H, H-2, H-3, H-13, H-14), 6.91 (s, 1 H, H-33), 7.01-7.16 (m, 9 H, H-32, H-4, H-12, H-1, H-15, H-17, H-21, H-6, H-10), 8.57 (s, 1 H, NHCO), 8.68 (bs, 1 H, NH), 11.76 (bs, 1 H, NH), 12.48 (bs, 1 H, NH).

^{13}**C-NMR** (125.7 MHz, DMSO-d$_6$): δ [ppm] = 38.9 (C-30), 46.6, 47.4 (C-18, C-20, C-7, C9), 50.2 (C-16, C-22, C-5, C-11), 67.7,67.9 (C-23, C-24, C-25, C-26), 69.0,69.4 (C-28, C-29), 72.4 (C-27), 112.6 (C-33), 115.8 (C-17, C-21, C32), 116.4 (C-6, C-10), 121.3, 121.4 (C-4, C-12, C1, C15), 124.4 (C-3, C-13, C2, C14), 136.5 (C31, C34), 139.5, 140.75, 141.0 (C-5a, C-10a, C-16a, C-21a, C-7a, C-8a, C-18a, C-19a), 146.7, 146.9, 147.1, 147.3 (C-6a, C-9a, C-17a, C-20a, C-8, C-19), 150.1, 150.4 (C-4a, C-11a, C-15a, C-22a), 159.3 (NHCO).

^{1}**H-NMR** (500 MHz, MeOD): δ [ppm] = 2.22 (d, ^{3}J $_{H-24a/H-24i,\ H-25a/H-25i}$ = 7.3 Hz, 2 H, H-24 a, H-25a), 2.27 (d, , ^{3}J $_{H-24i/H-24a,\ H-25i/H-25i,}$ = 7.3 Hz, 2 H, H-24i, H-25i), 2.33 (q, 4 H, H-23a, H-23i, H-26a, H-26i), 3.64-3.69 (m, 4 H, H-30, H-29), 3.73 (t, $^{3}J_{H-28/H-27}$ = 5.0 Hz, 2H, H-28), 3.79 (t, ^{3}J $_{H-27/H-28}$ = 5.0 Hz ,2 H, H-27), 3.97(s, 2 H, H-16, H-22), 4.01 (s, 2 H , H-5, H-11), 4.18 (d, 2 H, H-7, H-9), 4.20 (d, 2 H, H-18, H-20), 6.77-6.80 (m , 4 H, H-2, H-3, H-13, H-14), 6.95 (d, 1 H, H-33), 6.99-7.03 (m, 6 H, H-4, H-12, H-1, H-15, H-17, H-21), 7.06 (d, 1 H, H-32), 7.07 (s, 2 H, H-6, H-10).

^{13}**C-NMR** (125.7 MHz, MeOD): δ [ppm] = 40.9 (C-30), 48.5, 49.7 (C-18, C-20, C-7, C9), 50.5 (d, C-16, C-22, C-5, C-11), 69.3,69.1 (C-23, C-24, C-25, C-26), 70.8, 71.3 (C-28, C-29), 74.8 (C-27), 113.5 (C-33), 115.9 (C32), 116.8, 117.2 (C-6, C-10, -17, C-21), 122.3 (d, C-4, C-12, C1, C15), 126.1 (d, C-3, C-13, C2, C14), 137.3 (C31, C34), 142.1, 142.8 (C-5a, C-10a, C-16a, C-21a, C-7a, C-8a, C-18a, C-19a), 148.9, 149.1 (d), 149.4 (C-6a, C-9a, C-17a, C-20a, C-8, C-19), 152.1, 152.2 (C-4a, C-11a, C-15a, C-22a), 162.4 (NHCO).

IR (ATR): $\tilde{\nu}$ = 3312 (NHCO), 2970, 2934, 2862 (-CH, -CH$_2$, -CH$_3$), 1694 (NH), 1557 (C=N), 1471, 1454 (Ringschwingung), 1277 (C-O).

HRMS (ESI pos., MeOH):

m/z [M+H]$^{+}$:   ber. 832.3516

                    gef. 832.3493.

m/z [M+Na]$^{+}$:   ber. 854.3313

                      gef. 854.3328.

Darstellung von 19-Dimethylphosphat-8-oxy-(2-ethoxyethanacetamid-1*H*-pyrrol-5-*N*-c*bz*-guanidinocarbonyl)-(5α,7α,9α,11α,16α,18α,20α,22α)-5,7,9,11,16,18,20,22-octahydro-5,22:7,20:9,18:11,16-tetramethanononacen (96)

Durchführung:

50.0 mg (51.8 µmol) **93** wurden unter Argon bei 0 °C in 20 mL abs. THF gelöst. Zu dieser Lösung wurde 66.0 µL (0.72 mmol) $POCl_3$ gegeben. Nach 10 min rühren wurde 97.0 µL (0.72 mmol) Triethylamin zugegeben und für 2 h bei 0 °C gerührt. Es wurde 10 mL abs. Methanol mit 291 µL (2.16 mmol) Triethylamin zugeben und anschließend für 16 h bei RT gerüht. Das Lösungsmittel wurde entfernt und der Rückstand in Essigester aufgenommen und vom unlöslichen Feststoff abfiltriert. Das Filtrat wurde eingeengt und per Säulenchromatographie (Essigester/Cyclohexan 4:1) aufgereinigt. Das Produkt wurde als weißer Feststoff isoliert.

Experimenteller Teil   212

Ausbeute: 30.0 mg (28.0 µmol, 54%).

Smp.: 150 °C.

R$_f$: 0.17 (EE/CH 4:1).

^{1}H-NMR (500 MHz, MeOD): δ [ppm] = 2.09 (d, ^3J $_{\text{H-24a/H-24i, H-25a/H-25i,}}$ = 7.3 Hz, 2 H, H-24 a, H-25a), 2.26-2.30 (m, 6 H, H-24i, H-25i, H-23, H-26), 3.47 (t, ^3J $_{\text{H-32/H-31}}$ = 5.0 Hz, 2 H, H-32), 3.49 (d, ^3J $_{\text{H-27/P, H-28/P}}$ = 11.2 Hz, 6 H, H-27, H-28), 3.57 (t, ^3J $_{\text{H-31/H-32}}$ = 5.0 Hz, 2 H, H-31), 3.62 (t, $^3J_{\text{H-30/H-29}}$ = 5.0 Hz, 2 H, H-30), 4.04 s, 2 H, H-16, H-22), 4.08 (s, 2 H, H-5, H-11), 4.12 (t, $^3J_{\text{H-29/H-30}}$ = 5.0 Hz, 2 H , H-29), 4.22 (s, 2 H, H-9, H-7), 4.25 (s, 2 H, H-18, H-20), 5.13 (s, 2H, H-37), 6.70-6.77 (m , 4 H, H-2, H-3, H-13, H-14), 6.89 (s, 1 H, H-35), 7.01-7.07 (m, 6 H, H-4, H-12, H-1, H-15, H-17, H-21,), 7.14 (H-6, H-10), 7.31-7.39 (m, 6 H, H-34, H-39, H-40, H-41, H-42, H-43), 8.58 (s, 1 H, NHCO), 9.11 (bs, 1 H, NH), 11.10 (bs, 1 H, NH), 12.41 (bs, 1 H, NH).

^{13}C-NMR (125.7 MHz, MeOD): δ [ppm] = 38.9 (C-32), 47.6, 47.8 (C-18, C-20, C-7, C9), 50.2 (d,C-16, C-22, C-5, C-11), 54.8 (d, C-27, C-28), 59.8 (C-37), 67.7, 68.6 (C-23, C-24, C-25, C-26), 69.3 (d, C-30, C-31), 72.6 (C-29), 111.7 (C-35), 116.2, 116.8 (C-17, C-21, C-6, C-10, C-34), 121.1, 121.5 (C-4, C-12, C1, C15), 124.4 (d, C-3, C-13, C2, C14), 127.6 , 128.4, (C-39, C-40, C-41, C-42, C-43), 132.9 (C33, C36), 140.2, 140.7 (C-5a, C-10a, C-16a, C-21a, C-7a, C-8a, C-18a, C-19a), 144.8 (C-38), 146.3, 146.4, 147.2 (d) (C-6a, C-9a, C-17a, C-20a, C-8, C-19), 150.2 (d, C-4a, C-11a, C-15a, C-22a), 155.2 (NHCO), 159.6 (NHCO).

^{31}P-NMR (202 MHz, MeOD): δ[ppm] = - 3.82.

HRMS (ESI pos., MeOH):

m/z [M+H]$^+$: ber. 1074.3838

gef. 1074.3957.

m/z [M+Na]$^+$: ber. 1096.3657

gef. 1096.3779.

Darstellung von 19-Dihydrogenphosphat-8-oxy-(2-ethoxyethanacetamid-1*H*-pyrrol-5-*N*-*cbz*-guanidinocarbonyl)-(5α,7α,9α,11α,16α,18α,20α,22α)-5,7,9,11,16,18,20,22-octahydro-5,22:7,20:9,18:11,16-tetramethanononacen (98)

C$_{63}$H$_{56}$N$_5$O$_{10}$P
1074.12 g/mol

C$_{61}$H$_{52}$N$_5$O$_{10}$P
1046.07 g/mol

Durchführung:

20.0 mg (0.02 mmol) **96** wurden bei RT in 10 mL abs. DCM gelöst und mit 23.4 µL (0.18 mmol) TMSBr versetzt. Nach 6 h rühren bei RT wurde das Lösungsmittel entfernt, 2 h im Hochvakuum getrocknet und der Rückstand mit 10 mL DCM/H$_2$O (1:1) aufgenommen und für 16 h kräftig gerührt. Anschließend wurden die Phasen getrennt und die org. Phase vom Lösungsmittel befreit und getrocknet. Das Produkt blieb als weißer Feststoff zurück.

Experimenteller Teil 214

Ausbeute: quantitativ.

Smp.: > 200 °C Braunfärbung.

R$_f$: 0.74 (RP ACN/H$_2$O 4:1).

^{1}H-NMR (500 MHz, DMSO-d$_6$): δ [ppm] = 2.18 (d, ^3J $_{\text{H-24a/H-24i, H-25a/H-25i,}}$ = 7.3 Hz, 2 H, H-24 a, H-25a), 2.26-2.30 (m, 6 H, H-24i, H-25i, H-23, H-26), 3.45 (t, $^3J_{\text{H-30/H-29}}$ = 5.0 Hz, 2 H, H-30), 3.52-3.57 (m, 4 H, H-28, H-29), 3.97 (t, ^3J $_{\text{H-27/H-28}}$ = 5.0 Hz, 2 H, H-27), 4.04 (s, 2 H, H-16, H-22), 4.08 (s, 2 H, H-5, H-11), 4.20 (s, 2 H, H-7, H-9), 4.29 (s, 2 H, H-18, H-20), 5.14 (s, 2H, H-35), 6.70-6.79 (m , 4 H, H-2, H-3, H-13, H-14), 6.89 (s, 1 H, H-33), 7.00-7.10 (m, 9 H, H-4, H-12, H-1, H-15, H-17, H-21, H-6, H-10, H-32), 7.31-7.39 (m, 5 H, H-37, H-38, H-39, H-40, H-41), 8.58 (s, 1 H, NHCO), 8.87 (bs, 1 H, NH), 9.45 (bs, 1 H, NH), 12.00 (bs, 1 H, NH).

^{13}C-NMR (125.7 MHz, DMSO-d$_6$): δ [ppm] = 38.9 (C-30), 47.6, 47.9 (C-18, C-20, C-7, C9), 50.3 (d,C-16, C-22, C-5, C-11), 66.3 (C-35), 67.9, 68.9 (C-23, C-24, C-25, C-26), 69.1, 69.3 (C-28, C-29), 72.7 (C-27), 112.0 (C-33), 115.8, 117.2 (C-17, C-21, C-6, C-10, C-32), 121.2, 121.6 (C-4, C-12, C1, C15), 124.4 (d, C-3, C-13, C2, C14), 127.6 , 127.9, 128.4, (C-37, C-38, C-39, C-40, C-41), 135.3 (C31, C34), 140.0, 141.1 (C-5a, C-10a, C-16a, C-21a, C-7a, C-8a, C-18a, C-19a), 144.2 (C-36), 146.7, 146.8, 147.1 (d) (C-6a, C-9a, C-17a, C-20a, C-8, C-19), 150.2 (d, C-4a, C-11a, C-15a, C-22a), 159.6 (NHCO).

^{31}P-NMR (202 MHz, DMSO-d$_6$): δ [ppm] = - 4.86.

HRMS (ESI pos., MeOH):

m/z [M+H]$^+$: ber. 1046.3525

  gef. 1046.3777.

m/z [M+H/2]$^+$: ber. 521.6653

  gef. 521.6741.

m/z [M-H]$^-$: ber. 1044.3439

  gef. 1044.3379.

Darstellung von 19-Dihydrogenphosphat-8-oxy-(2-ethoxyethanacetamid-1H-pyrrol-5-N-cbz-guanidinocarbonyl)-(5α,7α,9α,11α,16α,18α,20α,22α)-5,7,9,11,16,18,20,22-octahydro-5,22:7,20:9,18:11,16-tetramethanononacen (98)

C$_{61}$H$_{51}$N$_5$O$_7$
966.09 g/mol

1. POCl$_3$, NEt$_3$, THF, 0 °C, 2 h
2. THF/H$_2$O 2:1, RT, 2 d

C$_{61}$H$_{52}$N$_5$O$_{10}$P
1046.07 g/mol

Durchführung:

In einem 50 mL-Zweihalskolben mit Blasenzähler wurden unter Schutzgas-Atmosphäre 40.0 mg (0.04 mmol) **93** in 10 mL abs. THF gelöst und in einem Eisbad auf 0 °C gekühlt. Zu dieser Lösung wurden mittels einer Einwegspritze 108 µL, 183 mg (1.20 mmol) Phosphoroxychlorid zugegeben. Nach weiteren 10 min Rühren wurden ebenfalls mit einer

Einwegspritze 54.0 µL, 39.7 mg (0.40 mmol) Triethylamin zugegeben. Kurze Zeit später war eine Trübung der Lösung zu beobachten. Man rührte 2 h lang bei 0 °C. Danach wurde die noch kalte Reaktionsmischung von dem ausgefallenen farblosen Feststoff über eine D4-Fritte in einen 100 mL Stickstoffkolben überführt. Das Filtrat wurde an der Ölpumpe bis zur Trockne eingeengt. Anschließend wurde der Rückstand mit H_2O gewaschen. In der Fritte wurde er erneut mehrmals mit H_2O gewaschen. Danach wurde das Säurechlorid mit THF/H2O (2:1) aus der Fritte gespült und die gelbliche Lösung 2 Tage lang bei RT gerührt. Danach wurde das THF am Rotationsverdampfer abdestilliert. Nach abdestillieren des THF, wurde mit wenig H_2O nachgefüllt und 10 Minuten lang im Ultraschallbad behandelt. Dann wurden erneut die THF-Reste abdestilliert und wieder im Ultraschallbad behandelt. Der Feststoff wurde dann über eine D4-Fritte abfiltriert und mehrmals mit H_2O in der Fritte gewaschen. Anschließend wurde der Feststoff mit Methanol aus der Fritte gespült und das Lösungsmittel erneut am Rotationsverdampfer entfernt. Der gelbe Feststoff wurde im Ölpumpenvakuum getrocknet.

Ausbeute: 31.0 mg (0.03 mmol, 74%) (Reinheit ca. 75-80%, keine Aufreinigung möglich).

Analytik siehe 98

Experimenteller Teil 217

Darstellung von 19-Dihydrogenphosphat-8-oxy-(2-ethoxyethanacetamid-1H-pyrrol-5-N-guanidinocarbonyl)-(5α,7α,9α,11α,16α,18α,20α,22α)-5,7,9,11,16,18,20,22-octahydro-5,22:7,20:9,18:11,16-tetramethanononacen (100)

$C_{61}H_{52}N_5O_{10}P$
1046.07 g/mol

H$_2$, Pd/C, DCM/MeOH 2:1
RT, 24 h

$C_{61}H_{52}N_5O_{10}P$
911.93 g/mol

Durchführung:

30.0 mg (287 µmol) **98** wurden in 15 mL Methanol/DCM (1:2) gelöst und mit kat. Mengen an Pd/C (10%) versetzt. Die Suspension wurde unter H$_2$-Atmosphäre bei RT für 24 h gerührt. Der Katalysator wurde abfiltriert und das Filtrat eingeengt und getrocknet. Das Produkt blieb als weißer Feststoff zurück.

Ausbeute: quantitativ.

Smp.: ab 235 °C Zersetzung.

R$_f$: 0.46 (RP ACN/H$_2$O 4:1).

^{1}H-NMR (500 MHz, DMSO-d$_6$): δ [ppm] = 2.05 (d, ^3J $_{\text{H-24a/H-24i, H-25a/H-25i,}}$ = 7.3 Hz, 2 H, H-24 a, H-25a), 2.16 (d, ^3J $_{\text{H-24i/H-24a, H-25i/H-25a,}}$ = 7.3 Hz, 2 H, H-24 i, H-25i), 2.27(t, 4 H, H-23, H-26), 3.17 (t, 2 H, H-30), 3.47(t, 2 H, H-28), 3.64 (t, 2 H, H-29), 4.02 (s, 2 H, H-16, H-22), 4.05 (s, 2 H, H-5, H-11), 4.09 (s, 4 H, H-27, H-7, H-9), 4.35 (s, 2 H, H-18, H-20), 6.71-6.79 (m , 5 H, H-33, H-2, H-3, H-13, H-14), 6.99-7.10 (m, 9 H, H-4, H-12, H-1, H-15, H-17, H-21, H-6, H-10, H-32), 8.12 (s, 2 H, NHCO), 9.41 (bs, 1 H, NH), 9.45 (bs, 1 H, NH), 12.88 (bs, 1 H, NH).

^{13}C-NMR (125.7 MHz, DMSO-d$_6$): δ [ppm] = 38.8 (C-30), 47.8, 48.5 (C-18, C-20, C-7, C9), 50.3 (C-16, C-22, C-5, C-11), 67.5, 68.1 (C-23, C-24, C-25, C-26), 68.7 (C-28, C-29), 71.8 (C-27), 111.5 (C-33), 116.0, 116.3 (C-17, C-21, C-6, C-10, C-32), 121.4 (d, C-4, C-12, C1, C15), 124.5 (d, C-3, C-13, C2, C14), 136.5 (C31, C34), 139.2, 141.1 (C-5a, C-10a, C-16a, C-21a, C-7a, C-8a, C-18a, C-19a), 146.9 (d), 147.2 (d) (C-6a, C-9a, C-17a, C-20a, C-8, C-19), 150.2 (d, C-4a, C-11a, C-15a, C-22a), 159.2 (NHCO).

^{31}P-NMR (202 MHz, DMSO-d$_6$): δ [ppm] = - 4.52.

HRMS (ESI pos., MeOH):

m/z [M+H]$^+$:   ber. 912.3157

            gef. 912.3596.

m/z [M+Na]$^+$:   ber. 934.2976

            gef. 934.3399.

Darstellung von 19-Dinatriumphosphat-8-oxy-(2-ethoxyethanacetamid-1*H*-pyrrol-5-*N*-guanidinocarbonyl)-(5α,7α,9α,11α,16α,18α,20α,22α)-5,7,9,11,16,18,20,22-octahydro-5,22:7,20:9,18:11,16-tetramethanononacen (102)

C$_{53}$H$_{46}$N$_5$O$_8$P
911.93 g/mol

NaOH, H$_2$O, Dioxan
RT, 6 h

C$_{53}$H$_{44}$N$_5$Na$_2$O$_8$P
955.90 g/mol

Durchführung:

Zu 10.0 mg (0.01 mmol) **100** in 10 mL Dioxan wurden 1.15 mg (0.02 mmol) NaOH · H$_2$O gelöst in 2 mL H$_2$O zugegeben und für 6 h bei RT gerührt. Anschließend wurde das Dioxan am Rotationsverdampfer entfernt, wenig H$_2$O hinzugegeben und lyophilisiert. Das Produkt wurde als weißer Feststoff erhalten.

Experimenteller Teil 220

Ausbeute: quantitativ.

Smp.: ab 240 °C Zersetzung.

R$_f$: 0.43 (RP ACN/H$_2$O 4:1).

^{1}H-NMR (500 MHz, DMSO-d$_6$): δ [ppm] = 2.04 (d, 2 H, H-24 a, H-25a), 2.28(s, 4 H, H-23, H-26), 2.33 (d, 2 H, H-24 i, H-25i), 2.88 (bs, 2 H, H-30), 3.12 (bs, 2 H, H-28), 3.65 (bs, 2 H, H-29), 4.03 (ds, 4 H, H-16, H-22, H-5, H-11), 4.11 (bs, 2 H, H-7, H-9), 4.18 (s, 2 H, H-27), 4.53 (bs, 2 H, H-18, H-20), 6.45 (d, 1 H, H-33), 6.53 (bs, 1H, H-32), 6.73-6.78 (m, 4 H, H-2, H-3, H-13, H-14), 6.99-7.10 (m, 8 H, H-4, H-12, H-1, H-15, H-17, H-21, H-6, H-10), 8.60 (bs, 1 H, NH), 12.18 (bs, 1 H, NH).

^{13}C-NMR (125.7 MHz, DMSO-d$_6$): δ [ppm] = 38.7 (C-30), 47.8 (C-18, C-20, C-7, C9), 50.3 (C-16, C-22, C-5, C-11), 66.0, 67.2 (C-23, C-24, C-25, C-26), 68.1 (C-28, C-29), 69.5 (C-27), 111.6 (C-33), 116.1 (C-17, C-21, C-6, C-10, C-32), 121.1 (d, C-4, C-12, C1, C15), 124.2 (d, C-3, C-13, C2, C14), 134.5 (C31, C34), 139.1, 141.2 (C-5a, C-10a, C-16a, C-21a, C-7a, C-8a, C-18a, C-19a), 146.6 (d), 147.0, 147.6 (C-6a, C-9a, C-17a, C-20a, C-8, C-19), 150.4 (d, C-4a, C-11a, C-15a, C-22a).

^{31}P-NMR (202 MHz, DMSO-d$_6$): δ [ppm] = - 4.79.

¹H-NMR (300 MHz, MeOD): δ [ppm] = 2.20 (d, $^3J_{\text{H-24a/H-24i, H-25a/H-25i}}$ = 7.3 Hz, 2 H, H-24 a, H-25a), 2.28(s, 4 H, H-23, H-26), 2.48 (d, $^3J_{\text{H-24i/H-24a, H-25i/H-25i}}$ = 7.3 Hz, 2 H, H-24 i, H-25i), 3.62-3.74 (m, 6 H, H-28, H-29, H-30), 3.85 (m, 2H, H-27), 3.97 (ds, 4 H, H-16, H-22, H-5, H-11), 4.16 (s, 2 H, H-7, H-9), 4.73 (s, 2 H, H-18, H-20), 6.74-6.79 (m, 5 H, H-2, H-3, H-13, H-14, H-33), 6.86 (d, , $^3J_{\text{H-32/H-33}}$= 4.0 Hz, 1H, H-32) 6.98-7.03 (m, 6 H, H-4, H-12, H-1, H-15, H-17, H-21), 7.15 (s, 2 H, H-6, H-10).

³¹P-NMR (121 MHz, MeOD): δ [ppm] = - 3.39.

¹H-NMR (300 MHz, D₂O): δ [ppm] = 2.06 (d, $^3J_{\text{H-24a/H-24i, H-25a/H-25i}}$ = 7.3 Hz, 2 H, H-24 a, H-25a), 2.11 (s, 4 H, H-23, H-26), 2.24 (d, $^3J_{\text{H-24i/H-24a, H-25i/H-25i}}$ = 7.3 Hz, 2 H, H-24i, H-25i), 3.34 (s, 4 H, H-28, H-30), 3.41 (s, 2H, H-29), 3.62 (s, 2H, H-27), 3.80 (s, 2 H, H-16, H-22), 3.91 (s, 2 H, H-5, H-11), 4.00 (s, 2 H, H-7, H-9), 4.35 (s, 2 H, H-18, H-20), 6.24 (bs, 4 H, H-2, H-3, H-13, H-14), 6.62 (s, 2 H, H-17, H-21), 6.74- 6.82 (s, 6 H, H-4, H-12, H-1, H-15, H-33, H-32), 7.08 (s, 2 H, H-6, H-10).

³¹P-NMR (121 MHz, D₂O): δ [ppm] = 1.05.

IR (ATR): $\tilde{v}$ = 3332 (NHCO), 2967, 2932, 2862 (-CH, -CH₂, -CH₃), 1633 (NH), 1588 (C=N), 1453, 1435 (Ringschwingung), 1356, 1303 (O=P-O, P-O-Aryl), 1279 (C-O).

MS (ESI pos.,neg., MeOH):

ber.: 853, 896, 911, 933, 955

gef.: Charakteristische Ionen + H = 854, 897, 912, 934, 956

Charakteristische Ionen + Na = 934, 956, 978.

ber.: 853, 911, 933, 955

gef.: Charakteristische Ionen - H = 910, 932

Charakteristische Ionen - Na = 830, 910, 932.

Experimenteller Teil 222

Darstellung von 19-Acetoxy-8-oxy-(*tert*-butyl-4-(2-ethyl)phenylcarbamat)-(5α,7α,9α–,11α,16α,18α,20α,22α)-5,7,9,11,16,18,20,22-octahydro-5,22:7,20:9,18:11,16-tetramethanononacen (88)

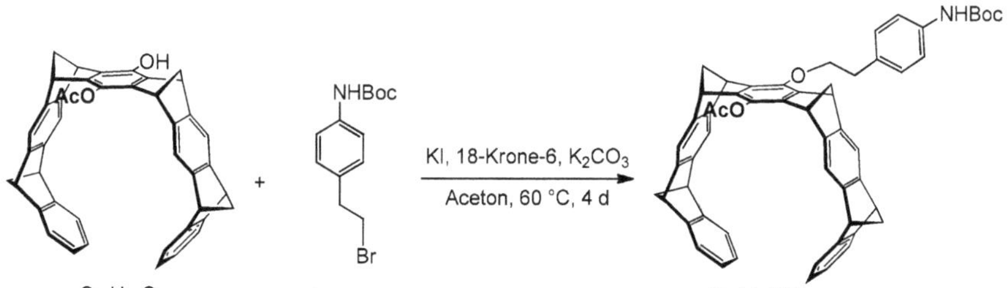

C$_{44}$H$_{32}$O$_3$
608.72 g/mol

C$_{13}$H$_{18}$BrNO$_2$
300.19 g/mol

KI, 18-Krone-6, K$_2$CO$_3$
Aceton, 60 °C, 4 d

C$_{57}$H$_{49}$NO$_5$
828.00 g/mol

Durchführung:

Unter Schutzgas wurden 300 mg (0.48 mmol) **22**, 158 mg (0.53 mmol) **83**, 110 mg (0.80 mmol) Kaliumcarbonat und kat. Mengen Kaliumiodid und 18-Krone-6 in 30 mL abs. Aceton gelöst und für 4 d auf 50 °C erhitzt. Der ausgefallene Feststoff wird abgesaugt und das Filtrat wird eingeengt und per Säulenchromatographie (Cyclohexan/Essigester 3:1) gereinigt. Das Produkt konnte als weiß-kristalliner Feststoff isoliert werden.

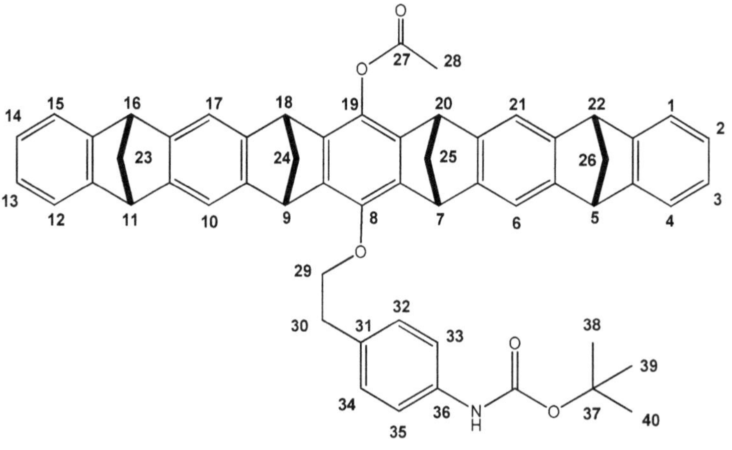

Ausbeute: 170 mg (206 µmol, 43%).

Smp.: 140 °C.

R$_f$: 0.49 (CH/EE 3:1).

^{1}H-NMR (500 MHz, CDCl$_3$): δ [ppm] = 1.55(s, 9 H, H-38, H-39, H-40), 2.29 (dt, 2 H, H-24 a, H-25a), 2.34 (s, 3 H, H-28), 2.38-2.43 (m, 6 H, H-24i, H-25i, H-23a, H-23i, H-26a, H-26i), 2.85 (t, $^3J_{H30/H29}$ = 6.90 Hz, 2 H, H-30), 3.94 (d, 2 H, H-16, H-22), 3.99 (t, $^3J_{H29/H30}$ = 6.90 Hz, 2 H, H-29), 4.05 (d, 4H, H-5, H-7, H-9, H-11), 4.14 (d, 2 H, H-18, H-20), 6.51 (s, 1H, NH-CO), 6.75-6.77 (m, 4H, H-2, H-3, H-14), 6.98 (s, 2H, H-4, H-12), 7.06-7.08 (m, 4 H, H-1, H-15, H-17, H-21), 7.13-7-15 (m, 4 H, H-6, H-10, H-32, H34).

^{13}C-NMR (125.7 MHz, CDCl$_3$): δ [ppm] = 21.1 (C-28), 28.6 (C-38, C-39, C-40), 36.2 (C-30), 48.6, 48.9 (C-18, C-20, C-7, C-9), 51.5 (d, C-16, C-22, C-5, C-11), 69.2, 70.2 (C-23, C-24, C-25, C-26), 74.7 (C-29), 80.6 (C-37), 116.2 (C-17, C-21), 116.9 (C-6, C-10), 118.7 (C-33, C-35), 121.7 (d, C-4, C-12, C-1, C-15). 124.8 (d, C-3, C-13, C-2, C-14), 129.9 (C-32, C-34),133.5 (C-36), 135.6 (C-31), 136.8, 140.6, 140.9, 145.9 (C-5a, C-10a, C-16a, C-21a, C-7a, C-8a, C-18a, C-19a), 146.8, 147.1, 147.6, 147.9 (C-6a, C-9a, C-17a, C-20a, C-8, C-9), 150.5 (d, C-4a, C-11a, C-15a, C-22a), 153.0 (NHCO), 169.2 (C-27).

HRMS (ESI pos., MeOH):

m/z [M+Na]$^+$: ber. 850.3503

gef. 850.3560.

Darstellung von 19-Acetoxy-8-oxy-(4-(2-ethyl)phenylamin)-(5α,7α,9α,11α,16α,18α,20α–,22α)-5,7,9,11,16,18,20,22-octahydro-5,22:7,20:9,18:11,16-tetramethanononacentrifluoroacetat (90)

C₅₇H₄₉NO₅
828.00 g/mol

DCM/TFA 9:1, 0 °C, 3 h

C₅₄H₄₂F₃NO₅
841.91 g/mol

Durchführung:

40.0 mg (0.05 mmol) **88** wurden in 10 mL DCM/TFA 9:1 gelöst und bei 0 °C für 3 h gerührt. Das Lösungsmittel wurde abkondensiert und noch dreimal mit Benzol versetzt und abermals abkondensiert. Das Produkt blieb als weißer Feststoff zurück.

Ausbeute: quantitativ.

Smp.: > 140 °C Braunfärbung.

^{1}H-NMR (500 MHz, MeOD): δ [ppm] = 2.18 (dt, 2 H, H-24a, H-25a), 2.23 (dt, 2 H, H-24i, H-25i), 2.27-2.32 (m, 4 H, H-23, H-26), 2.35 (s, 3 H, H-28), 2.78 (t, 2 H, $^3J_{\text{H-30/H-29}}$ = 6.90 Hz, H-30), 3.97 (d, 2 H, H-16, H-22), 4.08 (d, 6 H, H-5, H-7, H-9, H-11, H-18, H-20), 4.11 (t, 2H, $^3J_{\text{H-29/H-30}}$ = 6.90 Hz, H-29), 6.76-6.79 (m, 4H, H-2, H-3, H-13, H-14), 7.02-7.06 (m, 6 H, H-4, H-12, H-1, H-15, H-17, H-21), 7.07-7.10 (m, 4 H, H-6, H-10, H-32, H-34), 7.16 (d, 2 H, $^3J_{\text{H-35/H-34,H-33/H-32}}$ = 8.00 Hz, H-33, H-35).

^{13}C-NMR (125.7 MHz, MeOD): δ [ppm] = 20.5 (C-28), 35.4 (C-30), 47.4, 47.7 (C-18, C-20, C-7, C-9), 50.3 (d, C-16, C-22, C-5, C-11), 67.8, 68.7 (C-23, C-24, C-25, C-26), 73.8 (C-29), 116.2 (C-17, C-21), 116.6 (C-6, C-10), 119.2 (C-32, C-34), 121.4, 121.7 (C-4, C-12, C-1, C-15), 124.5 (C-3, C-13, C-2, C-14), 130.0 (C-33, C-35), 134.3 (C-36), 139.6 (C-31), 141.1, 144.9 (C-5a, C-10a, C-16a, C-21a, C-7a, C-8a, C-18a, C-19a), 146.3, 146.6, 147.2, 147.4 (C-6a, C-9a, C-17a, C-20a, C-8, C-9), 150.1 (d, C-4a, C-11a, C-18a, C-22a), 167.0 (CF$_3$COO), 169.0 (C-27).

^{19}F-NMR (282.4 MHz, DMSO-d$_6$): δ [ppm] = -73.67.

HRMS (ESI pos., MeOH):

m/z [M+H]$^+$: ber. 728.3159

  gef. 728.3242.

m/z [M+Na]$^+$: ber. 750.2979

  gef. 750.3044.

| Experimenteller Teil | 226 |

Darstellung von 19-Acetoxy-8-oxy-4-)ethylphenylacetamid-1*H*-pyrrol-5-*N*-*cbz*-guanidinocarbonyl)-(5α,7α,9α,11α,16α,18α,20α,22α)-5,7,9,11,16,18,20,22-octahydro-5,22:7,20:9,18:11,16-tetramethanononacen (92)

Durchführung:

35.0 mg (41.5 µmol) **90**, 13.9 mg (42.1 µmol) 5-(*N-Cbz*-guanidiniocarbonyl)-1*H*-pyrrol-2-carboxylat **45** und 21.5 mg (42.1 µmol) HCTU wurden unter Argon in 10 mL abs. DMF gelöst. Nach 10 min Rühren wurde 12.3 µl (110 µmol) NMM zugegeben und die Lösung wurde für 48 h bei 40 °C erhitzt. Die Lösung wurde auf 30 mL H$_2$O gegeben und dreimal mit 50 mL Ethylacetat extrahiert. Die vereinigten org. Phasen wurden über Na$_2$SO$_4$ getrocknet und das Lösemittel wurde im Vakuum entfernt. Der Rückstand wurde durch Säulenchromatographie (Cyclohexan/Essigester 1:4) gereinigt. Das Produkt wurde als weißer Feststoff isoliert.

Ausbeute: 35.4 mg (34.0 µmol, 82%).

Smp.: > 200 °C Braunfärbung.

R$_f$: 0.82 (CH/EE 1:4).

¹H-NMR (500 MHz, DMSO-d_6): δ [ppm] = 2.18 (dt, 2 H, H-24a, H-25a), 2.25 (dt, 2 H, H-25i, H-24i), 2.26-2.30 (m, 4 H, H-23, H-26), 2.36 (s, 3 H, H-28), 2.77 (t, $^3J_{\text{H-30/H-29}}$ = 6.90 Hz, 2 H, H-30), 3.97 (d, 2 H, H-16, H-22), 4.05 (d, 2H, H-5, H-11), 4.07 (s, 2 H, H-7, H-9), 4.11 (d, 2 H, H-18, H-20), 4.15 (t, $^3J_{\text{H-29/H-30}}$ = 6.90 Hz, 2 H, H-29), 5.15 (s, 2 H, H-41), 6.76 – 6.80 (m, 4 H, H-2, H-3, H-13, H-14), 7.02-7.10 (m, 10 H, H-4, H-12, H-1, H-15, H-17, H-21, H-6, H-10, H-38, H-39), 7.16 (d, $^3J_{\text{H-32/H-33, H-34/H-35}}$ = 8.00 Hz, 2 H, H-32, H-34), 7.36-7.45 (m, 5H, H-43, H-44, H-45, H-46, H-47), 7.77 (d, $^3J_{\text{H-33/H-32, H-35/H-34}}$ = 8.00 Hz, 2 H, H-33, H-35), 8.79 (bs, 1 H, NH), 9.42 (bs, 1 H, NH), 10.18 (s, 1 H, NH-CO), 11.20 (bs, 1 H, NH).

¹³C-NMR (125.7 MHz, DMSO-d_6): δ [ppm] = 20.5 (C-28), 35.4 (C-30), 47.5, 47.8 (C-18, C-20, C-7, C-9), 50.3 (C-16, C-22, C-5, C-11), 67.4 (C-41), 67.8, 68.8 (C-23, C-24, C-25, C-26), 73.68 (C-29), 113.1 (C-38), 116.2 (C-17, C-21, C-39), 116.6 (C-6, C-10), 119.9 (C-33, C-35), 121.5 (d, C-4, C-12, C-1, C-15), 124.5 (d, C-3, C-13, C-2, C-14), 127.7, 127.9, 128.4 (C-43, C-44, C-45, C-46, C-47), 129.3 (C-32, C-34), 131.7 (C-42), 133.7 (C-36), 134.2 (C-37, C-40), 137.1 (C-31), 139.8, 141.0, 144.9 (C-5a, C-10a, C-16a, C-21-a, C-7a, C-8a, C-18a, C-19a), 146.2, 146.6, 147.2, 147.4 (C-6a, C-9a, C-17a, C-20a, C-8, C-9), 150.1 (d, C-4a, C-11a, C-18a, C-22a), 157.9 (NHCO), 168.9 (C-27).

HRMS (ESI pos., MeOH):

m/z [M+H]$^+$:   ber. 1040.4018

                gef. 1040.4070.

m/z [M+Na]$^+$:   ber. 1062.3837

                gef. 1062.3850.

Darstellung von 19-Hydroxy-8-oxy-(4-ethylphenylacetamid-1*H*-pyrrol-5-*N-cbz*-guanidinocarbonyl)-(5α,7α,9α,11α,16α,18α,20α,22α)-5,7,9,11,16,18,20,22-octahydro-5,22:7,20:9,18:11,16-tetramethanononacen (94)

$C_{67}H_{53}N_5O_7$
1040.17 g/mol

$C_{65}H_{51}N_5O_6$
998.13 g/mol

NaOH, Dioxan
RT, 16 h

Durchführung:

Zu einer kräftig gerührten Lösung aus 20.0 mg (19.2 µmol) **92** in 10 ml Dioxan wurden langsam 1 mL 1 M NaOH zugetropft und 16 h bei Raumtemperatur nachgerührt. Anschließend wurde die Reaktionsmischung in 100 mL eines 1:1 Gemisches aus ges. NH₄Cl-Lösung und halbkonz. HCl gegeben und dreimal mit Dichlormethan extrahiert. Die vereinigten org. Phasen wurden mit Wasser gewaschen und über Na_2SO_4 getrocknet. Nach Entfernen des Lösungsmittels blieb das Produkt als leicht gelber Feststoff zurück.

Experimenteller Teil 230

Ausbeute: 18.0 mg (18.0 µmol, 95%).

Smp.: 150 °C.

R$_f$: 0.76 (CH/EE 1:4).

^{1}H-NMR (500 MHz, DMSO-d$_6$): δ [ppm] = 2.17 (dt, 2 H, H-24a, H-25a), 2.20 (dt, 2 H, H-25i, H-24i), 2.27 (m, 4 H, H-23, H-26), 2.58 (t, ^3J $_{H-28/H-27}$ = 6.90 Hz, 2 H, H-28), 3.97 (t, ^3J $_{H-27/H-28}$ = 6.90 Hz, 2 H, H-27), 4.01 (dd, 4 H, H-16, H-22, H-5, H-11), 4.07 (s, 2 H, H-7, H-9), 4.21 (d, 2 H, H-18, H-20), 5.19 (s, 2 H, H-39), 6.76 – 6.83 (m, 4 H, H-2, H-3, H-13, H-14), 6.92-6.97 (m, 6 H, H-4, H-12, H-1, H-15, H-30, H-32), 7.09 (ds, 3 H, H-6, H-10, H-37), 7.11 (s, 1 H, H-36), 7.38-7.42 (m, 5 H, H-41, H-42, H-43, H-44, H-45), 7.77 (d, ^3J $_{H-33/H-32, H-31/H-30}$ = 8.00 Hz, 2 H, H-33, H-31), 8.24 (bs, 1 H, NH), 8.99 (bs, 1 H, NH), 10.24 (s, 1 H, NH-CO), 12.24 (bs, 1 H, NH).

¹³C-NMR (125.7 MHz, DMSO-d₆): δ [ppm] = 35.4 (C-28), 46.7, 47.4 (C-18, C-20, C-7, C-9), 50.2 (d, C-16, C-22, C-5, C-11), 66.4 (C-39), 67.6, 67.9 (C-23, C-24, C-25, C-26), 73.98 (C-39), 113.2 (C-36), 115.8, 116.7 (C-17, C-21, C-37, C-6, C-10), 119.9 (C-31, C-33), 121.1, 121.7 (C-4, C-12, C-1, C-15), 124.4, 124.5 (C-3, C-13, C-2, C-14), 127.8, 128.1, 128.5 (C-41, C-42, C-43, C-44, C-45), 129.1 (C-30, C-32), 131.6 (C-40), 131.7 (C-34), 133.5 (C-35, C-38), 136.5 (C-29), 139.8, 140.9, 141.2 (C-5a, C-10a, C-16a, C-21-a, C-7a, C-8a, C-18a, C-19a), 146.7, 147.1, 147.2, 147.3 (C-6a, C-9a, C-17a, C-20a, C-8, C-9), 150.1, 150.4 (C-4a, C-11a, C-18a, C-22a), 157.9 (NHCO).

HRMS (ESI pos., MeOH):

m/z [M+H]⁺:   ber. 998.3912

            gef. 998.3922.

m/z [M+Na]⁺: ber. 1020.3732

            gef. 1020.3748.

Darstellung von 19-Dimethylphosphat-8-oxy-(4-ethylphenylacetamid-1*H*-pyrrol-5-*N*-cbz-guanidinocarbonyl)-(5α,7α,9α,11α,16α,18α,20α,22α)-5,7,9,11,16,18,20,22-octahydro-5,22:7,20:9,18:11,16-tetramethanononacen (97)

Experimenteller Teil 232

Durchführung:

100 mg (0.10 mmol) **94** wurden unter Argon bei 0 °C in 20 mL abs. THF gelöst. Zu dieser Lösung wurde 183 µL (2.00 mmol) $POCl_3$ gegeben. Nach 10 min Rühren wurde 269 µL (2.00 mmol) Triethylamin zugegeben und für 2 h bei 0 °C gerührt. Es wurde 10 mL abs. Methanol mit 808 µL (6.48 mmol) Triethylamin zugeben und anschließend für 16 h bei RT gerührt. Das Lösungsmittel wurde entfernt und der Rückstand in Essigester aufgenommen und vom unlöslichen Feststoff abfiltriert. Das Filtrat wurde eingeengt und per Säulenchromatographie (Essigester/Cyclohexan 3:1) aufgereinigt. Das Produkt wurde als weißer Feststoff isoliert.

Ausbeute: 52.0 mg (47.0 µmol, 47%).

Smp.: > 150 °C Gelbfärbung.

R_f: 0.44 (CH/EE 1:3).

¹H-NMR (500 MHz, DMSO-d$_6$): δ [ppm] = 2.22 (d, $^3J_{\text{H-24a/H-24i, H-25a/H-25i}}$ = 7.3 Hz, 2 H, H-24a, H-25a), 2.26-2.30 (m, 6 H, H-25i, H-24i, H-23, H-26), 2.78 (t, $^3J_{\text{H-30/H-29}}$ = 6.90 Hz, 2 H, H-30), 3.51 (d, $^3J_{\text{H-27/P,H-28/P}}$ = 11.2 Hz, 6 H, H-27, H-28), 4.05 (s, 2 H, H-16, H-22), 4.08 (s, 2 H, H-5, H-11), 4.11 (s, 2 H, H-7, H-9), 4.16 (t, $^3J_{\text{H-29/H-30}}$ = 6.90 Hz, 2 H, H-29), 4.24 (s, 2 H, H-18, H-20), 5.15 (s, 2 H, H-41), 6.74 – 6.78 (m, 4 H, H-2, H-3, H-13, H-14), 6.99-7.22 (m, 12 H, H-4, H-12, H-1, H-15, H-17, H-21, H-6, H-10, H-38, H-39, H-32, H-34), 7.31-7.40 (m, 5 H, H-43, H-44, H-45, H-46, H-47), 7.77 (d, $^3J_{\text{H-33/H-32,H-35/H-34}}$ = 8.00 Hz, 2 H, H-33, H-35), 8.78 (bs, 1 H, NH), 10.16 (bs, 1 H, NH), 11.26 (bs, 1 H, NH).

¹³C-NMR (125.7 MHz, DMSO-d$_6$): δ [ppm] = 35.4 (C-30), 47.6, 47.7 (C-18, C-20, C-7, C-9), 50.2 (C-16, C-22, C-5, C-11), 54.8 (C-27, C-28), 67.6 (C-41), 68.5 (C-23, C-24, C-25, C-26), 73.7 (C-29), 116.1 (d), 117.0 (C-17, C-21, C-38, C-39, C-6, C-10), 121.2 (d), 121.5 (C-4, C-12, C-1, C-15, C-33, C-35), 124.5 (d, C-3, C-13, C-2, C-14), 128.0, 128.4 (C-43, C-44, C-45, C-46, C-47), 129.2 (C-32, C-34), 130.9 (C-42), 131.7 (C-34), 133.9 (C-36), 135.1 (C-37, C-40), 136.9, 140.5, 140.6 (d) (C-5a, C-10a, C-16a, C-21-a, C-7a, C-8a, C-18a, C-19a, C-31), 146.2, 146.5, 147.3 (d) (C-6a, C-9a, C-17a, C-20a, C-8, C-9), 150.1 (C-4a, C-11a, C-18a, C-22a).

³¹P-NMR (202 MHz, DMSO-d$_6$): δ [ppm] = - 3.47.

HRMS (ESI pos., MeOH):

m/z [M+H]$^+$:   ber. 1106.3888

                 gef. 1106.4273.

m/z [M+Na]$^+$:   ber. 1128.3708

                 gef. 1128.4076.

Experimenteller Teil 234

Darstellung von 19-Dihydrogenphosphat-8-oxy-(4-ethylphenylacetamid-1H-pyrrol-5-N-cbz-guanidinocarbonyl)-(5α,7α,9α,11α,16α,18α,20α,22α)-5,7,9,11,16,18,20,22-octahydro-5,22:7,20:9,18:11,16-tetramethanononanacen (99)

$C_{67}H_{56}N_5O_9P$
1106.16 g/mol

1. TMSBr, DCM, 6 h
2. H$_2$O, DCM, 16 h

$C_{65}H_{52}N_5O_9P$
1077.35 g/mol

Durchführung:

30.0 mg (0.03 mmol) **97** wurden bei RT in 10 mL abs. DCM gelöst und mit 70.0 µL (0.54 mmol) TMSBr versetzt. Nach 6 h rühren bei RT wurde das Lösungsmittel entfernt, 2 h im Hochvakuum getrocknet und der Rückstand mit 10 mL DCM/H$_2$O (1:1) aufgenommen und für 16 h kräftig gerührt. Anschließend wurden die Phasen getrennt und die org. Phase vom Lösungsmittel befreit. Nach Trocknen wurde das Produkt als weißer Feststoff erhalten.

Ausbeute: quantitativ.

Smp.: > 270 °C Gelbfärbung.

R_f: 0.59 (RP ACN/H$_2$O 4:1).

^{1}H-NMR (500 MHz, DMSO-d$_6$): δ [ppm] = 2.20 (d, ^3J $_{\text{H-24a/H-24i, H-25a/H-25i}}$ = 7.3 Hz, 2 H, H-24a, H-25a), 2.24 (d, ^3J $_{\text{H-24i/H-24a, H-25i/H-25a}}$ = 7.3 Hz, 2 H, H-24i, H-25i), 2.29(t, 4 H, H-23, H-26), 2.65 (t, ^3J $_{\text{H-28/H-27}}$ = 6.90 Hz, 2 H, H-28), 3.99-4.11 (m, 8 H, H-16, H-22, H-5, H-11, H-27, H-7, H-9), 4.29 (s, 2 H, H-18, H-20), 5.16 (s, 2 H, H-39), 6.74 – 6.79 (m, 4 H, H-2, H-3, H-13, H-14), 7.00-7.12 (m, 12 H, H-4, H-12, H-1, H-15, H-17, H-21, H-6, H-10, H-36, H-37, H-30, H-32), 7.39-7.41 (m, 5 H, H-41, H-42, H-43, H-44, H-45), 7.77 (d, ^3J $_{\text{H-31/H-30,H-33/H-32}}$ = 8.00 Hz, 2 H, H-31, H-33), 8.82 (bs, 1 H, NH), 9.43 (bs, 1 H, NH), 10.18 (bs, 1 H, NH), 12.09 (bs, 1 H, NH).

¹³C-NMR (125.7 MHz, DMSO-d₆): δ [ppm] = 35.0 (C-28), 47.7, 47.9 (C-18, C-20, C-7, C-9), 50.3 (C-16, C-22, C-5, C-11), 66.3 (C-39), 67.8, 68.9 (C-23, C-24, C-25, C-26), 73.7 (C-27), 113.1 (C-36), 115.7, 117.4 (C-17, C-21, C-37, C-6, C-10), 119.2 (C-31, C-33), 121.3, 121.7 (C-4, C-12, C-1, C-15), 124.4 (d, C-3, C-13, C-2, C-14), 127.7, 128.0, 128.4, 128.9 (C-41, C-42, C-43, C-44, C-45), 133.4 (C-34), 135.4 (C-35, C-38), 137.1, 140.2, 141.0 (C-5a, C-10a, C-16a, C-21-a, C-7a, C-8a, C-18a, C-19a, C-31), 144.0 (C-29), 146.7, 147.1 (C-6a, C-9a, C-17a, C-20a, C-8, C-9), 150.2, 150.4 (C-4a, C-11a, C-18a, C-22a), 157.9 (NHCO).

³¹P-NMR (202 MHz, DMSO-d₆): δ [ppm] = - 5.56.

HRMS (ESI pos., MeOH):

m/z [M+H]⁺:   ber. 1078.3575

   gef. 1078.3556.

m/z [M+Na]⁺:   ber. 1100.3395

   gef. 1100.3537.

Darstellung von 19-Dihydrogenphosphat-8-oxy-(4-ethylphenylacetamid-1*H*-pyrrol-5-*N*-guanidinocarbonyl)-(5α,7α,9α,11α,16α,18α,20α,22α)-5,7,9,11,16,18,20,22-octahydro-5,22:7,20:9,18:11,16-tetramethanononacen (101)

$C_{65}H_{52}N_5O_9P$
1077.35 g/mol

$C_{57}H_{46}N_5O_7P$
943.98 g/mol

Durchführung:

50.0 mg (0.05 mmol) **99** wurden in 15 mL Methanol/DCM (1:2) gelöst und mit einer kat. Menge an Pd/C (10%) versetzt. Die Suspension wurde unter H_2-Atmosphäre bei RT für 24 h gerührt. Der Katalysator wurde abfiltriert und das Filtrat eingeengt und getrocknet. Das Produkt wurde als weißer Feststoff erhalten.

Ausbeute: quantitativ.

Smp.: > 175 °C Zersetzung.

R$_f$: 0.22 (RP ACN/H$_2$O 4:1).

^{1}H-NMR (500 MHz, DMSO-d$_6$): δ [ppm] = 2.17-2.29 (m, 8 H, H-24, H-25, H-23, H-26), 2.62 (t, ^3J $_{\text{H-28/H-27}}$ = 6.90 Hz, 2 H, H-28), 4.02-4.11 (m, 8 H, H-27, H-16, H-22, H-5, H-11, H-7, H-9), 4.31 (s, 2 H, H-18, H-20), 6.73 – 6.79 (m, 4 H, H-2, H-3, H-13, H-14), 7.02-7.14 (m, 12 H, H-4, H-12, H-1, H-15, H-17, H-21, H-6, H-10, H-30, H-32, H-36, H-37), 7.77 (dd, H-33, H-31), 8.47 (bs, 2 H, NH), 9.38 (bs, 2 H, NH).

^{13}C-NMR (125.7 MHz, DMSO-d$_6$): δ [ppm] = 35.1 (C-28), 47.7, 47.9 (C-18, C-20, C-7, C-9), 50.3 (d, C-16, C-22, C-5, C-11), 67.8, 68.9 (C-23, C-24, C-25, C-26), 73.74 (C-27), 113.5 (C-36), 115.6, 117.3 (C-17, C-21, C-37, C-6, C-10), 119.8 (C-31, C-33), 121.2, 121.7 (C-4, C-12, C-1, C-15), 124.5 (d, C-3, C-13, C-2, C-14), 136.9, 140.1, 141.1 (C-5a, C-10a, C-16a, C-21-a, C-7a, C-8a, C-18a, C-19a, C-35, C-38), 146.8, 147.1 (C-6a, C-9a, C-17a, C-20a, C-8, C-9), 150.13 (C-4a, C-11a, C-18a, C-22a), 157.6 (NHCO).

^{31}P-NMR (202 MHz, DMSO-d$_6$): δ [ppm] = - 5.37.

MS (ESI pos.,neg., MeOH):

ber.: 916, 943, 981

gef. : Charakteristische Ionen + H = 944, 982

Charakteristische Ionen + Na = 939, 966, 1004.

ber.: 916, 943

gef. : Charakteristische Ionen - H = 915, 942.

Darstellung von 19-Dinatriumphosphat-8-oxy-(4-ethylphenylacetamid-1H-pyrrol-5-N-guanidinocarbonyl)-(5α,7α,9α,11α,16α,18α,20α,22α)-5,7,9,11,16,18,20,22-octahydro-5,22:7,20:9,18:11,16-tetramethanononacen (103)

C$_{57}$H$_{46}$N$_5$O$_7$P
943.98 g/mol

NaOH, H$_2$O, Dioxan
RT, 6 h

C$_{57}$H$_{44}$N$_5$Na$_2$O$_7$P
987.94 g/mol

Durchführung:

Zu 10.0 mg (0.01 mmol) **101** in 10 mL Dioxan wurden 1.15 mg (0.02 mmol) NaOH · H$_2$O gelöst in 2 mL H$_2$O zugegeben und für 6 h bei RT gerührt. Anschließend wurde das Dioxan am Rotationsverdampfer entfernt, wenig H$_2$O hinzugegeben und lyophilisiert. Das Produkt wurde als beiger Feststoff erhalten.

Ausbeute: quantitativ.

Smp.: > 235 °C Zersetzung.

R$_f$: 0.21 (RP ACN/H$_2$O 4:1).

^{1}H-NMR (500 MHz, DMSO-d$_6$): δ [ppm] = 2.08 (d, 2 H, H-24a, H-25a), 2.18-2.31 (m, 4 H, H-24i, H-25i, H-23, H-26), 2.69 (t, $^3J_{\text{H-28/H-27}}$ = 6.90 Hz, 2 H, H-28), 3.96-4.06 (m, 8 H, H-27, H-16, H-22, H-5, H-11, H-7, H-9), 4.44 (s, 2 H, H-18, H-20), 6.72 – 6.79 (m, 5 H, H-2, H-3, H-13, H-14, H-36), 6.94-7.11 (m, 11 H, H-4, H-12, H-1, H-15, H-17, H-21, H-6, H-10, H-30, H-32, H-37), 7.75 (d, $^3J_{\text{H-31/H-30, H-33/H-32}}$ = 6.90 Hz, H-33, H-31), 10.15 (bs, 3 H, NH), 12.22 (bs, 2 H, NH).

¹³C-NMR (125.7 MHz, DMSO-d$_6$): δ [ppm] = 35.2 (C-28), 47.5, 47.9 (C-18, C-20, C-7, C-9), 50.2 (d, C-16, C-22, C-5, C-11), 66.5, 67.7, 68.5 (C-23, C-24, C-25, C-26), 113.6 (C-36), 115.6, 116.9 (C-17, C-21, C-37, C-6, C-10, C-37), 119.8 (C-31, C-33), 121.2 (C-4, C-12, C-1, C-15), 124.4 (d, C-3, C-13, C-2, C-14), 133.8, 139.3, 140.7 (C-34, C-5a, C-10a, C-16a, C-21a, C-7a, C-8a, C-18a, C-19a, C-35, C-38), 143.5 (C-29), 146.7 (d), 147.3 (d) (C-6a, C-9a, C-17a, C-20a, C-8, C-9), 150.17 (d, C-4a, C-11a, C-18a, C-22a), 157.7 (NHCO).

³¹P-NMR (202 MHz, DMSO-d$_6$): δ [ppm] = - 4.15.

MS (ESI pos.,neg., MeOH):

ber.:   960, 965, 987

gef. : Charakteristische Ionen + H = 961, 966, 988.

ber.:   916, 960, 965, 987

gef. : Charakteristische Ionen - Na = 893, 937, 942, 964.

Darstellung von 19-Hydroxy-8-oxy-(tert-butyl-2-ethoxyethylcarbamat)-(5α,7α,9α–,11α,16α,18α,20α,22α)-5,7,9,11,16,18,20,22-octahydro-5,22:7,20:9,18:11,16-tetramethanononacen (104)

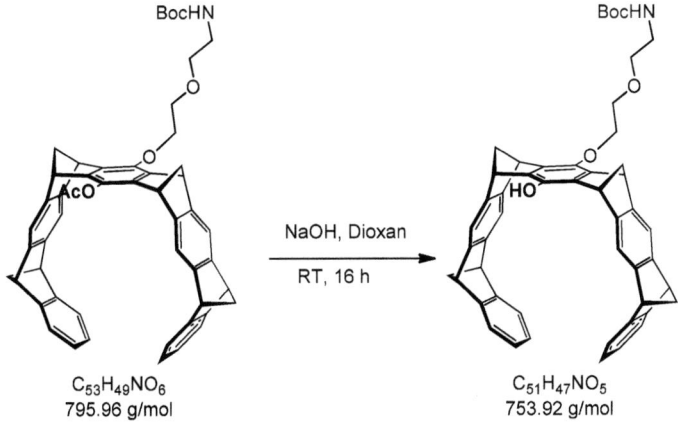

Durchführung:

Zu einer kräftig gerührten Lösung aus 270 mg (339 µmol) **87** in 20 ml Dioxan wurden langsam 2 mL 1 M NaOH zugetropft und 16 h bei Raumtemperatur nachgerührt. Anschließend wurde die Reaktionsmischung in 100 mL eines 1:1 Gemisches aus ges. NH_4Cl-Lösung und halbkonz. HCl gegeben und dreimal mit Dichlormethan extrahiert. Die vereinigten org. Phasen wurden mit Wasser gewaschen und über Na_2SO_4 getrocknet. Nach Entfernen des Lösungsmittels blieb das Produkt als leicht gelber Feststoff zurück.

Ausbeute: 250 mg (333 µmol, 98%).

Smp.: > 120 °C Braunfärbung.

R$_f$: 0.48 (CH/EE 3:1).

^{1}H-NMR (500 MHz, CDCl$_3$): δ [ppm] = -0.62 (t, 2 H, H-30), 0.24 (t, 2 H, H-29), 2.34 (dt, 2 H, H-24a, H-25a), 2.38 (dt, 2 H, H-24i, H-25i), 2.43 (s, 4 H, H-23a, H-23i, H-26a, H-26i), 2.87 (t, 2 H, H-28), 4.00 (s, 2 H, H-7, H-9), 4.30 (s, 2 H, H-18, H-20), 6.69-6.77 (m, 4 H, H-2, H-3, H-13, H-14), 6.99 (d, 2 H, H-4, H-12), 7.03 (s, 2 H, H-17, H-21), 7.07 (d, 2H, H-1, H-15), 7.10 (s, 2 H, H-6, H-10).

¹H-NMR (500 MHz, DMSO-d_6): δ [ppm] = 2.18 (dt, 2 H, H-24a, H-25a), 2.22(dt, 2 H, H-24i, H-25i), 2.30 (t, 4 H, H-23, H-26), 3.12 (t, 2 H, H-30), 3.29 (t, 2 H, H-29), 3.40 (t, 2 H, H-28), 3.96 (t, $^3J_{\text{H-27/H-28}}$ = 5.07 Hz, 2 H, H-27), 4.07 (d, 4 H, H-16, H-22, H-5, H-11), 4.16 (d, 2 H, H-7, H-9), 4.21 (d, 2 H, H-18, H-20), 6.75-6.80 (m, 4 H, H-2, H-3, H-13, H-14), 7.03-7.07 (m, 4 H, H-4, H-12, H-1, H-15), 7.08 (d, 4 H, H-17, H-21, H-6, H-10).

¹³C-NMR (125.7 MHz, DMSO-d_6): δ [ppm] = 28.3 (C-32, C-33, C-34), 46.7, 47.4 (C-18, C-20, C-7, C-9), 50.3 (C-16, C-22, C-5, C-11), 66.4 (C-30), 67.7, 70.0 (C-23, C-24, C-25, C-26), 68.9 (C-29), 69.4 (C-28), 72.4 (C-27), 77.7 (C-31), 115.9 (C-17, C-21), 116.6 (C-6, C-10), 121.3 (C-4, C-12), 121.6 (C-1, C-15), 124.5 (d, C-3, C-13, C-2, C-14), 136.5, 139.5, 140.9, 141.0 (C-5a, C-10a, C-16a, C-21a, C-7a, C-8a, C-18a, C-19a), 146.8, 147.0, 147.2, 147.3 (C-6a, C-9a, C-17a, C-20a, C-8, C-19), 150.1, 150.4 (C-4a, C-11a, C-15a, C-22a), 155.7 (NHCO).

HRMS (ESI pos., MeOH):

m/z [M+H]⁺: ber. 754.3527

  gef. 754.3599.

m/z [M+Na]⁺: ber. 776.3346

  gef. 776.3432.

Darstellung von 19-Dimethylphosphat-8-oxy-(tert-butyl-2-ethoxyethylcarbamat)-(5α–,7α,9α,11α,16α,18α,20α,22α)-5,7,9,11,16,18,20,22-octahydro-5,22:7,20:9,18:11,16-tetramethanononacen (105)

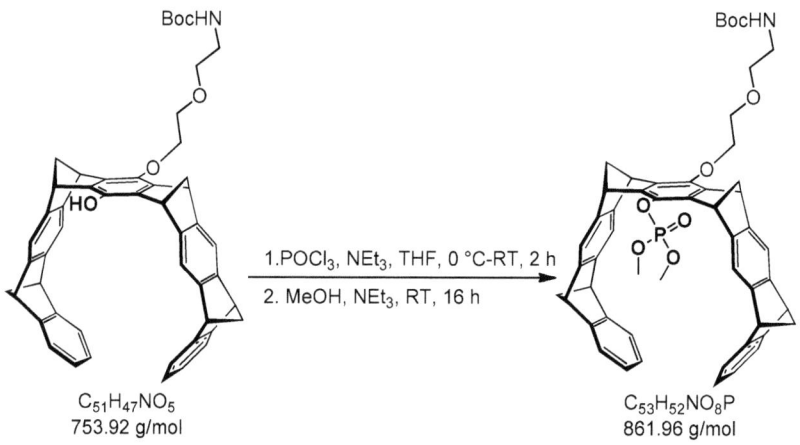

Durchführung:

In einem 50 mL-Zweihalskolben mit Blasenzähler wurden unter Schutzgas-Atmosphäre 125 mg (0.17 mmol) **104** in 20 mL absolutem THF gelöst und in einem Eisbad auf 0 °C gekühlt. Zu dieser Lösung wurden mittels einer Einwegspritze 150 µL (1.70 mmol) Phosphoroxychlorid zugegeben. Nach weiteren 10 min Rühren wurden ebenfalls mit einer Einwegspritze 230 µL (1.70 mmol) Triethylamin zugegeben. Kurze Zeit später war eine Trübung der Lösung zu beobachten. Man ließ eine Stunde bei 0 °C und noch eine weitere Stunde bei RT rühren und gab 10 mL abs. Methanol, sowie 460 µL (3.40 mmol) Triethylamin hinzu. Die Lösung wurde über Nacht gerührt. Die Lösung wurde eingeengt und per Säulenchromatographie (Cylohexan/Essigester 1:1) aufgereinigt. Das Produkt wurde als weißer Feststoff isoliert.

Ausbeute: 88.0 mg (102 µmol, 91%).

Smp.: > 160 °C Gelbfärbung.

R_f: 0.28 (CH/EE 1:1).

^{1}H-NMR (500 MHz, DMSO-d_6): δ [ppm] = 1.48 (s, 9 H, H-34, H-35, H-36), 2.35 (dt, 2 H, H-24a, H-25a), 2.39 (dt, 2 H, H-24i,H-25i), 2.44 (m, 4 H, H-23a,H-23i, H-26a, H-26i), 3.4 (s, 2 H, H-32), 3.41 (d, $^3J_{\text{H-27/P, H-28/P}}$ = 11.00 Hz, 6 H, H-27, H-28), 3.53 (t, $^3J_{\text{H-31/ H-32}}$ = 5.07 Hz, 2 H, H-31), 3.63 (t, $^3J_{\text{H-30/ H-29}}$ = 5.07 Hz 2 H, H-30), 3.99 (t, $^3J_{\text{H-29/ H-30}}$ = 5.07 Hz, 2 H, H-29) 4.07 (d, 4 H, H-16, H-22, H-5, H-11), 4.28 (d, 2 H, H-7, H-9), 4.35 (d, 2 H, H-18, H-20), 6.71-6.76 (m, 4 H, H-2, H-3, H-13, H-14), 7.03 (dd, 2 H, H-4, H-12), 7.07 (dd, 2 H, H-1, H-15), 7.10 (s, 2H, H-17, H-21), 7.23 (s, 2 H, H-6, H-10).

^{13}C-NMR (125.7 MHz, DMSO-d_6): δ [ppm] = 28.6 (C-34, C-35, C-36), 48.6 (C-18, C-20, C-7, C-9), 51.4 (C-16, C-22, C-5, C-11), 54.9 (d, C-27, C-28), 68.9 (C-23, C-24, C-25, C-26), 69.8 (C-32), 70.3 (C-31), 70.5 (C-30), 73.0 (C-29), 79.5 (C-33), 116.1 (C-17, C-21), 117.3 (C-6, C-10), 121.2 (C-4, C-12), 121.7 (C-1, C-15), 124.7, 124.8 (C-3, C-13, C-2, C-14), 141.0, 141.3, 145.5 (C-5a, C-10a, C-16a, C-21a, C-7a, C-8a, C-18a, C-19a), 146.9, 147.1, 147.7 (C-6a, C-9a, C-17a, C-20a, C-8, C-19), 150.6, 150.7 (C-4a, C-11a, C-15a, C-22a), 156.1 (NHCO).

Experimenteller Teil 246

^{31}P-NMR (202 MHz, DMSO-d$_6$): δ [ppm] = -3.52.

HRMS (ESI pos., MeOH):

m/z [M+Na]$^+$: ber. 884.3323

gef. 884.3414.

Darstellung von 19-Dimethylphosphat-8-oxy-(2-ethoxyethylamin)-(5α,7α,9α,11α,16α–,18α,20α,22α)-5,7,9,11,16,18,20,22-octahydro-5,22:7,20:9,18:11,16-tetramethanononacen-trifluoroacetat (106)

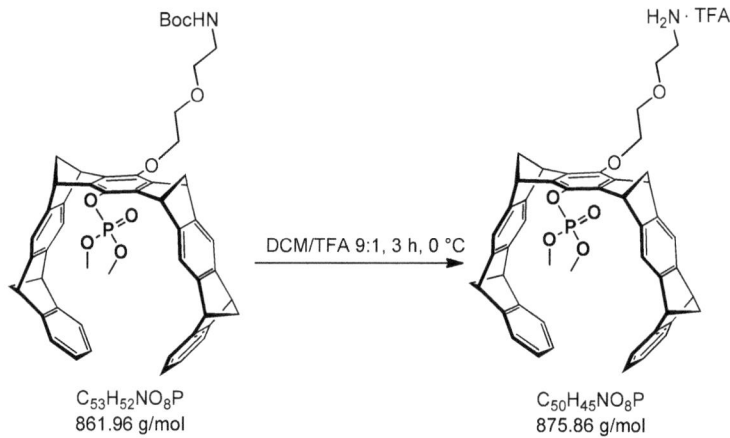

Durchführung:

80.0 mg (928 µmol) **105** wurden in 10 mL DCM/TFA 9:1 gelöst und bei 0 °C für 3 h gerührt. Das Lösungsmittel wurde abkondensiert und noch dreimal mit Benzol versetzt und abermals abkondensiert. Das Produkt blieb als weißer Feststoff zurück.

Experimenteller Teil   247

Ausbeute: quantitativ.

Smp.: > 140 °C Braunfärbung.

^{1}H-NMR (500 MHz, MeOD): δ [ppm] = -0.35 (t, $^3J_{\text{H-32/ H-31}}$ = 5.07 Hz, 2 H, H-32), 2.00 (t, $^3J_{\text{H-31/ H-32}}$ = 5.07 Hz, 2 H, H-31), 2.40 (dd, 4 H, H-24a, H-25a, H-24i,H-25i), 2.45 (t, 4 H, H-23a,H-23i, H-26a, H-26i), 3.53 (t, $^3J_{\text{H-30/ H-29}}$ = 5.07 Hz, 2 H, H-30), 3.97 (d, $^3J_{\text{H-27/P, H-28/P}}$ = 11.00 Hz, 6 H, H-27, H-28), 4.17 (d, 4 H,H-16, H-22, H-5, H-11), 4.28 (t, $^3J_{\text{H-29/ H-30}}$ = 5.07 Hz, 2 H, H-29), 4.32 (d, 2 H, H-7, H-9), 4.37 (d, 2 H, H-18, H-20), 6.88-6.96 (m, 4 H, H-2, H-3, H-13, H-14), 7.15 (d, 2 H, H-4, H-12), 7.18 (d, 2 H, H-1, H-15), 7.21 (s, 2H, H-17, H-21), 7.29 (s, 2 H, H-6, H-10).

^{1}H-NMR (500 MHz, DMSO-d$_6$): δ [ppm] = 2.25 (dt, 2 H, H-24a, H-25a), 2.31 (t, 6 H, H-24i,H-25i, H-23a,H-23i, H-26a, H-26i), 3.02 (q, 2 H, H-32), 3.53 (d, $^3J_{\text{H-27/P, H-28/P}}$ = 11.00 Hz, 6 H, H-27, H-28), 3.64 (t, $^3J_{\text{H-31/ H-32}}$ = 5.07 Hz, 2 H, H-31), 3.69 (t, $^3J_{\text{H-30/ H-29}}$ = 5.07 Hz, 2 H, H-30), 4.11 (d, 4 H, H-16, H-22, H-5, H-11), 4.19 (t, $^3J_{\text{H-29/ H-30}}$ = 5.07 Hz, 2 H, H-29), 4.25 (d, 2 H, H-7, H-9), 4.29 (d, 2 H, H-18, H-20), 6.75-6.80 (m, 4 H, H-2, H-3, H-13, H-14), 7.05-7.09 (m, 4 H, H-4, H-12, H-1, H-15), 7.12 (s, 2H, H-17, H-21), 7.18 (s, 2 H, H-6, H-10), 7.79 (bs, 3 H, NH).

¹³C-NMR (125.7 MHz, DMSO-d$_6$): δ [ppm] = 38.7 (C-32), 47.7, 47.9 (C-18, C-20, C-7, C-9), 50.3 (d, C-16, C-22, C-5, C-11), 54.9 (d, C-27, C-28), 66.9, 67.8 (C-23, C-24, C-25, C-26), 68.7 (C-31), 69.6 (C-30), 72.25 (C-29), 73.0 (C-29), 116.3 (C-6, C-10), 116.9 (C-17, C-21), 121.2 (C-4, C-12), 121.6 (C-1, C-15), 124.6 (d, C-3, C-13, C-2, C-14), 139.7, 140.7, 145.0 (C-5a, C-10a, C-16a, C-21a, C-7a, C-8a, C-18a, C-19a), 146.4, 146.5, 147.2, 147.4 (C-6a, C-9a, C-17a, C-20a, C-8, C-19), 150.1, 150.4 (C-4a, C-11a, C-15a, C-22a).

³¹P-NMR (202 MHz, DMSO-d$_6$): δ [ppm] = -3.13.

¹⁹F-NMR (282.4 MHz, DMSO-d$_6$): δ [ppm] = -75.69.

HRMS (ESI pos., MeOH):

m/z [M+H]⁺:   ber. 762.2979

                    gef. 762.3084.

m/z [M+H]⁺:   ber. 784.2798

                    gef. 784.2766.

Darstellung von 19-Dimethylphosphat-8-oxy-(2-ethoxyethanacetamid-1*H*-pyrrol-5-*N*-*boc*-guanidinocarbonyl)-(5α,7α,9α,11α,16α,18α,20α,22α)-5,7,9,11,16,18,20,22-octahydro-5,22:7,20:9,18:11,16-tetramethanononacen (107)

C$_{50}$H$_{45}$NO$_8$P
875.86 g/mol

C$_{18}$H$_{31}$N$_5$O$_5$
397.47 g/mol

HCTU, NMM | DMF, 40 °C, 2 d

C$_{60}$H$_{58}$N$_5$O$_{10}$P
1040.10 g/mol

Experimenteller Teil 250

Durchführung:

65.0 mg (74.2 µmol) **106**, 29.5 mg (74.2 µmol) 5-(*N-Boc*-guanidiniocarbonyl)-1*H*-pyrrol-2-carbonsäure **39** und 42.4 mg (100 µmol) HCTU wurden unter Argon in 10 mL abs. DMF gelöst. Nach 10 min Rühren wurde 34.1 µl (300 µmol) NMM zugegeben und die Lösung wurde für 48 h bei 40 °C erhitzt. Das Lösemittel wurde im Vakuum entfernt. Das erhaltene gelbe Öl wurde durch Säulenchromatographie (Cyclohexan/Essigester 1:4) gereinigt. Das Produkt wurde als weißer Feststoff isoliert.

Ausbeute: 27.0 mg (26.0 µmol, 35%).

Smp.: > 120 °C Gelbfärbung.

R$_f$: 0.23 (CH/EE 1:4).

^{1}H-NMR (500 MHz, DMSO-d$_6$): δ [ppm] = 1.45 (s, 9 H, H-38, H-39, H-40), 2.21 (dt, 2 H, H-24a, H-25a), 2.27 (d, 6 H, H-24i,H-25i, H-23a,H-23i, H-26a, H-26i), 3.41 (t, 2 H, H-32), 3.50 (d, ^3J $_{H-27/P, H-28/P}$ = 11.00 Hz, 6 H, H-27, H-28), 3.57 (t, ^3J $_{H-31/ H-32}$ = 5.07 Hz, 2 H, H-31), 3.62 (t, ^3J $_{H-30/ H-29}$ = 5.07 Hz, 2 H, H-30), 4.04 (s, 2 H, H-16, H-22), 4.08 (s, 2H, H-5, H-11) 4.12 (t, ^3J $_{H-29/ H-30}$ = 5.07 Hz, 2 H, H-29), 4.24 (d, 2 H, H-7, H-9), 4.25 (d, 2 H, H-18, H-20), 6.70-6.80 (m, 4 H, H-2, H-3, H-13, H-14), 6.85 (s, 2 H, H-34, H-35), 7.02-7.06 (m, 6 H, H-4, H-12, H-1, H-15, H-17, H-21), 7.14 (s, 2 H, H-6, H-10), 8.55 (bs, 2 H, NH, NH-CO), 9.32 (bs, 1 H, NH), 10.92 (bs, 1 H, NH).

¹³C-NMR (125.7 MHz, DMSO-d₆): δ [ppm] = 27.8 (C-38, C-39, C-40), 38.9 (C-32), 47.7, 47.8 (C-18, C-20, C-7, C-9), 50.3 (d, C-16, C-22, C-5, C-11), 54.8 (d, C-27, C-28), 67.7 (C-23, C-24, C-25, C-26), 69.6 (C-31), 69.8 (C-30), 72.3 (C-29), 81.4 (C-37), 111.9 (C-35), 116.2 (C-6, C-10), 116.7 (C-17, C-21), 121.2 (C-4, C-12), 121.5 (C-1, C-15), 124.5 (d, C-3, C-13, C-2, C-14), 133.9 (C-33, C-36), 140.3, 140.7 (C-5a, C-10a, C-16a, C-21a, C-7a, C-8a, C-18a, C-19a), 146.2, 146.5, 147.3 (C-6a, C-9a, C-17a, C-20a, C-8, C-19), 150.1, 150.3 (C-4a, C-11a, C-15a, C-22a), 159.9 (NHCO).

³¹P-NMR (202 MHz, DMSO-d₆): δ [ppm] = 1.02.

HRMS (ESI pos., MeOH):

m/z [M+H]⁺:   ber. 1040.3994

   gef. 1040.4017.

m/z [M+Na]⁺:   ber. 1062.3814

   gef. 1062.3824.

Darstellung von 19-Lithium-methylphosphat-8-oxy-(2-ethoxyethanacetamid-1*H*-pyrrol-5-*N*-guanidinocarbonyl)-(5α,7α,9α,11α,16α,18α,20α,22α)-5,7,9,11,16,18,20,22-octahydro-5,22:7,20:9,18:11,16-tetramethanononacen (108)

$C_{60}H_{58}N_5O_{10}P$
1040.10 g/mol

$C_{54}H_{47}LiN_5O_8P$
931.89 g/mol

Durchführung:

25.0 mg (24.0 µmol) **107** und 6.72 mg (72.0 µmol) trockenes LiBr wurden unter Argon in 10 mL abs. Acetonitril suspendiert und zum Rückfluss erhitzt, wobei die Festoffe in Lösung gingen. Nach 24 h refluxieren wurde der ausgefallene Feststoff per Zentrifugation vom Lösungsmittel getrennt und noch zweimal mit Diethylether gewaschen und nochmals zentrifugiert. Nach Trocknen im Vakuum wurde das Produkt als weißer Feststoff erhalten.

Ausbeute: 12.0 mg (12.9 µmol, 55%).

R_f: 0.44 (RP ACN/H$_2$O 4:1).

^{1}H-NMR (500 MHz, DMSO-d$_6$): δ [ppm] = 2.08 (s, 4 H, H-24, H-25), 2.26(s, 4 H, H-23, H-26), 3.45-3.68 (m, 9 H, H-27, H-29, H-30, H-31), 3.99-4.15 (m, 8 H, H-16, H-22, H-5, H-11, H-18, H-20, H-28), 4.38 (bs, 2 H, H-7, H-9), 6.70-6.79 (m, 5 H, H-2, H-3, H-13, H-14, H-33), 6.99-7.13 (m, 9 H, H-4, H-12, H-1, H-15, H-17, H-21, H-6, H-10, H-34), 8.48 (bs, 2 H, NH), 9.27 (bs, 1H, NH), 12.61 (bs, 1 H, NH), 13.33 (bs, 1 H, NH).

¹H-NMR (500 MHz, DMSO-d_6, 343 K): δ [ppm] = 2.09 (d, $^3J_{\text{H-24a/H-24i, H-25a/H-25i}}$ = 7.30 Hz, 2 H, H-24a, H-25a), 2.20 (d, 2 H, $^3J_{\text{H-24i/H-24a, H-25i/H-25a}}$ = 7.30 Hz, H-24i, H-25i), 2.28 (m, 4 H, H-23, H-26), 3.42 (t, 2 H, H-31), 3.49 (t, $^3J_{\text{H-30/ H-31}}$ = 5.07 Hz, 2 H, H-30), 3.59 (d, $^3J_{\text{H-27/P}}$ = 11.50 Hz, 2 H, H-27), 3.65 (t, $^3J_{\text{H-29/ H-28}}$ = 5.07 Hz, 2 H, H-29), 4.01-4.15 (m, 8 H, H-16, H-22, H-5, H-11, H-7, H-9, H-28), 4.41 (s, 2 H, H-18, H-20), 6.70-6.74 (m, 4 H, H-2, H-3, H-13, H-14), 6.88 (s, 2 H, H-33, H-34), 7.03-7.07 (m, 8 H, H-4, H-12, H-1, H-15, H-17, H-21, H-6, H-10), 8.24 (bs, 3 H, NH).

¹³C-NMR (125.7 MHz, DMSO-d_6): δ [ppm] = 38.7 (C-31), 47.7 (d, C-18, C-20, C-7, C-9), 50.2 (C-16, C-22, C-5, C-11), 54.9 (C-27), 67.6, 68.3 (C-23, C-24, C-25, C-26), 68.9 (C-30), 69.8 (C-29), 72.1 (C-28), 116.0, 116.3 (C-6, C-10, C-17, C-21, C-33, C-34), 121.4 (d, C-4, C-12, C-1, C-15), 124.5 (d, C-3, C-13, C-2, C-14), 136.2 (C-32, C-35), 139.2, 140.9, 143.1 (C-5a, C-10a, C-16a, C-21a, C-7a, C-8a, C-18a, C-19a), 146.9, 147.1 (d, C-6a, C-9a, C-17a, C-20a, C-8, C-19), 150.2 (C-4a, C-11a, C-15a, C-22a), 159.3 (NHCO).

³¹P-NMR (202 MHz, DMSO): δ [ppm] = - 4.063.

MS (ESI pos.,neg., MeOH):

ber.:   931, 947

gef. : Charakteristische Ionen + H = 932, 948

Charakteristische Ionen + Li = 938, 954.

ber.:   931

gef. : Charakteristische Ionen - Li = 924.

Experimenteller Teil 254

Darstellung von 19-Hydroxy-8-oxy-(tert-butyl-4-(2-ethyl)phenylcarbamat)-(5α,7α,9α–,11α,16α,18α,20α,22α)-5,7,9,11,16,18,20,22-octahydro-5,22:7,20:9,18:11,16-tetramethanononacen (125)

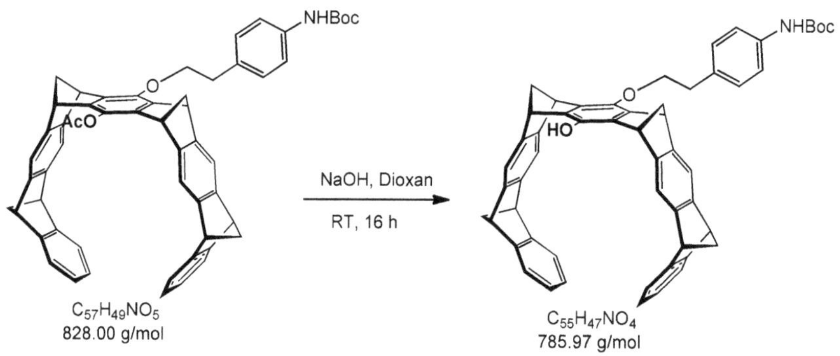

C$_{57}$H$_{49}$NO$_5$
828.00 g/mol

NaOH, Dioxan
RT, 16 h

C$_{55}$H$_{47}$NO$_4$
785.97 g/mol

Durchführung:

Zu einer kräftig gerührten Lösung aus 120 mg (0.14 mmol) **88** in 20 ml Dioxan wurden langsam 1 mL 1 M NaOH zugetropft und 16 h bei RT gerührt. Anschließend wurde die Reaktionsmischung in 50 mL eines 1:1 Gemisches aus ges. NH$_4$Cl-Lösung und halbkonz. HCl gegeben und dreimal mit Dichlormethan extrahiert. Die vereinigten org. Phasen wurden mit Wasser gewaschen und über Na$_2$SO$_4$ getrocknet. Nach Entfernen des Lösungsmittels blieb das Produkt als leicht gelber Feststoff zurück.

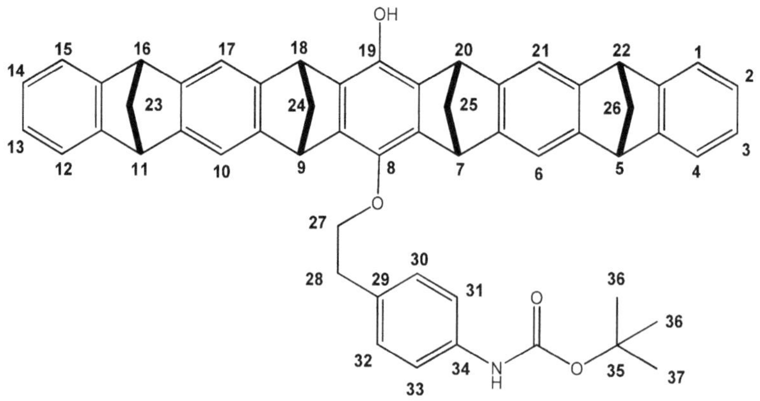

Ausbeute: 100 mg (127 µmol, 91%).

Smp.: > 100 °C Gelbfärbung.

R$_f$: 0.44 (CH/EE 3:1).

^{1}H-NMR (500 MHz, CDCl$_3$): δ [ppm] = 1.55 (s, 9 H, H-36, H-37, H-38), 2.33(q, 4 H, H-24a, H-25a, H-24i, H-25i,), 2.27 (q, 4 H, H-23a,H-23i, H-26a, H-26i), 2.82 (t, ^3J $_{\text{H-28/ H-27}}$ = 6.90 Hz 2 H, H-28), 3.91 (t, ^3J $_{\text{H-27/ H-28}}$ = 6.90 Hz, 2 H, H-27), 4.04 (d, 2 H, H-16, H-22), 4.06 (d, 2H, H-5, H-11), 4.11 (d, 2 H, H-7, H-9), 4.15 (d, 2 H, H-18, H-20), 6.74-6.78 (m, 4 H, H-2, H-3, H-13, H-14), 6.98 (s, 2 H, H-4, H-12), 7.04-7.08 (m, 4 H, H-1, H-15, H-17, H-21), 7.12 (d, ^3J $_{\text{H-32/ H-33, H-30/H-31}}$ = 8.00 Hz, 2 H, H-30, H-32), 7.14 (s, 2 H, H-6, H-10), 7.37 (d, ^3J $_{\text{H-33/ H-32, H-31/H-30}}$ = 8.00 Hz, 2 H,H-31, H-33).

^{13}C-NMR (125.7 MHz, CDCl$_3$): δ [ppm] = 28.6 (C-36, C-37, C-38), 36.2 (C-28), 47.4, 48.6 (C-18, C-20, C-7, C-9), 51.5 (d, C-16, C-22, C-5, C-11), 69.1, 70.2 (C-23, C-24, C-25, C-26), 75.1 (C-27), 80.7 (C-35), 116.1 (C-17, C-21), 116.5 (C-6, C-10), 118.7 (C-31, C-33), 121.6 (C-4, C-12, C-1, C-15), 124.8 (d, C-3, C-13, C-2, C-14), 129.8 (C-30, C-32), 133.7 (C-34), 135.1 (C-29), 136.8, 140.5, 142.7 (C-5a, C-10a, C-16a, C-21a, C-7a, C-8a, C-18a, C-19a), 147.1, 146.5, 147.5, 147.7 (C-6a, C-9a, C-17a, C-20a, C-8, C-19), 150.5 (C-4a, C-11a, C-15a, C-22a), 152.9 (NHCO).

HRMS (ESI pos., MeOH):

m/z [M+Na]$^+$:   ber. 808.3397

  gef. 808.3437.

Experimenteller Teil

Darstellung von 19-Dimethylphosphat-8-oxy-(*tert*-butyl-4-(2-ethyl)phenylcarbamat)-(5α,7α,9α,11α,16α,18α,20α,22α)-5,7,9,11,16,18,20,22-octahydro-5,22:7,20:9,18:11,16-tetramethanononacen (126)

Reaktionsschema:
- Edukt: $C_{55}H_{47}NO_4$, 785.97 g/mol
- Reagenzien: 1. $POCl_3$, NEt_3, THF, 0°C-RT, 2h; 2. MeOH, NEt_3, RT, 16h
- Produkt: $C_{57}H_{52}NO_7P$, 894.00 g/mol

Durchführung:

In einem 50 mL-Zweihalskolben mit Blasenzähler wurden unter Schutzgas-Atmosphäre 125 mg (159 µmol) **125** in 20 mL abs. THF gelöst und in einem Eisbad auf 0 °C gekühlt. Zu dieser Lösung wurden mittels einer Einwegspritze 140.8 µL (1.59 mmol) Phosphoroxychlorid zugegeben. Nach weiteren 10 min Rühren wurden ebenfalls mit einer Einwegspritze 215.8 µL (1.59 mmol) Triethylamin zugegeben. Kurze Zeit später war eine Trübung der Lösung zu beobachten. Man ließ 1 h bei 0 °C und noch 1 h bei RT rühren und gab 10 mL abs. Methanol, sowie 380 µL (3.18 mmol) Triethylamin hinzu. Die Lösung wurde über Nacht gerührt. Die Lösung wurde eingeengt und per Säulenchromatographie (Cyclohexan/Essigester 1:1) aufgereinigt. Das Produkt wurde als weißer Feststoff erhalten.

Experimenteller Teil 257

Ausbeute: 118.0 mg (132 µmol, 83%).

Smp.: > 140 °C Braunfärbung.

R$_f$: 0.4 (CH/EE 1:1).

^{1}H-NMR (500 MHz, CDCl$_3$): δ [ppm] = 1.55 (s, 9 H, H-38, H-39, H-40), 2.32 (dt, 2 H, H-24a, H-25a), 2.37(dt, 2 H, H-24i, H-25i), 2.42 (t, 4 H, H-23a, H-23i, H-26a, H-26i), 2.83 (t, $^3J_{\text{H-30/ H-29}}$ = 6.90 Hz 2 H, H-30), 3.37(d, $^3J_{\text{H-27/P, H-28/P}}$ = 11.00 Hz, 6 H, H-27, H-28), 3.99-4.04 (m, 4 H, H-16, H-22, H-29), 4.06 (d, 2H, H-5, H-11), 4.12 (d, 2 H, H-7, H-9), 4.33 (d, 2 H, H-18, H-20), 6.71-6.77 (m, 4 H, H-2, H-3, H-13, H-14), 6.98 (s, 2 H, H-4, H-12), 7.04 (dd, 4 H, H-1, H-15, H-17, H-21), 7.12 (d, $^3J_{\text{H-32/ H-33, H-34/H-35}}$ = 8.00 Hz, 2 H, H-32, H-34), 7.22 (s, 2 H, H-6, H-10), 7.39 (d, $^3J_{\text{H-35/ H-34, H-33/H-32}}$ = 8.00 Hz, 2 H, H-35, H-33).

^{13}C-NMR (125.7 MHz, CDCl$_3$): δ [ppm] = 28.6 (C-38, C-39, C-40), 34.4 (C-30), 48.6 (d, C-18, C-20, C-7, C-9), 51.4 (d, C-16, C-22, C-5, C-11), 54.9 (d, C-27, C-28), 68.7, 69.6 (C-23, C-24, C-25, C-26), 74.6 (C-29), 80.7 (C-37), 116.1 (C-17, C-21), 117.3 (C-6, C-10), 118.7 (C-33, C-35), 121.5, 121.7 (C-4, C-12, C-1, C-15), 124.8, 125.7 (C-3, C-13, C-2, C-14), 128.4 (C-36), 129.8 (C-32, C-34), 135.9 (C-31), 140.9, 141.4 (C-5a, C-10a, C-16a, C-21a, C-7a, C-8a, C-18a, C-19a), 146.9 (d), 147.7 (d) (C-6a, C-9a, C-17a, C-20a, C-8, C-19), 150.7 (d, C-4a, C-11a, C-15a, C-22a), 151.7 (NHCO).

^{31}P-NMR (202 MHz, CDCl$_3$): δ [ppm] = -3.58.

HRMS (ESI pos., MeOH):

m/z [M+Na]⁺:   ber. 916.3374

   gef. 916.3507.

Darstellung von 19-Dimethylphosphat-8-oxy-(4-(2-ethyl)phenylamin)-(5α,7α,9α–,11α,16α,18α,20α,22α)-5,7,9,11,16,18,20,22-octahydro-5,22:7,20:9,18:11,16-tetramethanononacen-trifluoroacetat (127)

$C_{57}H_{52}NO_7P$
894.00 g/mol

$C_{54}H_{45}NO_7P$
907.91 g/mol

Durchführung:

45.0 mg (50.3 µmol) **126** wurden in 10 mL DCM/TFA 9:1 gelöst und bei 0 °C für 3 h gerührt. Das Lösungsmittel wurde abkondensiert und noch dreimal mit Benzol versetzt und abermals abkondensiert. Das Produkt blieb als weißer Feststoff zurück.

Ausbeute: quantitativ.

^{1}H-NMR (500 MHz, DMSO-d$_6$): δ [ppm] = 2.20 (m, 8 H, H-24a, H-25a, H-24i, H-23a,H-23i, H-26a, H-26i), 2.82 (t, ^3J $_{\text{H-30/ H-29}}$ = 6.90 Hz 2 H, H-30), 3.49 (d, ^3J $_{\text{H-27/P, H-28/P}}$ = 11.00 Hz, 6 H,H-27, H-28), 4.08 (d, 6 H, H-16, H-22, H-5, H-11, H-7, H-9), 4.14 (t, ^3J $_{\text{H-29/ H-30}}$ = 6.90 Hz, 2 H, H-29), 4.24 (s, 2 H, H-18, H-20), 6.75-6.79 (m, 4 H, H-2, H-3, H-13, H-14), 7.00-7.10 (m, 6 H, H-4, H-12, H-1, H-15, H-17, H-21), 7.15 (s, 2 H, H-6, H-10), 7.18 (d, ^3J $_{\text{H-32/ H-33, H-34/H-35}}$ = 8.00 Hz, 2 H, H-32, H-34), 7.23 (d, ^3J $_{\text{H-35/ H-34, H-33/H-32}}$ = 8.00 Hz, 2 H, H-35, H-33).

^{13}C-NMR (125.7 MHz, DMSO-d$_6$): δ [ppm] = 34.4 (C-30), 47.7 (d, C-18, C-20, C-7, C-9), 50.3 (d, C-16, C-22, C-5, C-11), 54.9 (d, C-27, C-28), 67.7, 68.5 (C-23, C-24, C-25, C-26), 73.7 (C-29), 116.1 (C-17, C-21), 116.8 (C-6, C-10), 120.6 (C-33, C-35), 121.2, 121.5 (C-4, C-12, C-1, C-15), 124.6, 124.9 (C-3, C-13, C-2, C-14), 128.7 (C-36), 130.2 (C-32,C-34), 131.7 (C-31), 140.4, 140.7 (C-5a, C-10a, C-16a, C-21a, C-7a, C-8a, C-18a, C-19a), 146.3, 146.5, 147.3 (d) (C-6a, C-9a, C-17a, C-20a, C-8, C-19), 150.7 (d,C-4a, C-11a, C-15a, C-22a), 167.0 (CF$_3$COO).

^{31}P-NMR (202 MHz, DMSO-d$_6$): δ [ppm] = -3.82.

^{19}F-NMR (282.4 MHz, DMSO-d$_6$): δ [ppm] = -75.50.

HRMS (ESI pos., MeOH):

m/z [M+H]⁺: ber. 794.3030

  gef. 794.3086.

m/z [M+Na]⁺: ber. 816.2849

  gef. 816.2895.

5.1.6 Anknüpfung der Linker an das Guanidiniocarbonylpyrrol

Darstellung von 5-(N-Cbz-Guanidinocarbonyl)-1H-pyrrol-2-amido-(4-methyl)benzoat 47

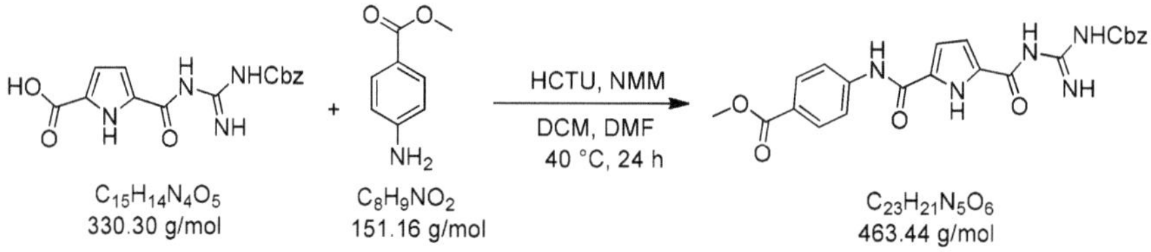

Durchführung:

600 mg (1.82 mmol) 5-(N-Cbz-guanidiniocarbonyl)-1H-pyrrol-2-carboxylat **45**, 236 mg (1.30 mmol) p-Aminobenzoesäuremethylester **46** und 582 mg (1.40 mmol) HCTU wurden unter Argon in 10 mL abs. Dichlormethan suspendiert und abs. DMF wurde zugegeben bis sich alle Feststoffe lösten (~10 mL). 335 µl (3.00 mmol) NMM wurde zugegeben und die Lösung wurde für 24 h bei 40 °C erhitzt. Dann wurde die Lösung mit 50 mL Ethylacetat verdünnt, mit ges. 100 mL NaHCO₃-Lösung und zweimal mit 100 mL ges. NaCl-Lösung gewaschen, die organische Phase mit MgSO₄ getrocknet und das Lösemittel im Vakuum entfernt. Das erhaltene gelbe Öl wurde durch Säulenchromatographie (Cyclohexan/Essigester 2:1) gereinigt. Das Produkt wurde als weißer Feststoff isoliert.

Ausbeute: 178 mg (384 µmol, 30%).

Smp.: 237 °C.

R$_f$: 0.18 (CH/EE 2:1).

^{1}H-NMR (500 MHz, DMSO-d$_6$): δ [ppm] = 3.83 (s, 3H, H-1), 5.16 (s, 2H, H-12), 7.08 (s, 1H, H-10), 7.32-7.40 (m, 6H, H-9, H-14, H-15, H-16, H-17, H-18), 7.88 (d, ^3J $_{H-3/H-4, H-5/H-6}$ = 8.7 Hz, 2 H, H-3,H-5), 7.98 (d, ^3J $_{H-3/H-4, H-5/H-6}$ = 8.7 Hz, 2 H, H-4, H-6), 8.79 (bs, 1H, NH), 9.43 (bs, 1H, NH), 10.40 (s, 1H, NH-CO), 11.19 (bs, 1H, NH).

^{13}C-NMR (125.7 MHz, DMSO-d$_6$): δ [ppm] = 52.1 (C-1), 66.4 (C-12), 113.9 (C-9, C-10), 119.4 (C-4, C-6), 124.2 (C-2), 127.7 (C-14, C-18), 127.9 (C-16), 128.4 (C-15, C-18), 130.2 (C-3, C-5), 143.4 (C-8, C-11, C-7, C-13), 159.1 (NHCO), 166.0 (COO).

HRMS (ESI pos., neg., MeOH):

m/z [M+H]$^+$:   ber. 464.1565

gef. 464.1601.

m/z [M-H]$^+$:   ber. 462.1419

gef. 462.1438.

Darstellung von 5-(*N-Cbz*-Guanidinocarbonyl)-1*H*-pyrrol-2-amidophenyl-(4-carbonsäure) (48)

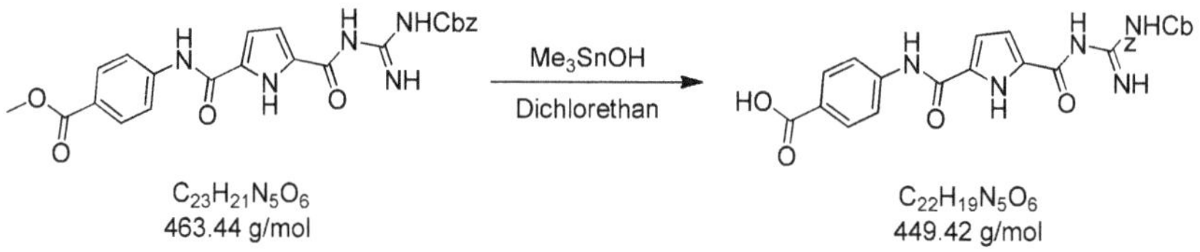

NHCbz
NH
Me3SnOH
Dichlorethan
HO
NHCb
z
$C_{23}H_{21}N_5O_6$
463.44 g/mol
$C_{22}H_{19}N_5O_6$
449.42 g/mol

Durchführung:

47 (180 mg, 0.39 mmol) und Trimethylzinnhydroxid (900 mg, 4.98 mmol) wurden in abs. Dichlorethan (35 mL) gelöst und für 6 d zum Rückfluss erhitzt. Die Lösung wurde am Rotationsverdampfer vom Lösungsmittel befreit und der Rückstand per Säulenchromatographie (Essigester/Cylohexan 4:1 + 1% AcOH) gereinigt. Das Produkt wurde als weißer Feststoff erhalten.

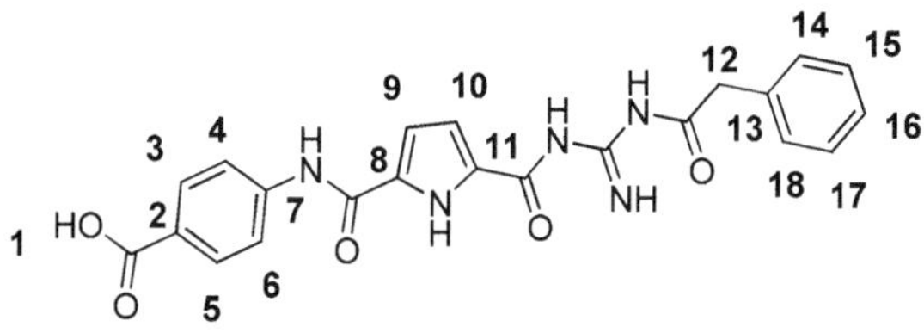

Ausbeute: 120 mg (267 μmol, 71%).

Smp.: 228-230 °C.

R_f: 0.71 (CH/EE + 1% AcOH 1:4).

^{1}H-NMR (500 MHz, DMSO-d_6): δ [ppm] = 5.14 (s, 2H, H-12), 6.96 (s, 2H, H-9, H-10), 7.30-7.40 (m, 5H, H-14, H-15, H-16, H-17, H-18), 7.99 (d, $^3J_{H-3/H-4,H-5/H-6}$ = 8.7 Hz, 2 H, H-4, H-6), 7.98 (d, $^3J_{H-3/H-4, H-5/H-6}$ = 8.7 Hz, 2 H, H-3, H-5), 8.70 (bs, 1H, NH), 9.34 (bs, 1H, NH), 10.32 (s, 1H, NH-CO), 11.89 (bs, 1H, NH).

^{13}C-NMR (125.7 MHz, DMSO-d$_6$): δ [ppm] = 65.5 (C-12), 113.7, 114.6 (C-9, C-10), 118.4 (C-4, C-6), 127.6 (C-14, C-18), 127.8 (C-16), 128.4 (C-15, C-17), 130.1 (C-3, C-5), 136.9 (C-8, C-11), 141.5 (C-7, C-13), 159.1 (NHCO).

HRMS (ESI pos., neg., MeOH):

m/z [M+H]$^+$: ber. 450.1408

gef. 450.1447.

m/z [M-H]$^+$: ber. 448.1263

gef. 448.1255.

Darstellung von 5-(*N-Cbz*-Guanidinocarbonyl)-1*H*-pyrrol-2-amido-*N*-(2-hydroxyethyl) (70)

HO\~\~\~\~\~\~\~\~\~\~\~NHCbz   +   HO\~\~NH$_2$ →   HO\~\~\~\~\~\~\~\~\~\~\~NHCbz

C$_{15}$H$_{14}$N$_4$O$_5$ C$_2$H$_7$NO   HCTU, NMM   C$_{17}$H$_{19}$N$_5$O$_5$
330.30 g/mol   61.08 g/mol   DCM, DMF   373.36 g/mol
                                40 °C, 24 h

Durchführung:

400 mg (1.21 mmol) 5-(*N-Cbz*-guanidiniocarbonyl)-1*H*-pyrrol-2-carbonsäure **45** und 500 mg (1.21 mmol) HCTU wurden unter Argon in 20 mL abs. DMF gelöst und mit 335 µl (3.00 mmol) NMM versetzt. Nach 10 min Rühren wurde 79.3 mg (1.30 mmol) Ethanolamin **69** zugegeben und die Lösung wurde für 24 h bei 40 °C erhitzt. Die Lösung wurde mit Wasser (~ 20 mL) hydrolysiert und der ausgefallenen Feststoff abgesaugt und durch Säulenchromatographie (Cyclohexan/Aceton 3:2) gereinigt. Das Produkt wurde als weißer Feststoff isoliert.

Experimenteller Teil   264

Ausbeute: 150 mg (0.40 mmol, 33%).

Smp.: 178 °C Zersetzung.

R$_f$: 0.07 (CH/Aceton 3:2).

^{1}H-NMR (500 MHz, DMSO-d$_6$): δ [ppm] = 3.29 (q, $^3J_{\text{H-2/H-1/NH}}$ = 8.00 Hz, 2 H, H-2), 3.51 (q, $^3J_{\text{H-1/H-2/OH}}$ = 6.00 Hz, 2 H, H-1), 6.82 (s, 1 H, H-5), 6.97 (bs, 1 H, OH), 7.32-7.42 (m, 6 H, H-4, H-9, H-10, H-11, H-12, H-13), 8.42 (t, $^3J_{\text{NH/H-2}}$ = 6.00 Hz, 1 H, NH-CO), 8.80 (bs, 1 H, NH), 9.36 (bs, 1 H, NH), 11.18 (s, 1H, NH-CO), 11.97 (bs, 1 H, NH).

^{13}C-NMR (125.7 MHz, DMSO-d$_6$): δ [ppm] = 41.7 (C-2), 59.8 (C-1), 66.2 (C-7), 111.9 (C-4, C-5), 127.6 (C-9, C-13), 127.9 (C-11), 128.4 (C-10, C-12), 136.7 (C-8), 159.7 (NHCO), 162.4 (NHCO).

HRMS (ESI pos., MeOH):

m/z [M+H]$^+$:   ber. 374.1459

   gef. 374.1475.

m/z [M+Na]$^+$:   ber. 396.1278

   gef. 396.1296.

Darstellung von 5-(*N*-Cbz-Guanidinocarbonyl)-1*H*-pyrrol-2-amido-*N*-(4-(hydroxymethyl)benzyl) (61)

Durchführung:

400 mg (1.20 mmol) 5-(*N-Cbz*-guanidiniocarbonyl)-1*H*-pyrrol-2-carbonsäure **45** und 500 mg (1.20 mmol) HCTU wurden unter Argon in 20 mL abs. DMF gelöst und mit 335 µl (3.00 mmol) NMM versetzt. Nach 10 min Rühren wurden 160 mg (1.30 mmol) 4-Aminobenzylalkohol **60** zugegeben und die Lösung wurde für 24 h bei 40 °C erhitzt. Die Lösung wurde mit Wasser (~ 20 mL) hydrolysiert und der ausgefallenen Feststoff abgesaugt. Man erhielt das Produkt als leicht gelben Feststoff.

Ausbeute: 340 mg (756 µmol, 63%).

Smp.: 240 °C Zersetzung.

R_f: 0.38 (CH/Aceton 3:2).

^{1}H-NMR (500 MHz, DMSO-d_6): δ [ppm] = 4.48 (d, 2H, H-1), 5.13-5.17 (m, 3 H, H-11, OH), 7.05 (s, 1 H, H-9), 7.31-7.41 (m, 8 H, H-8, H-13, H-14, H-15, H-16, H-17, H-3, H-5), 7.68 (d, $^3J_{\text{H-4/H-3,H-6/H-5}}$ = 8.00 Hz, 2 H, H-4, H-6), 8.79 (bs, 1H, NH), 9.42 (bs, 1H, NH), 10.10 (s, 1H, NH-CO), 11.21 (bs, 1H, NH), 12.01 (bs, 1H, NH).

^{13}C-NMR (125.7 MHz, DMSO-d_6): δ [ppm] = 62.6 (C-11), 66.2 (C-1), 113.0 (C-8, C-9), 119.8 (C-4, C-6), 126.9 (C-13, C-17), 127.6 (C-3, C-5), 127.9 (C-15), 128.4 (C-14, C-16), 136.5 (C-7, C-10), 137.3 (C-2a, C-2b), 137.8 (C-12), 157.9 (NHCO), 158.8 (NHCO).

HRMS (ESI pos., MeOH):

m/z [M+H]$^+$:   ber. 436.1615

   gef. 436.1642.

m/z [M+Na]$^+$:   ber. 458.1435

   gef. 458.1462.

Darstellung von 5-(*N-Cbz*-Guanidinocarbonyl)-1*H*-pyrrol-2-amido-*N*-(methyl)benzyl trifluoromethansulfonat) (62)

C$_{23}$H$_{23}$N$_5$O$_5$
449.46 g/mol

Tf$_2$O, DCM, 0 °C, 3 h

C$_{24}$H$_{22}$F$_3$N$_5$O$_7$S
581.52 g/mol

Durchführung:

Zu einer Lösung aus 120 mg (0.28 mmol) **61** und 172 mg (1.40 mmol) DMAP in 10 mL abs. DCM wurde nach 10 min rühren 128 ml (0.8 mmol) Tf$_2$O zugegeben, wobei nach kurzer Zeit ein Feststoff ausfiel. Die Lösung wurde eingeengt und der Rückstand per Säulenchromatographie (Cyclohexan/Aceton 3:2) gereinigt. Das Produkt wurde als weißer Feststoff erhalten.

Ausbeute: 70.0 mg (120 µmol, 43%).

^{1}H-NMR (500 MHz, DMSO-d$_6$): δ [ppm] = 4.46 (s, 2 H, H-1), 5.16 (s, 2 H, H-11), 7.04 (s, 1 H, H-9), 7.29 (d, $^3J_{H-3/H-4, H-5/H-6}$ = 8.00 Hz, 2 H, H-3, H-5), 7.32-7.41 (m, 6 H, H-8, H-13, H-14, H-15, H-16, H-17), 7.67 (d, $^3J_{H-4/H-3, H-6/H-5}$ = 8.00 Hz, 2 H, H-4, H-6), 8.87 (bs, 1H, NH), 9.48 (bs, 1H, NH), 10.10 (s, 1H, NH-CO), 12.01 (bs, 1H, NH).

^{13}C-NMR (125.7 MHz, DMSO-d$_6$): δ [ppm] = 62.6 (C-11), 66.3 (C-1), 113.0 (C-8, C-9), 119.8 (C-4, C-6), 121.9 (CF$_3$), 126.9 (C-13, C-17), 127.7 (C-3, C-5), 127.9 (C-15), 128.4 (C-14, C-16), 136.3 (C-7, C-10), 137.3 (C-2a, C-2b), 137.8 (C-12), 157.9 (NHCO).

^{19}F-NMR (282.4 MHz, DMSO-d$_6$): δ [ppm] = -77.57.

Experimenteller Teil

Darstellung von 5-(*N-Cbz*-Guanidinocarbonyl)-1*H*-pyrrol-2-amido-*N*-(2-bromoethyl) (66)

$C_{15}H_{14}N_4O_5$	$C_2H_7Br_2N$		$C_{17}H_{18}BrN_5O_4$
330.30 g/mol	204.89 g/mol		436.26 g/mol

Reagents: HCTU, NMM, DCM, DMF, 40 °C, 24 h

Durchführung:

300 mg (0.91 mmol) 5-(*N-Cbz*-guanidiniocarbonyl)-1*H*-pyrrol-2-carbonsäure **45** und 376 mg (0.91 mmol) HCTU wurden unter Argon in 20 mL abs. DMF gelöst und mit 400 µl (4.00 mmol) NMM versetzt. Nach 10 min Rühren wurden 174 mg (0.85 mmol) 2-Bromoethylaminhydrobromid **65** zugegeben und die Lösung wurde für 24 h bei 40 °C erhitzt. Die Lösung wurde mit Wasser (~ 20 mL) hydrolysiert und der ausgefallenen Feststoff abgesaugt. Das Produkt wurde als leicht gelber Feststoff erhalten.

Ausbeute: 213 mg (488 µmol, 58%).

Smp.: 194 °C.

R$_f$: 0.11 (CH/Aceton 3:2).

^{1}H-NMR (500 MHz, DMSO-d$_6$): δ [ppm] = 3.71 (q, $^3J_{\text{H-2/H-1/NH}}$ = 6.00 Hz, 2 H, H-2), 4.68 (t, $^3J_{\text{H-1/H-2}}$ = 6.00 Hz, 2 H, H-1), 5.13 (s, 2 H, H-7), 6.86 (s, 1 H, H-5), 7.29-7.39 (m, 6 H, H-4, H-9, H-10, H-11, H-12, H-13), 8.80 (t, $^3J_{\text{NH/H-2}}$ = 6.00 Hz, 1 H, NH-CO), 9.39 (bs, 1 H, NH), 11.15 (s, 1H, NH-CO), 12.33 (bs, 1 H, NH).

^{13}**C-NMR** (125.7 MHz, DMSO-d$_6$): δ [ppm] = 37.5 (C-1), 40.1 (C-2), 79.6 (C-7), 112.1, 121.5 (C-4, C-5), 126.1 (C-9, C-13), 127.5 (C-11), 128.6 (C-10, C-12), 133.6 (C-3, C-6), 141.5 (C-8), 160.1 (NHCO).

Darstellung von 5-(*N*-Cbz-Guanidinocarbonyl)-1*H*-pyrrol-2-amido-*N*-ethyl(methylphenylsulfonat) (68)

Durchführung:

400 mg (1.20 mmol) 5-(*N*-Cbz-guanidiniocarbonyl)-1*H*-pyrrol-2-carboxylat **45** und 500 mg (1.20 mmol) HCTU wurden unter Argon in 20 mL abs. DMF gelöst und mit 335 µl (3.00 mmol) NMM versetzt. Nach 10 min Rühren wurden 301 mg (1.40 mmol) **67** zugegeben und die Lösung wurde für 24 h bei 40 °C erhitzt. Das DMF wurde im Vakuum entfernt und der Rückstand per Säulenchromatographie (Cyclohexan/Aceton 3:2) gereinigt. Das Produkt wurde als weißer Feststoff erhalten.

Ausbeute: 280 mg (531 µmol, 44%).

Smp.: 151°C.

R$_f$: 0.43 (CH/Aceton 3:2).

^{1}H-NMR (500 MHz, DMSO-d$_6$): δ [ppm] = 2.35 (s, 3 H, H-1), 3.13 (q, $^3J_{\text{H-9/H-8/NH}}$ = 8.00 Hz, 2 H, H-9), 4.12 (t, $^3J_{\text{H-8/H-9}}$ = 8.00 Hz, 2 H, H-8), 5.17 (s, 2 H, H-14), 6.81 (d, 1H, H-12), 7.34 (d, 3 H, H-11, H-3, H-5), 7.36-7.42 (m, 5 H, H-16, H-17, H-18, H-19, H-20), 7.69 (d, $^3J_{\text{H-4/H-3,H-6/H-5}}$ = 8.00 Hz, 2 H, H-4, H-6), 7.91 (t, $^3J_{\text{NH/H-9}}$ = 6.00 Hz, 1 H, NH-CO), 8.78 (bs, 1 H, NH), 9.39 (bs, 1 H, NH), 11.14 (s, 1 H, NH-CO), 11.98 (bs, 1 H, NH).

^{13}C-NMR (125.7 MHz, DMSO-d$_6$): δ [ppm] = 21.0 (C-1), 41.4 (C-9), 59.9 (C-8), 66.3 (C-14), 115.9 (C-11, C-12), 126.5 (C-16, C-20), 127.8 (C-18), 128.4 (C-17, C-19), 129.6 (C-4, C-6), 129.6 (C-3, C-5), 137.6 (C-10, C-13), 137.8 (C-7), 142.5 (C-15), 142.7 (C-2), 159.3 (NHCO).

HRMS (ESI pos., MeOH):

m/z [M+H]$^+$: ber. 528.1547

gef. 528.1615.

m/z [M+Na]$^+$: ber. 550.1367

gef. 550.1434.

Darstellung von 5-(*N*-*Cbz*-Guanidinocarbonyl)-1*H*-pyrrol-2-amido-*N*-(4-(bromomethyl)benzyl) (64)

HO–⬡–CH$_2$–NH–C(=O)–[pyrrol]–C(=O)–NH–C(=NH)–NHCbz
C$_{23}$H$_{23}$N$_5$O$_5$
449.46 g/mol

PBr$_3$, THF, reflux, 20 h ⟶

Br–⬡–CH$_2$–NH–C(=O)–[pyrrol]–C(=O)–NH–C(=NH)–NHCbz
C$_{23}$H$_{22}$BrN$_5$O$_4$
512.36 g/mol

Durchführung:

50.0 mg (0.11 mmol) **61** wurde in 10 mL abs. THF gelöst und 52.0 µL (0.55 mmol) PBr$_3$ zugegeben. Die Lösung wurde für 20 h zum Rückfluss erhitzt und anschließend wurde das Lösungsmittel entfernt. Nach Aufreinigung per Säulenchromatographie (Cyclohexan/Aceton 3:2) wurde das Produkt als leicht gelber Feststoff erhalten.

Ausbeute: 46 mg (89.8 µmol, 82%).

Smp.: > 250 °C Zersetzung.

R$_f$: 0.51 (CH/Aceton 3:2).

^{1}H-NMR (500 MHz, DMSO-d$_6$): δ [ppm] = 4.69 (s, 2H, H-1), 5.19 (s, 2 H, H-11), 7.06 (d, 2 H, H-2, H-3), 7.38-7.41 (m, 7 H, H-8, H-9, H-13, H-14, H-15, H-16, H-17), 7.69(d, $^3J_{\text{H-4/H-3,H-6/H-5}}$ = 8.00 Hz, 2 H, H-4, H-6), 9.01 (bs, 1H, NH), 9.57 (bs, 1H, NH), 10.21 (s, 1H, NH-CO), 12.21 (bs, 1H, NH).

^{13}C-NMR (125.7 MHz, DMSO-d$_6$): δ [ppm] = 34.9 (C-1), 62.6 (C-11), 113.2 (C-8), 119.6, 119.8, 120.1 (C-9, C-4, C-6), 126.7, 128.0, 128.3, 128.4 (C-13, C-17, C-3, C-5, C-15, C-14, C-16), 129.9, 130.6, 132.4, 140.0 (C-7, C-10, C-2a, C-2b, C-12), 158.3 (NHCO).

HRMS (ESI pos., MeOH):

m/z [M+H]$^+$:   ber. 500.0754

                       gef. 500.0781.

m/z [M+Na]$^+$:   ber. 522.0573

                       gef. 522.1130.

Experimenteller Teil 271

5.17 Synthese der RGD-Cyclopeptide

Allgemeine Durchführung der manuellen Festphasensynthese:

Das zu beladene Harz (Chlorotritylresin) wurde für 50 min in abs. DCM aufquollen und anschließend wurde die entsprechende Aminosäure in 15 ml abs. DCM zusammen mit (1 Äq. bezogen auf die eingesetzte Aminosäure) N,N-Diisopropylethylamin (DIEA) zugegeben und für 3.5 h (150 rpm) geschüttelt. Um unreagierte Stellen des Resins abzudecken wurde 10 ml Methanol zugegeben und für 40 min geschüttelt. Das Resin wurde dann jeweils zweimal mit 10 ml DMF, 10 ml DCM, 10 ml Methanol und 10 ml Diethylether gewaschen (*flow-wash*) und im Vakuum getrocknet. Die Masse des Resins wurde gemessen um die Beladung zu bestimmen und anschließend 20 min in abs. DMF aufgequollen. Die nachfolgende Entschützung erfolgte mit zweimal 10 ml 20%igen Piperidin in abs. DMF und schütteln für jeweils 10 min. Das Resin wurde sechsmal mit jeweils 5 ml abs. DMF nachgewaschen und die nachfolgende Aminosäure, zusammen mit (jeweils 1.5 Äq. bezogen auf die eingesetzte Aminosäure) TBTU, HOBt und DIEA, in 10 ml abs. DMF zugegeben und für 1.5 h geschüttelt. Es wurde entschützt mit zweimal 10 ml 20%igen Piperidin in abs. DMF und schütteln für jeweils 10 min. Die nachfolgenden Kupplungen erfolgen nach dem gleichen Ablauf. Kupplungen und Entschützungen wurden mit Hilfe des NF31- und des Kaisertests auf Vollständigkeit überprüft.[176-178]

Darstellung von Cyclo(-Arg-Gly-Asp-D-Phe-Val)

$C_{28}H_{39}F_3N_8O_9$
688.65 g/mol

Durchführung:

Die Synthese erfolgte nach der allgemeinen Vorschrift für die manuelle Festphasensynthese: 100 mg (1.3 mmol/g, 130 µmol) Chlorotritylresin wurde zunächst mit 97.0 mg (325 µmol) Fmoc-Gly-OH beladen und nacheinander mit 227 mg (813 µmol) Fmoc-Arg(Pbf)-OH, 119 mg (813 µmol) Fmoc-Val-OH, 136 mg (813 µmol) Fmoc-D-Phe-OH und 144 mg (813 µmol) Fmoc-Asp(O^{t}Bu-OH) gekuppelt. Das lineare Peptid wurde durch Rühren mit einer Lösung aus Essigsäure, 2,2,2,-Trifluorethanol (TFE) und DCM (1:1:3) für 1 h bei RT vom Harz abgespalten. Es wurde noch zweimal mit der gleichen Lösung und dreimal mit DCM nachgewaschen, die Eluenten vereinigt und am Rotationsverdampfer eingeengt. Die Essigsäure wurde durch mehrmalige Zugabe von Toluol und anschließendes Einengen entfernt. Die anschließende Cyclisierung erfolgte durch langsames Zutropfen einer Lösung des linearen Peptides in DCM zu einer Lösung von 50%iger T3P in Essigsäure (2.00 mL), Triethylamin (2.40 mL) und DMAP (1.00 mg) in 200 ml DCM und Rühren über Nacht bei RT. Das geschützte cRGDfV wurde anschließend mittels Säulenchromatographie (Ethylacetat/Methanol 10:1) gereinigt. Die restlichen Schutzgruppen wurden durch Zugabe einer Lösung aus 20 mL Trifluoressigsäure/Wasser (19:1) und 3 h Rühren bei RT entfernt. Die überschüssige Trifluoressigsäure wurde durch mehrmalige Zugabe von Toluol und anschließendes Einengen entfernt. Der Rückstand wurde mit DCM und Diethylether verrührt und abfiltriert. Man erhielt das Produkt als leicht gelben Feststoff, welches zum Schluss per HPLC (Wasser/Acetonitril 8:2 + 0.1% TFA) aufgereinigt wurde.

Ausbeute: 62.0 mg (90.0 µmol, 69%).

^{1}**H-NMR** (500 MHz, D$_2$O): δ [ppm] = 0.65 (d, $^3J_{H-7/H-6}$= 6.73 Hz, 3 H, H-7), 0.7 (d, $^3J_{H-8/H-6}$= 6.73 Hz, 3 H, H-8), 1.55 (m, 2 H, H-2), 1.67 (m, 1 H, 3a), 1.87 (m, 2 H, H-3b, H-6), 2.52 (dd, 1 H, H-17a), 2.67 (dd, 1 H, H-17b), 2.97 (dd, 1 H, H-10a), 3.08 (dd, 1 H, H-10b), 3.19 (m, 2 H, H-1), 3.50 (d, $^3J_{H-18a/H-18b}$= 15 Hz, 1 H, H-18a), 3.68 (d, $^2J_{H-5/H-6}$= 7.3 Hz, 1 H, H-5), 4.14 (d, $^3J_{H-18b/H-18a}$=15 Hz, 1 H, H-18b), 4.36 (dd, 1 H, H-4), 4.69 (m, 2 H, H-16, H-9), 7.24-7.36 (m, 5 H, H-11, H-12, H-13, H-14, H-15).

^{13}**C-NMR** (125.7 MHz, D$_2$O): δ [ppm] = 17.9 (C-8), 18.4 (C-7), 24.7 (C-2), 27.5 (C-3), 29.1 (C-6), 37.1 (C-1), 37.5 (C-10), 40.5 (C-17), 43.7 (C-18), 50.8 (C-16), 52.7 (C-4), 54.9 (C-9), 61.7 (C-5), 127.6, 128.9, 129.4 (C-11, C-12, C-13, C-14, C-15), 136.5 (quart. Phenyl), 157.9 (N=C(NH$_2$)$_2$), 171.6 (-C=O), 172.6 (-C=O), 173.3 (-C=O), 174.5 (-C=O), 178.5 (-COO).

HRMS (ESI, MeOH):

m/z [M+H]$^+$:   ber. 575.2936

gef. 575.2948.

m/z [M+Na]$^+$:   ber. 597.2756

gef. 597.2762.

HPLC : 100%; R$_t$: 12.54 min (RP 18 Säule, 25 min, Wasser + 0.1 % TFA/ Acetonitril 80:20).

Experimenteller Teil 274

Darstellung von Cyclo(-Gly-Arg-Gly-Asp-D-Phe-Leu)

C$_{31}$H$_{44}$F$_3$N$_9$O$_{11}$
775.73 g/mol

· TFA

Durchführung:

Die Synthese erfolgte nach der allgemeinen Vorschrift für die manuelle Festphasensynthese, wobei im ersten Schritt ein bereits mit der entsprechenden Aminosäure beladenes Resin verwendet wurde:

100 mg (60.0 µmol) H-Arg-(Pbf)-Chlorotritylresin wurde zunächst 30 min in DCM aufquellen gelassen und dreimal mit DMF gewaschen und anschließend nacheinander mit 35.7 mg (120 µmol) Fmoc-Gly-OH, 42.4 mg (120 µmol) Fmoc-Leu-OH, 46.5 mg (120 µmol) Fmoc-D-Phe-OH, 49.4 mg (120 µmol) Fmoc-Asp(O^{t}Bu)-OH und 35.7 mg (120 µmol)Fmoc-Gly-OH gekuppelt. Das lineare Peptid wurde durch Rühren mit einer Lösung aus Essigsäure, 2,2,2,-Trifluorethanol (TFE) und DCM (1:1:3) für 1 h bei RT vom Harz abgespalten. Es wurde noch zweimal mit der gleichen Lösung und dreimal mit DCM nachgewaschen, die Eluenten vereinigt und am Rotationsverdampfer eingeengt. Die Essigsäure wurde durch mehrmalige Zugabe von Toluol und anschließendes Einengen entfernt. Die anschließende Cyclisierung erfolgte durch langsames Zutropfen einer Lösung des linearen Peptides in DCM zu einer Lösung von 50%iger T3P in Essigsäure (140 µL), Triethylamin (160 µL) und DMAP (500 µg) in 150 ml DCM und Rühren über Nacht bei RT. Das geschützte cGRGDfL wurde anschließend mittels Säulenchromatographie

(Ethylacetat/Methanol 10:1) gereinigt. Die restlichen Schutzgruppen wurden durch Zugabe einer Lösung aus 20 mL Trifluoressigsäure/Wasser (19:1) und 3 h Rühren bei RT entfernt. Die überschüssige Trifluoressigsäure wurde durch mehrmalige Zugabe von Toluol und anschließendes Einengen entfernt. Der Rückstand wurde mit DCM und Diethylether verrührt und abfiltriert. Man erhielt das Produkt als weißen Feststoff.

Ausbeute: 22.8 mg (29.3 µmol, 49%).

^{1}H-NMR (500 MHz, D$_2$O): δ [ppm] = 0.62 (s, 3 H, H-9), 0.72 (s, 3 H, H-10), 1.34 - 1.49 (m, 2 H, H-7), 1.56 - 1.68 (m, 2H, H-2), 1.76- 1.90 (m, 2 H, H-3), 2.80-2.89 (m, 2 H, H-19a, H-19b), 3.00 (dd, 1 H, H-12), 3.15 – 3.24 (m, 3 H, H-12, H-1), 3.78 (d, $^3J_{\text{H-5a/b/H-5b/a}}$= 17.0 Hz, 1 H, H-5a/b), 3.88 (d, $^3J_{\text{H-20a/b/H-20b/a}}$= 17.0 Hz, 1 H, H-20a/b), 4.01 (d, $^3J_{\text{H-20a/b/H-20b/a}}$= 17.0 Hz, 1 H, H-20a/b), 4.11 (dd, 1 H, H-6), 4.17 (t, $^3J_{\text{H-4/H-3}}$= 17.0 Hz, 1 H, H-4), 4.27 (d, $^3J_{\text{H-5a/b/H-5b/a}}$= 17.0 Hz, 1 H, H-5a/b), 4.51 (dd, 1 H, H-11), 4.74 – 4.77 (m, 2 H, H-18), 7.27 (d, $^3J_{\text{H-13/H-14, H-17/H-16}}$ = 17.0 Hz, 2 H, H-13, H-17), 7.33 – 7.42 (m, 3 H, H-14, H-15, H-16).

^{13}**C-NMR** (125.7 MHz, D$_2$O): δ [ppm] = 20.3, 22.4, 23.4 (C-8, C-9, C-10), 24.3 (C-2), 26.8 (C-3), 35.9 (C-19), 36.6 (C-12), 39.1 (C-7), 40.5 (C-1), 41.6 (C-5), 43.1 (C-20), 49.9 (C-18), 52.4 (C-4), 54.4 (C-6), 56.5 (C-11), 127.5, 129.0, 129.2 (C-13, C-14, C-15, C-16, C-17), 135.5 (quart. Phenyl), 156.9 (N=C(NH$_2$)$_2$), 170.9 (-C=O), 171.1 (-C=O), 173.3 (-C=O), 174.2 (-C=O), 174.5 (-C=O), 175.3 (-COO).

HPLC: 97%; R$_t$: 22.78 min (RP 18 Säule, 60 min, Wasser + 0.1% TFA/ Acetonitril 80:20).

Darstellung von Cyclo(-Arg-Gly-Asp-Phe-Pro-Ala)

C$_{31}$H$_{42}$F$_3$N$_9$O$_{10}$
757.71 g/mol

Durchführung:

Die Synthese erfolgte nach der allgemeinen Vorschrift für die manuelle Festphasensynthese, wobei im ersten Schritt ein bereits mit der entsprechenden Aminosäure beladenes Resin verwendet wurde:

100 mg (100 µmol) H-Gly-Chlorotritylresin wurde zunächst 30 min in DCM aufquellen gelassen und dreimal mit DMF gewaschen und anschließend nacheinander mit 14.3 mg (220 µmol) Fmoc-Arg(OPbf)-OH, 68.5 mg (220 µmol) Fmoc-Ala-OH, 74.2 mg (220 µmol) Fmoc-Pro-OH, 85.3 mg (220 µmol) Fmoc-Phe-OH und 90.6 mg (220 µmol) Fmoc-Asp(O^{t}Bu)-OH gekuppelt. Das lineare Peptid wurde durch Rühren mit einer Lösung aus

Essigsäure, 2,2,2,-Trifluorethanol (TFE) und DCM (1:1:3) für 1 h bei RT vom Harz abgespalten. Es wurde noch zweimal mit der gleichen Lösung und dreimal mit DCM nachgewaschen, die Eluenten vereinigt und am Rotationsverdampfer eingeengt. Die Essigsäure wurde durch mehrmalige Zugabe von Toluol und anschließendes Einengen entfernt. Die anschließende Cyclisierung erfolgte durch langsames Zutropfen einer Lösung des linearen Peptides in DCM zu einer Lösung von 50%iger T3P in Essigsäure (280 µL), Triethylamin (380 µL) und DMAP (150 µg) in 150 ml DCM und Rühren über Nacht bei RT. Das geschützte cRGDFPA wurde anschließend mittels Säulenchromatographie (Ethylacetat/Methanol 10:1) gereinigt. Die restlichen Schutzgruppen wurden durch Zugabe einer Lösung aus 20 mL Trifluoressigsäure/Wasser (19:1) und 3 h Rühren bei RT entfernt. Die überschüssige Trifluoressigsäure wurde durch mehrmalige Zugabe von Toluol und anschließendes Einengen entfernt. Der Rückstand wurde mit DCM und Diethylether verrührt und abfiltriert. Man erhielt das Produkt als weiß-kristallinen Feststoff.

Ausbeute: 18.9 mg (24.9 µmol, 25%).

^{1}H-NMR (500 MHz, D$_2$O + 30% MeOD): δ [ppm] = 1.15-1.20 (m, 1 H, H-8), 1.29-1.40 (m, 4 H, H-9), 1.44-1.53 (m, 2 H, H-2), 1.56-1.74 (m, 4 H, H-3, H-9, H-8), 2.55-2.61 (m, 1 H, H-19), 2.74-2.79 (m, 1 H, H-19), 2.87-2.92 (m, 2 H, H-12, H-7), 3.08-3.15 (m, 3 H, H-1, H-12), 3.21-3.22 (m, 1 H, H-10), 3.38-3.43 (m, 1 H, H-10), 3.64-3.70 (m, 1 H, H-20), 3.84-4.00 (m, 2 H, H-20, H-4), 4.21-4.35 (m, 2 H, H-4, H-18), 4.49-4.60 (m, 1 H, H-5), 7.14-7.33 (m, 5 H, H-13, H-14, H-15, H-16, H-17).

^{13}C-NMR (125.7 MHz, D$_2$O + 30% MeOD): δ [ppm] = 17.1 (C-6), 21.5 (C-9), 24.4 (C-2), 26.6 (C-3), 30.9 (C-8), 34.1 (C-19), 37.1 (C-1), 40.6 (C-12), 43.0 (C-20), 47.1 (C-10), 49.8, 50.1 (C-5, C-18), 55.5, 55,8 (C-4, C-11), 60.8 (C-7), 127.9, 128.7, 129.2 (C-13, C-14, C-15, C-16, C-17), 134.7 (quart. Phenyl), 156.8 (N=C(NH$_2$)$_2$), 170.0 (-C=O), 170.8 (-C=O), 171.9 (-C=O), 173.2 (-C=O), 173.9 (-C=O), 175.0 (-COO).

HPLC : 91%; R$_t$: 2.67 min (RP 18 Säule, 40 min, Wasser + 0.1% TFA/ Acetonitril 60:40).

5.18 Synthese der linearen Peptide

<u>**Allgemeine Durchführung der automatisierten Festphasensynthese:**</u>

Die Peptidsynthese erfolgte automatisiert am kommerziellen Mikrowellen-Peptidsynthesizer (*Liberty*, *CEM GmbH*, Kamp-Lintfort) mittels Fmoc-Festphasenpeptidsynthese. Die Ansatzgröße betrug 0.10 mmol. Für die Herstellung wurden Fmoc-Aminosäuren, Aktivator, *N,N*-Diisopropylethylamin und Piperidin (20% in DMF) eingesetzt. Nach abgeschlossener Synthese wurde das beladene Harz mit Dichlormethan gewaschen und im Hochvakuum getrocknet. Danach wurde eine Testabspaltung vom Harz vorgenommen, um zu überprüfen, ob das gewünschte Peptid immobilisiert auf dem polymeren Träger vorlag. Die Abspaltung vom Harz erfolgte mit TFA + 1% Wasser. Die sich in Lösung befindlichen Peptide wurden anschließend mit Diethylether gefällt, abfiltriert und in Wasser aufgenommen und lyophilisiert.

Darstellung von H-Ser-Arg-Gly-Ala-Ser-OH

$C_{21}H_{34}F_6N_8O_{12}$
704.53 g/mol

Durchführung:

Die Synthese wurde nach der allgemeinen Vorschrift der automatisierten Festphasensynthese durchgeführt.

Kupplungseinwaagen:

Fmoc-Ser-OH:	537 mg in 6.00 mL DMF
Fmoc-Arg(OPbf)-OH:	779 mg in 7.00 mL DMF
Fmoc-Gly-OH:	357 mg in 7.00 mL DMF
Fmoc-Ala-OH:	494 mg in 7.00 mL DMF
HCTU:	165 mg in 8.00 mL DMF
DIEA:	3.50 mL in 6.50 mL NMP

Experimenteller Teil	280

Ausbeute: 24.0 mg (34.1 µmol, 32%).

^{1}H-NMR (500 MHz, D$_2$O): δ [ppm] = 1.42-1.45 (m, 3 H, H-9), 1.65-1.72 (m, 2 H, H-5), 1.78-1.94 (m, 2 H, H-4), 3.23 (t, $^3J_{H-6/H-5}$= 6.5 Hz, 2 H, H-6), 3.88-4.05 (m, 5 H, H-1, H-7, H-11), 4.21 (t, 1 H, H-2), 4.38-4.46 (m, 2 H, H-3, H-8), 4.75 (s, 1 H, H-7), 4.83 (s, 1 H, H-10).

^{13}C-NMR (125.7 MHz, D$_2$O): δ [ppm] = 16.8 (C9), 24.4 (C-5), 28.1 (C-4), 40.6 (C-6), 42.3 (C-7), 49.6 (C-8), 53.9, 54.5, 55.0 (C-3, C-2, C-10), 60.2 (C-1), 61.2 (C-11), 156.8 (N=C(NH$_2$)$_2$), 168.1 (-C=O), 170.8 (-C=O), 173.3 (-C=O), 173.8 (-C=O), 175.1 (-COO).

MS (ESI, pos., neg., MeOH):

ber.: 318, 389, 476

gef. : Charakteristische Ionen + H = 319, 390, 477.

ber.: 389, 476, 487, 573, 584, 672, 749, 903, 963, 973, 1061

gef. : Charakteristische Ionen - H = alle Molekulargewichte nachweisbar.

HPLC : 94 %; R$_t$: 4.36 min (RP 18 Säule, 40 min, Wasser + 0.1% TFA/ Acetonitril 80:20).

Darstellung von H-Ser-Arg-Gly-Asp-Ser-OH

$C_{22}H_{34}F_6N_8O_{14}$
748.54 g/mol

Durchführung:

Die Synthese wurde nach der allgemeinen Vorschrift der automatisierten Festphasensynthese durchgeführt.

Kupplungseinwaagen:

Fmoc-Ser-OH:	537 mg in 6.00 mL DMF
Fmoc-Arg(OPbf)-OH:	779 mg in 7.00 mL DMF
Fmoc-Gly-OH:	357 mg in 7.00 mL DMF
Fmoc-Asp-OH:	494 mg in 7.00 mL DMF
HCTU:	165 mg in 8.00 mL DMF
DIEA:	3.50 mL in 6.50 mL NMP

Ausbeute: 12.0 mg (16.0 µmol, 16%).

^{1}H-NMR (500 MHz, D$_2$O): δ [ppm] = 1.65-1.72 (m, 2 H, H-5), 1.79-1.94 (m, 2 H, H-4), 2.85- 2.99 (m, 2 H, H-9), 3.23 (t, $^3J_{\text{H-6/H-5}}$= 6.5 Hz, 2 H, H-6), 3.89-4.03 (m, 5 H, H-1, H-7, H-11), 4.19-4.22 (m, 1 H, H-2), 4.38-4.46 (m, 1 H, H-3), 4.75 (s, 2 H, H-7), 4.83-4.84 (s, 2 H, H-8, H-10).

^{13}C-NMR (125.7 MHz, D$_2$O): δ [ppm] = 24.4 (C-5), 28.2 (C-4), 35.8 (C-9), 40.5 (C-6), 42.6 (C-7), 49.5 (C-8), 54.0 (C-3), 54.6, 55.4 (C-2, C-10), 60.3 (C-1), 61.3 (C-11), 156.9 (N=C(NH$_2$)$_2$), 168.1 (-C=O), 170.7 (-C=O), 173.4 (-C=O), 174.6 (-C=O), 174.7 (-COO)

MS (ESI, pos., neg., MeOH):

ber.:   433, 521

gef. : Charakteristische Ionen + H = 434, 521.

ber.:   433, 502, 520, 531, 618, 716, 964, 1051

gef. : Charakteristische Ionen - H = alle Molekulargewichte nachweisbar.

HPLC : 93 %; R$_t$: 4.32 min (RP 18 Säule, 40 min, Wasser + 0.1% TFA/ Acetonitril 80:20).

Darstellung von H-Ser-Ala-Gly-Asp-Ser-OH

$C_{17}H_{26}F_3N_5O_{12}$
549.41 g/mol

Durchführung:

Die Synthese wurde nach der allgemeinen Vorschrift der automatisierten Festphasensynthese durchgeführt.

Kupplungseinwaagen:

Fmoc-Ser-OH:	537 mg in 6.00 mL DMF
Fmoc-Ala-OH:	374 mg in 7.00 mL DMF
Fmoc-Gly-OH:	357 mg in 7.00 mL DMF
Fmoc-Asp-OH:	494 mg in 7.00 mL DMF
HCTU:	165 mg in 8.00 mL DMF
DIEA:	3.50 mL in 6.50 mL NMP

Experimenteller Teil   284

Ausbeute: 19.0 mg (34.6 µmol, 35 %).

^{1}**H-NMR** (500 MHz, D$_2$O): δ [ppm] = 1.44 (d, $^3J_{H-4/H-3}$= 7.30 Hz, 3 H, H-4), 2.86- 3.00 (m, 2 H, H-7), 3.89-4.05 (m, 5 H, H-1, H-5, H-9), 4.16-4.16 (m, 1 H, H-2), 4.39-4.46 (m, 1 H, H-3), 4.75 (s, 1 H, H-5), 4.87-4.83 (m, 2 H, H-8, H-6).

^{13}**C-NMR** (125.7 MHz, D$_2$O): δ [ppm] = 16.5 (C-4), 35.6 (C-7), 42.6, 49.5, 50-1 (C-3, C-5, C-6), 54.6, 55.1 (C-2, C-8), 60.2 (C-1), 61.1 (C-9), 167.8 (-C=O), 170.9 (-C=O), 171.2 (-C=O), 172.4(-C=O), 175.2 (-COO).

MS (ESI, pos., neg., MeOH):

ber.:   348, 435, 696, 783, 870

gef. : Charakteristische Ionen + H = 349, 436, 697, 784, 871

gef. : Charakteristische Ionen + Na = 371, 458.

ber.:   348,435,696,783,870,1131

gef. : Charakteristische Ionen - H = alle Molekulargewichte nachweisbar.

HPLC : 97 %; R$_t$: 4.32 min (RP 18 Säule, 40 min, Wasser + 0.1% TFA/ Acetonitril 80:20).

Experimenteller Teil   285

5.1.9 Diphosphonatsynthesen

Darstellung von Methylphenyl[dimethoxyphosphoryl)methyl]phosphonat (113)

Reaktionsschema:

$CH_3Cl_2O_2P$	$C_3H_9O_3P$	C_6H_6O
148.91 g/mol	124.08 g/mol	94.11 g/mol

Produkt: $C_{10}H_{16}O_6P_2$, 294.18 g/mol

Bedingungen: 1. -78 °C, BuLi, 30 min; 2. -78 °C, 2.5 h; 3. -78 °C - RT, 4 h; THF

Durchführung:

In einem trockenen 100 mL Dreihalskolben mit Thermometer und Tropftrichter wurde unter Argon eine Lösung aus 3.68 mL (9.20 mmol) *n*-BuLi (2.5 M in Hexan) in 10 mL abs. THF bei -78 °C vorgelegt. Eine Lösung von 0.98 mL (1.14 g, 9.20 mmol) Dimethylmethylphosphonat in 10 mL abs. THF wurde langsam zugetropft. Nach 30 min Rühren bei -78 °C wurde eine Lösung von 0.54 mL (0.68 g, 4.60 mmol) Methyldichlorophosphat (85%ige Lösung) in 10 mL abs. THF tropfenweise zugegeben. Die Lösung wurde 2.5 h bei -78 °C gerührt und anschließend wurde 0.43 g (4.60 mmol) Phenol **112** in 10 mL abs. THF ebenfalls tropfenweise zugegeben. Die Lösung rührte noch maximal 5 min bei -78 °C und wird dann langsam über den Zeitraum von 4 h auf RT erwärmt. Nach Zugabe von dest. Wasser (ca. 10 mL) wurde die org. Phase getrennt, die wässrige Phase zweimal mit Dichlormethan (2 x 30 mL) extrahiert und die vereinigten org. Phasen über Magnesiumsulfat getrocknet. Nach Entfernen des Lösungsmittels am Rotationsverdampfer und Trocknen im Vakuum blieb das Produkt als klares Öl zurück.

Nummeriertes Strukturschema mit Positionen 1–10.

Ausbeute: 990 mg (3.37 mmol, 73%).

R$_f$: 0.62 (MeOH/EE/CH 1:1:1).

^{1}H-NMR (500 MHz, CDCl$_3$): δ [ppm] = 2.62 (t, $^3J_{H-3/P}$ = 21.15 Hz, 2 H, H-3), 3.80-3.92 (td, $^3J_{H-1/P,\ H-2/P,\ H-4/P}$ = 11.50 Hz, 9 H, H-1, H-2, H-4), 7.17-7.38 (m, 5 H, H-6, H-7, H-8, H-9, H-10).

^{13}C-NMR (125.7 MHz, CDCl$_3$): δ [ppm] = 24.3 (t, C-3), 53.3 (d), 53.5 (d), 54.1 (d) (C-1, C-2, C-4), 120.6 (d, C6, C10), 125.5 (C-8), 129.9 (C-7, C-9), 150.2 (C-5).

^{31}P-NMR (202 MHz, CDCl$_3$): δ [ppm] = 17.36 (d, ^3J = 7.00 Hz, 1 P), 21.21 (d, ^3J = 7.00 Hz, 1 P).

HRMS (ESI, MeOH):

m/z [M+H]$^+$:   ber. 295.0495

                 gef. 295.0538.

m/z [M+Na]$^+$:   ber. 317.0314

                 gef. 317.0358.

Darstellung von Methylphenyl[dimethoxyphosphoryl)methyl]phosphonat (113)

C$_6$H$_6$O	CH$_2$Cl$_4$O$_2$P$_2$		C$_{10}$H$_{16}$O$_6$P$_2$	C$_{15}$H$_{18}$O$_6$P$_2$
94.11 g/mol	249.78 g/mol		294.18 g/mol	356.25 g/mol

Reagents/conditions: 1. Tetrazol, DIEA, Toluol, RT, 18 h; 2. MeOH, DIEA, 3 h

Durchführung:

525 mg (2.10 mmol) Methylenbis(phosphonsäure dichlorid) und 738 µL (0.33 mmol) 1*H*-tetrazol wurden unter Schutzgas in 20 mL abs. Toluol gelöst. Nach Zugabe von 200 mg (2.00 mmol) Phenol **112** und 347 µL (2.00 mmol) Diisopropylethylamin in 10 mL abs. Toluol

über einen Tropftrichter im Zeitraum von 2 h, wurde die Lösung über Nacht bei RT weitergerührt. Es wurde 10 mL abs. Methanol mit 1.04 mL (6.00 mmol) Diisopropylethylamin hinzugegeben und für weitere 3 h gerührt. Anschließend wurde die Lösung eingeengt und per Säulenchromatographie (MeOH/CH/EE 1:2:2) gereinigt. Produkt und Nebenprodukt wurden als weißer Feststoff erhalten.

Ausbeute: 120 mg (408 µmol, 21%) monosubstituiertes **113** , 320 mg (898 µmol, 51%) bisubstituiertes **115**.

Einfach substituiert: s. **113**.

Zweifach substituiert:

R$_f$: 0.67 (MeOH/EE/CH 1:1:1).

^{1}H-NMR (500 MHz, CDCl$_3$): δ [ppm] = 2.78 (t, $^3J_{H-8/P}$ = 21.15 Hz, 2 H, H-8), 3.83-3.95 (m, 6 H, H-7, H-9), 7.17-7.39 (m, 10 H, H-1, H-2, H-3, H-4, H-5, H-11, H-12, H-13, H-14, H-15).

^{31}P-NMR (202 MHz, CDCl$_3$): δ [ppm] = 16.50 (d, ^3J = 15.50 Hz, 1 P).

HRMS (ESI, MeOH):

m/z [M+H]$^+$:   ber. 357.0651

                   gef. 357.0697.

m/z [M+Na]$^+$:   ber. 379.0471

                   gef. 379.0515.

Darstellung von (Hydroxy(phenoxy)phosphoryl)methylphosphonsäure (114)

A

$C_{10}H_{16}O_6P_2$
294.18 g/mol

1. TMSI, DCM, 3 h, 0 °C
2. H_2O

$C_7H_{10}O_6P_2$
252.10 g/mol

B

$C_{10}H_{16}O_6P_2$
294.18 g/mol

1. TMSBr, DCM, 3 h, RT
2. H_2O

$C_7H_{10}O_6P_2$
252.10 g/mol

Durchführung:

A: Unter Argon wurde bei 0 °C 50.0 mg (0.17 mmol) **113** in 10 mL abs. DCM gelöst und 137.5 µL (1.02 mmol) TMSI zugegeben und für 3 h bei 0 °C gerührt. Anschließend wurde 10 mL Wasser hinzugegeben und noch 20 min bei RT gerührt. Die Phasen wurden getrennt, die org. Phase noch einmal mit Wasser extrahiert und die vereinigten wässrigen Phasen wurden lyophilisiert. Das Produkt wurde als weißer Feststoff erhalten.

B: Unter Argon wurde bei 0 °C 50.0 mg (0.17 mmol) **113** in 10 mL abs. DCM gelöst und 122 µL (1.02 mmol) TMSBr zugegeben und für 3 h bei RT gerührt. Anschließend wurde 10 mL Wasser hinzugegeben und noch 20 min bei RT gerührt. Die Phasen wurden getrennt, die org. Phase noch einmal mit Wasser extrahiert und die vereinigten wässrigen Phasen wurden lyophilisiert. Das Produkt wurde als weißer Feststoff erhalten.

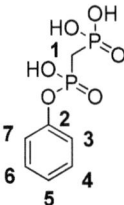

Ausbeute: quantitativ.

Smp.: 156 °C.

R$_f$: 0.14 (DCM/MeOH) 9:1.

^{1}H-NMR (500 MHz, MeOD): δ [ppm] = 2.56 (t, $^3J_{\text{H-3/P}}$ = 21.15 Hz, 2 H, H-1), 7.17-7.38 (m, 5 H, H-3, H-4, H-5, H-6, H-7).

^{31}P-NMR (202 MHz, MeOD): δ [ppm] = 17.89 (bs).

HRMS (ESI pos., MeOH):

m/z [M+H]$^+$:   ber.   253.0025

              gef.   253.0053.

m/z [M+Na]$^+$:   ber.   274.9845

              gef.   274.9868.

Darstellung von Methylhydrogen(dimethoxyphosphoryl)methylphosphonat (110)

C$_5$H$_{14}$O$_6$P$_2$
232.11 g/mol

t-BuNH$_2$
28 h, RT

C$_4$H$_{12}$O$_6$P$_2$
218.08 g/mol

Durchführung:

2.44 g (0.01 mmol) Tetramethylenbisphosphonat **109** wurden für 28 h in 20 mL *tert*-Butylamin gerührt. Nach Entfernung des Amins im Vakuum wurde der Rückstand in Methanol aufgenommen und mit einem sauren Ionenaustauscher (Dowex-50 W8) für mehrere Stunden gerührt. Anschließen wurde der Ionenaustauscher abfiltriert und der Rückstand eingeengt und mehrere Stunden im Vakuum getrocknet. Das Produkt wurde als gelbes Öl erhalten.

Ausbeute: quantitativ.

^{1}**H-NMR** (500 MHz, CDCl$_3$): δ [ppm] = 2.54 (t, $^3J_{\text{H-2/P}}$ = 21.12 Hz, 2 H, H-2), 3.80 (dd, $^3J_{\text{H-1/P,H-3/P, H-4/P}}$ = 11.50 Hz, 9 H, H-1, H-3, H-4).

^{13}**C-NMR** (125.7 MHz, CDCl$_3$): δ [ppm] = 24.5 (t, C-2), 52.6 (d, C-3), 53.5 (d, C-1, C-4).

^{31}**P-NMR** (202 MHz, CDCl$_3$): δ [ppm] = 21.25 (d, , ^3J= 5.80 Hz, 1P), 22.7 (d, , ^3J= 5.80 Hz, 1P).

HRMS (ESI pos., MeOH):

m/z [M+H]$^+$:   ber. 219.0182

                     gef. 219.0207.

m/z [M+Na]$^+$:   ber. 241.0001

                     gef. 241.0028.

Darstellung von 19-Hydroxy-8- methyl[dimethoxyphosphoryl)methyl]phosphonat-(5α–,7α,9α,11α,16α,18α,20α,22α)-5,7,9,11,16,18,20,22-octahydro-5,22:7,20:9,18:11,16-tetramethanononacen (117)

CH$_3$Cl$_2$O$_2$P	C$_3$H$_9$O$_3$P	C$_{42}$H$_{30}$O$_2$	C$_{46}$H$_{40}$O$_7$P$_2$
148.91 g/mol	124.08 g/mol	566.69 g/mol	766.75 g/mol

Durchführung:

In einem trockenen 100 mL Dreihalskolben mit Thermometer und Tropftrichter wurde unter Argon eine Lösung aus 142 µL (0.35 mmol) *n*-BuLi (2.5 M in Hexan) in 10 mL abs. THF bei -78 °C vorgelegt. Eine Lösung von 37.7 µL (0.35 mmol) Dimethylmethylphosphonat in 10 mL abs. THF wurde langsam zugetropft. Nach 30 min Rühren bei -78 °C wurde eine Lösung von 20.8 µL (0.18 mmol) Methyldichlorophosphat (85%ige Lösung) in 10 mL abs. THF tropfenweise zugegeben. Die Lösung wurde 2.5 h bei -78 °C gerührt und anschließend wurde 30 mg (0.05 mmol) **18** in 10 mL abs. THF ebenfalls tropfenweise zugegeben. Die Lösung rührte noch maximal 5 min bei -78 °C und wurde dann langsam über den Zeitraum von 4 h auf RT erwärmt. Das Lösungsmittel wurde entfernt und der Rückstand per Säulenchromatographie (Essigester/Methanol 9:1) vorgereinigt. Die Reinigung per HPLC (Methanol/Wasser 80:20) ergab das Produkt als farblosen kristallinen Feststoff.

Ausbeute: 1.80 mg (235 nmol, 5%).

R_f: 0.07 (EE/CH 9:1), 0.7 (EE/MeOH 9:1), 0.48 (RP MeOH/H$_2$O 8:2).

^{1}H-NMR (500 MHz, DMSO-d$_6$): δ [ppm] = 2.22 (dd, 4 H, H-24a, H-25a, H-24i, H-25i), 2.30 (d, 4 H, H-23a, H-23i, H-26a, H-26i), 2.78 (d, $^3J_{\text{H-27/P}}$ = 11.50 Hz, 2 H, H-27), 2.89-3.17 (m, 2 H, H-28, diastereotope Aufpaltung), 3.72 (dd, $^3J_{\text{H-29/P, H-30/P}}$ = 11.50 Hz, 6 H, H-29, H-30), 4.06 (d, 4 H, H-16, H-22, H-5, H-11), 4.25 (s, 2 H, H-20, H-18), 4.28 (s, 1 H, H-9), 4.37 (s, 1 H, H-7), 6.75-6.79 (m, 4 H, H-2, H-3, H-13, H-14), 7.01-7.06 (m, 4 H, H-4, H-12, H-1, H-15), 7.17 (s, 1 H, H-10), 7.25 (s, 1 H, H-6), 8.59 (bs, 1 H, OH).

^{31}P-NMR (202 MHz, DMSO-d$_6$): δ [ppm] = 18.40 (d, ^3J = 5.80 Hz, 1 P), 22.16 (d, ^3J = 5.80 Hz, 1 P).

HRMS (ESI pos., MeOH):

m/z [M+Na]$^+$:   ber. 789.2141

   gef. 789.2183.

HPLC : 97%; R$_t$: 19.88 min (RP 18 Säule, 50 min, Wasser/Methanol 20:80).

Darstellung von 19-Acetoxy-8- methyl[dimethoxyphosphoryl)methyl]phosphonat-(5α–,7α,9α,11α,16α,18α,20α,22α)-5,7,9,11,16,18,20,22-octahydro-5,22:7,20:9,18:11,16-tetramethanononacen (115)

CH$_3$Cl$_2$O$_2$P	C$_3$H$_9$O$_3$P	C$_{44}$H$_{32}$O$_3$	C$_{48}$H$_{42}$O$_8$P$_2$
148.91 g/mol	124.08 g/mol	608.72 g/mol	808.79 g/mol

Durchführung:

In einem trockenen 100 ml Dreihalskolben mit Thermometer und Tropftrichter wurde unter Argon eine Lösung aus 640 µL (1.60 mmol) *n*-BuLi (2.5 M in Hexan) in 10 mL abs. THF bei -78 °C vorgelegt. Eine Lösung von 170 µL (1.60 mmol) Dimethylmethylphosphonat in 10 mL abs. THF wurde langsam zugetropft. Nach 30 min Rühren bei -78 °C wurde eine Lösung von 94.0 µL (0.80 mmol) Methyldichlorophosphat (85%ige Lösung) in 10 mL abs. THF tropfenweise zugegeben. Die Lösung wurde 2.5 h bei -78 °C gerührt und anschließend wird 100 mg (0.16 mmol) **22** in abs. THF(10 mL) ebenfalls tropfenweise zugegeben. Die Lösung rührte noch maximal 5 min bei -78°C und wurde dann langsam über den Zeitraum von 4 h auf RT erwärmt. Die Lösung wurde eingeengt und der Rückstand per Säulenchromatographie (Essigester:Cyclohexan 4:1) vorgereinigt. Die Reinigung per HPLC (Methanol/Wasser 80:20) ergab das Produkt als farblosen kristallinen Feststoff.

Ausbeute: 20.0 mg (24.7 µmol, 16%).

Smp.: 173 °C.

R$_f$: 0.16 (EE/CH 4:1), 0.56 (RP MeOH/H$_2$O 9:1).

^{1}H-NMR (500 MHz, DMSO-d$_6$): δ [ppm] = 2.24 (m, 2 H, H-24a, H-25a), 2.30 (m, H-24i, H-25i, H-23a, H-23i, H-26a, H-26i), 2.37 (s, 3 H, H-28), 3.03 (d, $^3J_{\text{H-29/P}}$ = 11.50 Hz, 2 H, H-29), 3.08-3.27 (m, 2 H, H-30, diastereotope Aufspaltung), 3.73 (dd, $^3J_{\text{H-31/P, H-32/P}}$ = 11.50 Hz, 6 H, H-31, H-32), 4.02 (s, 2 H, H-16, H-22), 4.08 (d, 4 H, H-5, H-20, H-18, H-11), 4.37 (d, 1 H, H-9), 4.47 (d, 1 H, H-7), 6.76-6.79 (m, 4 H, H-2, H-3, H-13, H-14), 7.03-7.08 (m, 4 H, H-4, H-12, H-1, H-15), 7.10 (s, 2 H, H-17, H-21), 7.21 (s, 1 H, H-10), 7.25 (s, 1 H, H-6).

^{13}C-NMR (125.7 MHz, DMSO-d$_6$): δ [ppm] = 20.5 (C-30), 28.2 (C-28), 47.8, 48.1 (C-18, C-20, C-7, C-9), 50.3 (C-16, C-22, C-5, C-11), 52.9 (q, C-31, C-32), 53.2 (d, C-29), 67.7, 68.6 (C-23, C-24, C-25, C-26), 116.4, 166.8, 117.1 (C-17, C-21, C-6, C-10), 121.1 (d, C-4, C-12), 121.6 (d, C-1, C-15), 124.6 (d, C-3, C-13, C-2, C-14), 135.3, 135.8, 141.0, 141.7 (C-5a, C-10a, C-16a, C-21a, C-7a, C-8a, C-18a, C-19a), 141.9, 142.1, 146.0, 146.6, 147.2, 147.4 (C-6a, C-9a, C-17a, C-20a, C-8, C-19), 150.0, 150.2 (C-4a, C-11a, C-15a, C-22a), 168.7 (C-27).

^{31}P-NMR (202 MHz, DMSO-d$_6$): δ [ppm] = 19.07 (d, ^3J = 5.80 Hz, 1 P), 21.94 (d, ^3J = 5.80 Hz, 1 P).

Experimenteller Teil

HRMS (ESI pos., MeOH):

m/z [M+Na]$^+$: ber. 831.2247

gef. 831.2335.

HPLC : 97%; R_t: 33.53 min (RP 18 Säule, 60 min, Wasser/Methanol 20:80).

5.1.10 Methylierungsversuche

Darstellung von Methyl-(4-(*tert*-butoxycarbonylamino)benzoat (128)

$$\text{Edukt:} \quad C_{12}H_{15}NO_4 \quad 237.25 \text{ g/mol} \xrightarrow{CH_2N_2, \text{ Diethylether}}_{0\,°C,\,1\,h} \quad \text{Produkt:} \quad C_{13}H_{17}NO_4 \quad 251.28 \text{ g/mol}$$

Durchführung:

Die Durchführung erfolgte in einem Diazomethangenerator der Firma *Aldrich*:

Im äußeren Gefäß der Apparatur wurden 100 mg (0.42 mmol) 4-*Boc*-Aminobenzoesäure und 3.00 mL Diethylether vorgelegt. In das innere Gefäß wurde 270 mg (1.26 mmol) Diazald und 1.00 mL Carbitol gegeben. Die beiden Gefäße wurden zusammengeführt und der untere Teil wurde in einem Eisbad gekühlt. Anschließend wurde langsam per Spritze durch das Septum 1.50 mL 37%ige KOH-Lösung zugegeben. Das Gefäß wird kurz vorsichtig geschüttelt ohne das Reaktanten von innen nach außen gelangen. Nach 1 h bei 0 °C wurde Essigsäure in das innere Gefäß gegeben, um nicht umgesetztes Diazald zu zerstören. Die Lösung des äußeren Gefäßes wurde in einen Kolben überführt und zur Trockene eingeengt. Das Produkt wurde als leicht gelber Feststoff erhalten.

Ausbeute: quantitativ.

Smp. : 157 °C.

R$_f$: 0.5 (EE/CH 1:3).

^{1}H-NMR (500 MHz, CDCl$_3$): δ [ppm] = 1.53 (s, 9 H, H-10, H-11), 3.89 (s, 3 H, H-1), 6.66 (bs, 1 H, NH-CO), 7.43 (d, $^3J_{\text{H-6/H-5, H-4/H-3}}$ = 8.80 Hz, H-6, H-4), 7.98 (d, $^3J_{\text{H-5/H-6, H-3/H-4}}$ = 8.80 Hz, H-5, H-3).

^{13}C-NMR (125.7 MHz, CDCl$_3$): δ [ppm] = 28.6 (H-9, H-10, H-11), 52.2 (C-1), 81.5 (C-8), 117.5 (C-4, C-6), 124.5 (C-2), 131.2 (C-5, C-3), 142.9 (C-7), 152.4 (NHCO), 166.8 (COO).

HRMS (ESI, pos., neg. MeOH):

m/z [M+Na]$^+$:   ber. 274.1050

    gef. 274.1072.

m/z [M-H]$^-$:   ber. 250.1085

    gef. 250.1099.

Darstellung von (6α, 8α, 15α, 17α)-6, 8, 15, 17- Tetrahydro- 6:17, 8:15-dimethanoheptacen-7,16-bis-(dimethylphosphat) (118)

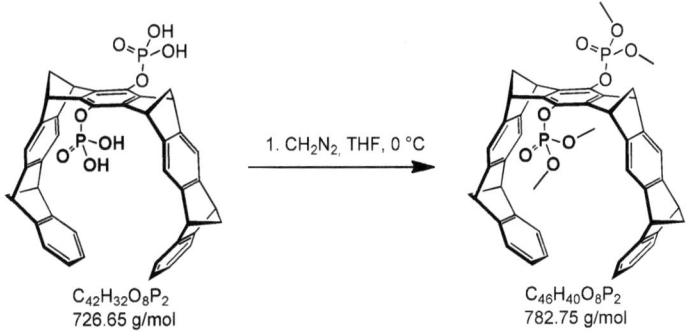

C₄₂H₃₂O₈P₂
726.65 g/mol

C₄₆H₄₀O₈P₂
782.75 g/mol

Durchführung:

Die Durchführung erfolgte in einem Diazomethangenerator der Firma *Aldrich*:

Im äußeren Gefäß der Apparatur wurden 20.0 mg (0.03 mmol) der beidseitigen phosphorylierten Pinzette **20** und 3.00 mL THF vorgelegt. In das innere Gefäß wurde 30.0 mg (0.14 mmol) Diazald und 0.40 mL Carbitol gegeben. Die beiden Gefäße wurden zusammengeführt und der untere Teil wurde in einem Eisbad gekühlt. Anschließend wurde langsam per Spritze durch das Septum 1.00 mL 37%ige KOH-Lösung zugegeben. Das Gefäß wird kurz vorsichtig geschüttelt ohne das Reaktanten von innen nach außen gelangen. Nach 3 h bei 0 °C und 2 h bei RT wurde Essigsäure in das innere Gefäß gegeben, um nicht umgesetztes Diazald zu zerstören. Die Lösung des äußeren Gefäßes wurde in einen Kolben überführt und zur Trockene eingeengt. Das Produkt wurde als leicht gelber Feststoff erhalten.

Ausbeute: quantitativ.

Smp. : 218 °C.

R$_f$: 0.88 (MeOH/EE/CH 1:1:1).

^{1}H-NMR (500 MHz, CD$_3$OD): δ [ppm] = 2.39 (d, 2 H, H-24a, H-25a), 2.41 – 2.46 (m, 6 H, H-23i, H-23a, H-26i, H-26a, H-24i, H-25i), 3.10 (d, $^3J_{\text{H-27/P, H-28/P, H-29/P, H-30/P,}}$ = 11.20 Hz, 12 H, H-27, H-28, H-29, H-30), 4.07 (s, 4 H, H-5, H-11, H-16, H-22), 4.37 (s, 4 H, H-7, H-9, H-18, H-20), 6.70 (q, 4 H, H-2, H-3, H-13, H-14), 7.07 (q, 4 H, H-1, H-4, H-12, H-15), 7.15 (s, 4 H, H-6, H-10, H-17, H-21).

^{13}C-NMR (125.7 MHz, CD$_3$OD): δ [ppm] = 48.6 (C-7, C-9, C-18, C-20), 51.8 (C-5, C-11, C-16, C-22), 54.9 (d, C-27, C-28, C-29, C-30), 67.8, 68.9 (C-23, C-24, C-25, C-26), 117.3 (C-6, C-10, C-17, C-21), 121.0 (C-1, C-4, C-12, C-15), 124.8 (C-2, C-3, C-13, C-14), 136.8, 142.3 (C-5a, C-10a, C-16a, C-21a, C-18a, C-19a, C-7a, C-8a), 146.8, 147.9 (C-6a, C-9a, C-10a, C-17a, C-20a, C-8, C-19), 150.9 (C-4a, C-11a, C-15a, C-22a).

^{31}P-NMR (202 MHz, CD$_3$OD): δ [ppm] = - 3.85.

HRMS (ESI, MeOH):

m/z [M+Na]$^+$: ber. 805.2091

gef. 805.2115.

5.1.11 Deuterierungsversuche

Darstellung von deuteriertem Diphenylmethan (120)

$$\text{C}_{13}\text{H}_{12} \xrightarrow[\text{D}_2\text{O, RT, 20 h}]{\text{H}_2, \text{Pd/C}} \text{C}_{13}\text{H}_{10}\text{D}_2$$

C$_{13}$H$_{12}$
168.23 g/mol

C$_{13}$H$_{10}$D$_2$
170.25 g/mol

Durchführung:

30.0 mg (0.17 mmol) Diphenylmethan **119** und 10% Pd/C (10 wt%) wurden in 1 mL D$_2$O suspendiert und bei RT unter H$_2$-Atmosphäre für 20 h gerührt. Es wurde mit 20 mL Diethylether verdünnt, über Celite filtriert und das Filtrat mit 20 mL H$_2$O gewaschen. Die org. Phase wurde über Na$_2$SO$_4$ getrocknet und zum Rückstand eingeengt.

Ausbeute: quantitativ.

^{1}**H-NMR** (500 MHz, CDCl$_3$): δ [ppm] = 4.01-4.05 (m, 1 H, H-6), 7.23-7.39 (m, 10 H, H-1, H-2, H-3, H-4, H-5, H-7, H-8, H-9, H-10, H-11).

D-NMR (76.8 MHz, CHCl$_3$): δ [ppm] = 4.02.

Darstellung von (6α, 8α, 15α, 17α)-6, 8, 15, 17- Tetrahydro- 6:17, 8:15-dimethanoheptacen-7,16-bis-(dideuteriumphosphat) (121)

C₄₂H₃₂O₈P₂
726.65 g/mol

D₂O, Pd/C, H₂

C₄₂H₂₈D₄O₈P₂
730.67 g/mol

Durchführung:

10.0 mg (0.01 mmol) der Bisphosphatpinzette **20** und 10% Pd/C (10 wt%) wurden in 1 mL D₂O gelöst und bei RT unter H₂-Atmosphäre für 72 h gerührt. Es wurde über Celite filtriert und das Filtrat zum Rückstand eingeengt.

Ausbeute: quantitativ

^{1}**H-NMR** (500 MHz, D₂O): δ [ppm] = s. **20**.

^{31}**P-NMR** (202 MHz, D₂O): δ [ppm] = s. **20**.

D-NMR (76.8 MHz, H₂O): δ [ppm] = 4.78.

5.2 Bindungsexperimente

Die magnetische Anisotropie von den Areneinheiten der Rezeptormoleküle übt einen starken Einfluss auf die magnetische Umgebung aus. Bei Bindung an ein Substratmolekül hat dies einen starken Einfluss auf die chemische Verschiebung des Gastes. Umgekehrt kann auch die Anwesenheit des Substratmoleküls die chemische Verschiebung der Protonen der Rezeptormoleküle beeinflussen. Aufgrund dieser Eigenschaften ist die ^{1}H-NMR-Spektroskopie geeignet das Komplexierungsverhalten von Rezeptoren zu untersuchen. Durch den diamagnetischen Ringstromeffekt erscheinen Protonen, wenn sie sich im Anisotropiekegel der Areneinheiten befinden, hochfeldverschoben. Liegen die Protonen in der Ebene des Arensystems so werden sie entschirmt und erscheinen tieffeldverschoben.[112, 179-181] In der Regel ändern sich die chemischen Verschiebungen des Gastes stärker als die des Wirtes, daher werden hauptsächlich die chemischen Verschiebungen der Substratmoleküle ausgewertet. Die Assoziationskonstante K_a ergibt sich aus dem Verhältnis der chemischen Verschiebung von Rezeptor zu Substrat. In aller Regel erfolgt die Bildung und Dissoziation eine Komplexes schnell gegenüber der NMR-Zeitskala, so dass nur die gemittelten Signale von freiem und komplexiertem Substrat auftauchen. Daher lässt sich die Abhängigkeit der komplex-induzierten Hochfeldverschiebung $\Delta\delta_{obs}$ von der Assoziationskonstante K_a durch folgende Gleichung beschreiben:

$$\Delta\delta_{obs} = \frac{\Delta\delta_{max}}{[S]_0} \cdot \left\{ \frac{1}{2} \cdot \left([R]_0 + [S]_0 + \frac{1}{K_a}\right) - \sqrt{\frac{1}{4} \cdot \left([R]_0 + [S]_0 + \frac{1}{K_a}\right)^2 - [R]_0 \cdot [S]_0} \right\} \quad (1)$$

Analog lässt sich die Dimerisierung K_{dim} eines Rezeptors, bei dem nur die gemittelten Signale des freien und assoziierten Rezeptors auftauchen, mit folgender Gleichung bestimmen:

$$\Delta\delta_{obs} = \frac{\Delta\delta_{max}}{[R]_0} \cdot \left\{ [R]_0 + \frac{1}{4 \cdot K_{dim}} - \sqrt{\frac{[R]_0}{2 \cdot K_{dim}} + \frac{1}{16 \cdot K_{dim}^2}} \right\} \quad (2)$$

Für die Bestimmung der Assoziationskonstante K_a und der komplex-induzierten Hochfeldverschiebung $\Delta\delta_{obs}$ eignen sich prinzipiell zwei Arten der ^{1}H-NMR Titration: Die ^{1}H-NMR Titration mit konstanter Substratkonzentration eignet sich am besten für Komplexe mit einer Assoziationskonstante von $\leq 10^4$ M^{-1}. Eine ^{1}H-NMR Verdünnungstitration ist für Systeme mit einer Assoziationskonstante von $> 10^4$ M^{-1} geeignet. Das Komplexierungsverhalten eines Rezeptors kann ebenso mittels spektrofluorometrischer Titration untersucht werden. Die Rezeptoren dieser Arbeit besitzen Naphthalineinheiten welche bei einer Wellenlänge von 280-290 nm absorbieren und nach der Anregung mit UV-Licht bei 320-340 nm eine Emissionsbande zeigen. Geht man davon aus, dass die Intensitätsänderung ΔI_{obs} dieser Bande durch Komplexbildung zustande kommt, kann man mit folgender Gleichung die Abhängigkeit der beobachteten Intensitätsänderung ΔI_{obs} von der Assoziationskonstante K_a beschreiben:

$$\Delta I_{obs} = \frac{\Delta I_{max}}{[S]_0} \cdot \left\{ \frac{1}{2} \cdot \left([R]_0 + [S]_0 + \frac{1}{K_a}\right) - \sqrt{\frac{1}{4} \cdot \left([R]_0 + [S]_0 + \frac{1}{K_a}\right)^2 - [R]_0 \cdot [S]_0} \right\} \quad (3)$$

5.2.1 ^{1}H-NMR-Titrationen mit konstanter Substratkonzentration

Zur Durchführung einer ^{1}H-NMR-Titration mit konstanter Substratkonzentration wird eine definierte Menge m_R an Rezeptor eingewogen und in einem definiertem Volumen mit der Konzentration S_0 gelöst. Durch Zugabe definierter Volumina der Substratlösung wird die Rezeptorkonzentration vermindert und nach jedem Titrationsschritt ein ^{1}H-NMR-Spektrum aufgenommen.

Beispiel:

Rezeptor	102
Lösungsmittel	MeOD + 10% D_2O pH 6.0
T [°C]	25
Substrat	cRGDfV
m_R **[mg]**	1.00
m_S **[mg]**	1.00
[S]$_0$ [mM]	0.46
V_0 **[mL]**	3.20

V [µl]	[R]$_0$ [M]
600	0.00043589
660	0.00039626
720	0.00036324
780	0.00033530
840	0.00031135
900	0.00029059
960	0.00027243
1020	0.00025641
1080	0.00024216
1140	0.00022942
1200	0.00021794

5.2.2 ^{1}H-NMR-Verdünnungstitrationen

Zur Durchführung einer ^{1}H-NMR-Verdünnungstitration wurden Rezeptor und Substrat im Molverhältnis 1:1 eingewogen und in einer definierten Menge des verwendeten deuterierten Lösungsmittels gelöst. Diese Stammlösung wurde zur Bereitung eine Verdünnungsreihe verwendet, wobei die Konzentration der Stammlösung als Startkonzentration dient, von der durch Verdünnung mit dem verwendeten Lösungsmittel vier bis fünf weitere Konzentrationen eingestellt wurden, die sich je um Faktor 2 unterschieden. Nach jedem Titrationsschritt wurde ein ^{1}H-NMR-Spektrum aufgenommen.

Beispiel:

Rezeptor	21
Lösungsmittel	Phosphatpuffer
T [°C]	25
Substrat	cRGDfV
m_R [mg]	5.70
m_S [mg]	3.35
$[R]_0$ [mM]	1.75
$[S]_0$ [mM]	1.76
V_0 [mL]	4.00

$[R]_0$ [mM]	$[S]_0$ [mM]	δ_{obs} (H-2)	$\Delta\delta_{obs}$
1.75	1.76	-0.356	1.905
0.87	0.88	-0.214	1.763
0.44	0.44	0.083	1.467
0.22	0.22	0.302	1.247

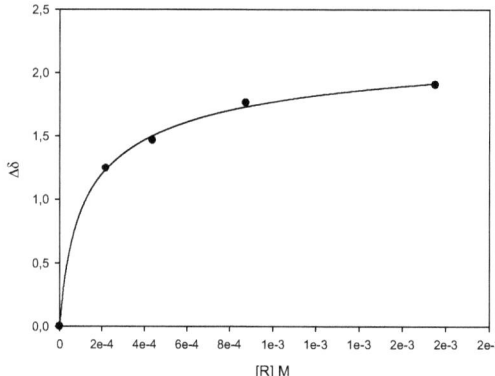

K_a = 9428 +/- 0 M^{-1}

5.2.3 ^{1}H-NMR-Verdünnungsexperimente zur Bestimmung der Eigenassoziation

Beispiel:

Rezeptor	26
Lösungsmittel	D_2O
T [°C]	25
m_R [mg]	4.61
$[R]_0$ [mM]	6.67
V_0 [mL]	1

$[R]_0$ [mM]	δ_{obs} (H-2,3,13,14)	$\Delta\delta_{obs}$
6.67	7.03	
3.34	7.06	0.03
1.67	7.1	0.07
0.83	7.12	0.09
0.42	7.14	0.11
0.21	7.15	0.12

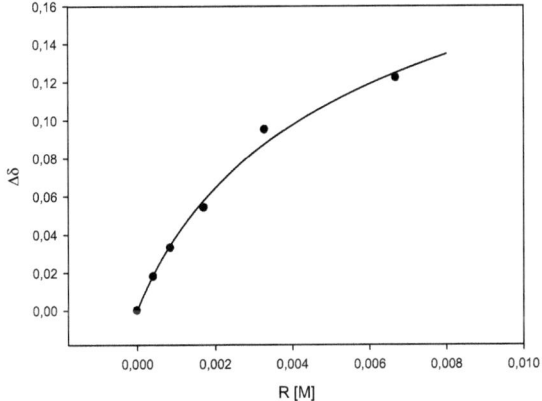

K_a = 80 +/- 0 M^{-1}

5.2.4 Aufnahme von ^{1}H-NMR 1:1 und 2:1 Komplexen

Beispiel:

Rezeptor	102
Lösungsmittel	50% D_2O + 50% MeOD pH 6.0
T [°C]	25
Substrat	Ac-Lys-OMe
m_R [mg]	0.4
m_S [mg]	0.05
$[S]_0$ [mM]	0.35
$[R]_0$ [mM]	0.70
V_0 [mL]	0.6

5.2.5 Fluoreszenztitrationen

Zu 700 µL einer Stammlösung mit einer definierten Konzentration des Rezeptors werden insgesamt 300 µL dieser Stammlösung mit einer definierten Konzentration an Substrat sukzessive in 11 Titrationsschritten zugegeben. Die Rezeptorkonzentration bleibt konstant und die Substratkonzentration wird sukzessive erhöht. Nach jedem Titrationsschritt wird ein Fluoreszenzspektrum aufgenommen.

Beispiel:

Rezeptor	21
Lösungsmittel	Phosphatpuffer pH 7.4
T [°C]	25
Substrat	cRGDFPA
m_R [mg]	0.12
m_S [mg]	0.25
$[R]_0$ [M]	$3.7 \cdot 10^{-5}$
$[S]_0$ [M]	$0.8 \cdot 10^{-3}$
V_{0R} [mL]	4.0
V_{0S} [mL]	0.4

Experimenteller Teil 307

V_{Gast} [µL]	V_{gesamt}[µL]	[R][mol/L]	[S][mol/L]	[S]/[R]	I 335 nm	ΔI_{obs}
0	700	3.68E-05	0.00E+00	0.00	434.542	0.000
10	710	3.68E-05	1.16E-05	0.32	417.043	17.499
20	720	3.68E-05	2.29E-05	0.62	392.285	42.257
30	730	3.68E-05	3.39E-05	0.92	371.439	63.103
40	740	3.68E-05	4.46E-05	1.21	364.636	69.906
60	760	3.68E-05	6.51E-05	1.77	347.017	87.525
80	780	3.68E-05	8.46E-05	2.30	340.907	93.635
100	800	3.68E-05	1.03E-04	2.80	328.806	105.736
120	820	3.68E-05	1.21E-04	3.28	320.760	113.782
150	850	3.68E-05	1.46E-04	3.95	312.397	122.145
180	880	3.68E-05	1.69E-04	4.58	302.304	132.238
220	920	3.68E-05	1.97E-04	5.36	296.811	137.731
260	960	3.68E-05	2.23E-04	6.07	290.456	144.086
300	1000	3.68E-05	2.47E-04	6.72	284.388	150.154

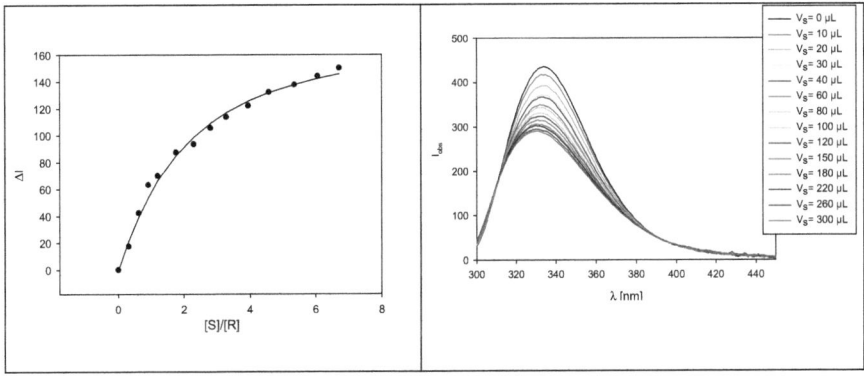

$K_a = 18705$ +/- 2158

5.2.6 Molecular Modelling

Kraftfeldrechnungen wurden mit Hilfe des Computer-Programms MacroModel 9.0 durchgeführt. Energieminimierungen, Monte-Carlo-Simulationen sowie die Simulation der Molekül-Dynamik in wässriger Lösung wurden mit Hilfe des Kraftfelds Amber* durchgeführt. Dabei wurden Rezeptor und Substrat in eine geeignete Vororientierung gebracht und im ersten Schritt eine Energieminimierung durchgeführt. Darauf aufbauend wurde mit dem Kraftfeld Amber* eine Monte-Carlo-Simulation mit, wenn nicht anders angegeben, 5000 Schritten durchgeführt und die energieärmste Struktur betrachtet. Von der erhaltenen Struktur wurden gegebenenfalls noch eine Moleküldynamik über 5 ns bei 300 K durchgeführt.

6. Literaturverzeichnis

[1] R. P. Mecham, *The Extracellular Matrix: an Overview*, Springer 1st Edition, **2011**.
[2] G. Tarone, E. Hirsch, M. Brancaccio, M. De Acetis, L. Barberis, F. Balzac, F. Retta, C. Botta, F. Altruda, L. Silengo, *Int. J. Dev. Biol.* **2000**, *44*, 725.
[3] S. Dedhar, *Cancer Metastasis Rev.* **1995**, *14*, 165.
[4] J. S. Desgrosellier, D. A. Cheresh, *Nat. Rev. Cancer* **2010**, *10*, 9.
[5] E. A. Clark, J. S. Brugge, *Science (Washington, D. C.)* **1995**, *268*, 233.
[6] S. Liu, D. A. Calderwood, M. H. Ginsberg, *J. Cell Sci.* **2000**, *113*, 3563.
[7] P. Kanchanawong, G. Shtengel, A. M. Pasapera, E. B. Ramko, M. W. Davidson, H. F. Hess, C. M. Waterman, *Nature (London, U. K.)* **2010**, *468*, 580.
[8] B. M. Jockusch, P. Bubeck, K. Giehl, M. Kroemker, J. Moschner, M. Rothkegel, M. Ruediger, K. Schlueter, G. Stanke, J. Winkler, *Annu. Rev. Cell Dev. Biol.* **1995**, *11*, 379.
[9] J. Takagi, B. M. Petre, T. Walz, T. A. Springer, *Cell (Cambridge, MA, U. S.)* **2002**, *110*, 599.
[10] H. Gong, B. Shen, P. Flevaris, C. Chow, S. C. T. Lam, T. A. Voyno-Yasenetskaya, T. Kozasa, X. Du, *Science (Washington, DC, U. S.)* **2010**, *327*, 340.
[11] R. J. Faull, M. H. Ginsberg, *J. Am. Soc. Nephrol.* **1996**, *7*, 1091.
[12] R. Legate Kyle, A. Wickstrom Sara, R. Fassler, *Genes Dev* **2009**, *23*, 397.
[13] A. I. Rojas, A. R. Ahmed, *Crit Rev Oral Biol Med* **1999**, *10*, 337.
[14] K.-E. Gottschalk, H. Kessler, *Angew. Chem., Int. Ed.* **2002**, *41*, 3767.
[15] M. A. Arnaout, B. Mahalingam, J. P. Xiong, *Annu. Rev. Cell Dev. Biol.* **2005**, *21*, 381.
[16] A. E. Berman, N. I. Kozlova, G. E. Morozevich, *Biochemistry (Mosc)* **2003**, *68*, 1284.
[17] R. O. Hynes, *Cell (Cambridge, Mass.)* **1992**, *69*, 11.
[18] J. A. Askari, P. A. Buckley, A. P. Mould, M. J. Humphries, *J. Cell Sci.* **2009**, *122*, 165.
[19] W. L. Rust, S. W. Carper, G. E. Plopper, *J. Biomed. Biotechnol.* **2002**, *2*, 124.
[20] X. Y. Y. Takada, S. Simon, *GenomeBiology* **2007**, *8*, 215.
[21] J. D. Humphries, A. Byron, M. J. Humphries, *J. Cell Sci.* **2006**, *119*, 3901.
[22] O. Lieleg, M. Lopez-Garcia, C. Semmrich, J. Auernheimer, H. Kessler, A. R. Bausch, *Small* **2007**, *3*, 1560.
[23] E. Ruoslahti, *Annu. Rev. Cell Dev. Biol.* **1996**, *12*, 697.
[24] M. D. Pierschbacher, E. Ruoslahti, *Nature (London)* **1984**, *309*, 30.
[25] S. Suzuki, A. Oldberg, E. G. Hayman, M. D. Pierschbacher, E. Ruoslahti, *Embo J.* **1985**, *4*, 2519.
[26] T. K. Gartner, J. S. Bennett, *J. Biol. Chem.* **1985**, *260*, 11891.
[27] E. Ruoslahti, M. D. Pierschbacher, *Science (Washington, D. C., 1883-)* **1987**, *238*, 491.
[28] E. Ruoslahti, *Adv. Cancer Res.* **1999**, *76*, 1.
[29] P. Schaffner, M. M. Dard, *Cell. Mol. Life Sci.* **2003**, *60*, 119.
[30] B. L. Bader, H. Rayburn, D. Crowley, R. O. Hynes, *Cell (Cambridge, Mass.)* **1998**, *95*, 507.
[31] T. Sato, M. Del Carmen Ovejero, P. Hou, A.-M. Heegaard, M. Kumegawa, N. T. Foged, J.-M. Delaisse, *J. Cell Sci.* **1997**, *110*, 589.
[32] P. Clezardin, *Cell. Mol. Life Sci.* **1998**, *54*, 541.
[33] B. P. Eliceiri, D. A. Cheresh, *J. Clin. Invest.* **1999**, *103*, 1227.
[34] S. M. Albelda, C. A. Buck, *Faseb J.* **1990**, *4*, 2868.

[35] G. B. S. Lavilla-Alonso, U. Abo-Ramadan, J. Halavaara, S. Escutenaire, I. Diaconu, T. Tatlisumak, A. Kanerva, A. Hemminki, S. Pesonen, *J. Transl. Med.* **2010**, *8*, 80.
[36] D. R. Cue, P. P. Cleary, *Infect. Immun.* **1997**, *65*, 2759.
[37] R. G. van der Most, J. Corver, J. H. Strauss, *Virology* **1999**, *265*, 83.
[38] S. Sengupta, I. V. Ulasov, B. Thaci, A. U. Ahmed, M. S. Lesniak, *PLoS One* **2011**, *6*, e18091.
[39] P. Ylipaasto, M. Eskelinen, K. Salmela, T. Hovi, M. Roivainen, *J. Gen. Virol.* **2010**, *91*, 155.
[40] J. J. Calvete, M. P. Moreno-Murciano, R. D. G. Theakston, D. G. Kisiel, C. Marcinkiewicz, *Biochem. J.* **2003**, *372*, 725.
[41] Y. Hirano, Y. Kando, T. Hayashi, K. Goto, A. Nakajima, *J. Biomed. Mater. Res.* **1991**, *25*, 1523.
[42] S. Cheng, W. S. Craig, D. Mullen, J. F. Tschopp, D. Dixon, M. D. Pierschbacher, *J. Med. Chem.* **1994**, *37*, 1.
[43] S. Patel, J. Tsang, G. M. Harbers, K. E. Healy, S. Li, *J. Biomed. Mater. Res., Part A* **2007**, *83A*, 423.
[44] E. Uchio, R. Kimura, Y.-H. Huang, A. Fuchigami, K. Kadonosono, A. Hayashi, H. Ishiko, K. Aoki, S. Ohno, *Ophthalmologica* **2007**, *221*, 326.
[45] Y. Kambe, K. Yamamoto, K. Kojima, Y. Tamada, N. Tomita, *Biomaterials* **2010**, *31*, 7503.
[46] G. Niu, X. Chen, *Theranostics* **2011**, *1*, 30.
[47] V. L. Kolachala, R. Bajaj, L. Wang, Y. Yan, J. D. Ritzenthaler, A. T. Gewirtz, J. Roman, D. Merlin, S. V. Sitaraman, *J. Biol. Chem.* **2007**, *282*, 32965.
[48] D. W. DeSimone, *Curr. Opin. Cell Biol.* **1994**, *6*, 747.
[49] M. K. Magnusson, D. F. Mosher, *Arterioscler., Thromb., Vasc. Biol.* **1998**, *18*, 1363.
[50] D. Craig, M. Gao, K. Schulten, V. Vogel, *Structure (Cambridge, MA, U. S.)* **2004**, *12*, 21.
[51] A. Mayasundari, N. A. Whittemore, E. H. Serpersu, C. B. Peterson, *J. Biol. Chem.* **2004**, *279*, 29359.
[52] B. Felding-Habermann, D. A. Cheresh, *Curr. Opin. Cell Biol.* **1993**, *5*, 864.
[53] K. T. Preissner, D. Seiffert, *Thromb Res* **1998**, *89*, 1.
[54] S. Stefansson, E. J. Su, S. Ishigami, J. M. Cale, Y. Gao, N. Gorlatova, D. A. Lawrence, *J. Biol. Chem.* **2007**, *282*, 15679.
[55] C. Fuss, J. C. Palmaz, E. A. Sprague, *J Vasc Interv Radiol* **2001**, *12*, 677.
[56] M. W. Mosesson, K. R. Siebenlist, D. A. Meh, *Ann. N. Y. Acad. Sci.* **2001**, *936*, 11.
[57] A. Salsmann, E. Schaffner-Reckinger, F. Kabile, S. Plancon, N. Kieffer, *J. Biol. Chem.* **2005**, *280*, 33610.
[58] J. W. Smith, Z. M. Ruggeri, T. J. Kunicki, D. A. Cheresh, *J. Biol. Chem.* **1990**, *265*, 12267.
[59] *Kristallstrukturen aus der Protein Database (PDB) der Royal Society of Chemistry: 1fnf, 1s4g, 3ghg.*
[60] R. H. Stote, *Theor. Chem. Acc.* **2001**, *106*, 128.
[61] R. E. Cachau, E. H. Serpersu, A. S. Mildvan, J. T. August, L. M. Amzel, *J. Mol. Recognit.* **1989**, *2*, 179.
[62] I. Y. Torshin, *Med. Sci. Monit.* **2002**, *8*, BR301.
[63] S. Kostidis, A. Stavrakoudis, N. Biris, D. Tsoukatos, C. Sakarellos, V. Tsikaris, *J. Pept. Sci.* **2004**, *10*, 494.
[64] T. Weide, A. Modlinger, H. Kessler, *Top. Curr. Chem.* **2007**, *272*, 1.
[65] A. O. Frank, E. Otto, C. Mas-Moruno, H. B. Schiller, L. Marinelli, S. Cosconati, A. Bochen, D. Vossmeyer, G. Zahn, R. Stragies, E. Novellino, H. Kessler, *Angew. Chem., Int. Ed.* **2010**, *49*, 9278.

[66] L. K. Newby, *Lancet* **2000**, *355*, 337.
[67] G. P. Curley, H. Blum, M. J. Humphries, *Cell. Mol. Life Sci.* **1999**, *56*, 427.
[68] R. Stupp, W. P. Mason, M. J. van den Bent, M. Weller, B. Fisher, M. J. B. Taphoorn, K. Belanger, A. A. Brandes, C. Marosi, U. Bogdahn, J. Curschmann, R. C. Janzer, S. K. Ludwin, T. Gorlia, A. Allgeier, D. Lacombe, J. G. Cairncross, E. Eisenhauer, R. O. Mirimanoff, P. Forsyth, D. Fulton, S. Kirby, R. Wong, D. Fenton, B. Fisher, G. Cairncross, P. Whitlock, K. Belanger, S. Burdette-Radoux, S. Gertler, S. Saunders, K. Laing, J. Siddiqui, L. A. Martin, S. Gulavita, J. Perry, W. Mason, B. Thiessen, H. Pai, Z. Y. Alam, D. Eisenstat, W. Mingrone, S. Hofer, G. Pesce, J. Curschmann, P. Y. Dietrich, R. Stupp, R. O. Mirimanoff, P. Thum, B. Baumert, G. Ryan, *N. Engl. J. Med.* **2005**, *352*, 987.
[69] R. R. Hantgan, D. S. Lyles, T. C. Mallett, M. Rocco, C. Nagaswami, J. W. Weisel, *J. Biol. Chem.* **2003**, *278*, 3417.
[70] D. F. Legler, G. Wiedle, F. P. Ross, B. A. Imhof, *J Cell Sci* **2001**, *114*, 1545.
[71] E. Ruoslahti, Pasqualini, R., *Structural mimics of RGD binding sites*, Patent Number 5,955,572, United States Patent, **1999**.
[72] R. Pasqualini, E. Koivunen, E. Ruoslahti, *J Cell Biol* **1995**, *130*, 1189.
[73] M. A. Dechantsreiter, E. Planker, B. Mathae, E. Lohof, G. Hoelzemann, A. Jonczyk, S. L. Goodman, H. Kessler, *J. Med. Chem.* **1999**, *42*, 3033.
[74] J.-P. Xiong, T. Stehle, R. Zhang, A. Joachimiak, M. Frech, S. L. Goodman, M. A. Arnaout, *Science (Washington, DC, U. S.)* **2002**, *296*, 151.
[75] J. M. Lehn, *Supramolecular Chemistry, Concepts and Perspectives*, VCH, Weinheim, **1995**.
[76] J. L. A. J. W. Steed, *Supramolecular Chemistry*, 2. Ed., Wiley&Sons, **2009**.
[77] S. M. R. A. D. Buckingham, A. C. Legon, *Principles of Molecular Recognition*, Springer Netherlands, **1993**.
[78] G. S. H. J. Böhm, *Protein-Ligand-Interactions: From Molecular recognition to Drug Design*, Wiley VCH, **2003**.
[79] H. H. k. K. Gloe, L.F. Lindoy, *Wiss.Z. TU Dresden* **2007**, *56, Heft 1-2*.
[80] R. J. Fitzmaurice, G. M. Kyne, D. Douheret, J. D. Kilburn, *J. Chem. Soc., Perkin Trans. 1* **2002**, 841.
[81] P. S. Dieng, C. Sirlin, *Int. J. Mol. Sci.* **2010**, *11*, 3334.
[82] B. Dietrich, D. L. Fyles, T. M. Fyles, J. M. Lehn, *Helv. Chim. Acta* **1979**, *62*, 2763.
[83] J. S. Albert, M. S. Goodman, A. D. Hamilton, *J. Am. Chem. Soc.* **1995**, *117*, 1143.
[84] P. Schiessl, F. P. Schmidtchen, *Tetrahedron Lett.* **1993**, *34*, 2449.
[85] P. Schiessl, F. P. Schmidtchen, *J. Org. Chem.* **1994**, *59*, 509.
[86] H. Stephan, K. Gloe, P. Schiessl, F. P. Schmidtchen, *Supramol. Chem.* **1995**, *5*, 273.
[87] C. Schmuck, *Chem. Commun. (Cambridge)* **1999**, 843.
[88] B. T. Storey, W. W. Sullivan, C. L. Moyer, *J. Org. Chem.* **1964**, *29*, 3118.
[89] C. Schmuck, *Chem.--Eur. J.* **2000**, *6*, 709.
[90] C. Schmuck, M. Heil, M. Dechantsreiter, U. E. Hackler, *Jala* **2001**, *6*, 51.
[91] C. Schmuck, L. Geiger, *J Am Chem Soc* **2004**, *126*, 8898.
[92] C. Schmuck, M. Heil, *ChemBioChem* **2003**, *4*, 1232.
[93] C. Schmuck, D. Rupprecht, W. Wienand, *Chem.--Eur. J.* **2006**, *12*, 9186.
[94] K. Groeger, D. Baretic, I. Piantanida, M. Marjanovic, M. Kralj, M. Grabar, S. Tomic, C. Schmuck, *Org. Biomol. Chem.* **2011**, *9*, 198.
[95] C. Urban, C. Schmuck, *Chem.--Eur. J.* **2010**, *16*, 9502.
[96] F. Rodler, J. Linders, T. Fenske, T. Rehm, C. Mayer, C. Schmuck, *Angew. Chem., Int. Ed.* **2010**, *49*, 8747.
[97] P. D. Boyer, Editor, *Tne Enzymes, Vol. 3: Hydrolysis: Peptide Bonds. 3rd ed*, **1971**.

[98] B. J. Calnan, B. Tidor, S. Biancalana, D. Hudson, A. D. Frankel, *Science (Washington, D. C., 1883-)* **1991**, *252*, 1167.
[99] J. Cavarelli, B. Delagoutte, G. Eriani, J. Gangloff, D. Moras, *Embo J.* **1998**, *17*, 5438.
[100] S. M. Ngola, P. C. Kearney, S. Mecozzi, K. Russell, D. A. Dougherty, *J. Am. Chem. Soc.* **1999**, *121*, 1192.
[101] T. W. Bell, A. B. Khasanov, M. G. B. Drew, A. Filikov, T. L. James, *Angew. Chem., Int. Ed.* **1999**, *38*, 2543.
[102] P. Krattiger, H. Wennemers, *Synlett* **2005**, 706.
[103] T. Schrader, *Chem.--Eur. J.* **1997**, *3*, 1537.
[104] T. H. Schrader, *Tetrahedron Lett.* **1998**, *39*, 517.
[105] S. Rensing, M. Arendt, A. Springer, T. Grawe, T. Schrader, *J. Org. Chem.* **2001**, *66*, 5814.
[106] S. Rensing, T. Schrader, *Org Lett* **2002**, *4*, 2161.
[107] C. Schmuck, D. Rupprecht, M. Junkers, T. Schrader, *Chem.--Eur. J.* **2007**, *13*, 6864.
[108] C. W. Chen, H. W. Whitlock, Jr., *J. Am. Chem. Soc.* **1978**, *100*, 4921.
[109] S. C. Zimmerman, C. M. VanZyl, *J. Am. Chem. Soc.* **1987**, *109*, 7894.
[110] S. C. Zimmerman, *Top. Curr. Chem.* **1993**, *165*, 71.
[111] F.-G. Klaerner, J. Benkhoff, R. Boese, U. Burkett, M. Kamieth, U. Naatz, *Angew. Chem., Int. Ed. Engl.* **1996**, *35*, 1130.
[112] F.-G. Klaerner, U. Burkert, M. Kamieth, R. Boese, J. Benet-Buchholz, *Chem.--Eur. J.* **1999**, *5*, 1700.
[113] M. Kamieth, F.-G. Klarner, F. Diederich, *Angew. Chem., Int. Ed.* **1998**, *37*, 3303.
[114] F.-G. Klarner, J. Panitzky, D. Preda, L. T. Scott, *J. Mol. Model.* **2000**, *6*, 318.
[115] M. Fokkens, T. Schrader, F.-G. Klaerner, *J. Am. Chem. Soc.* **2005**, *127*, 14415.
[116] F. Bastkowski, *Dissertation*, Universität-Duisburg-Essen, **2008**.
[117] P. Thalbiersky, *Dissertation*, Universität-Duisburg-Essen, **2009**.
[118] D. Campbell Iain, J. Humphries Martin, *Cold Spring Harb Perspect Biol*, *3*.
[119] T. L. Vassilev, M. D. Kazatchkine, J.-P. D. Van Huyen, M. Mekrache, E. Bonnin, J. C. Mani, C. Lecroubier, D. Korinth, D. Baruch, F. Schriever, S. V. Kaveri, *Blood* **1999**, *93*, 3624.
[120] R. Pankov, E. Cukierman, K. Clark, K. Matsumoto, C. Hahn, B. Poulin, K. M. Yamada, *J. Biol. Chem.* **2003**, *278*, 18671.
[121] M. A. Horton, *Exp. Nephrol.* **1999**, *7*, 178.
[122] V. Rerat, G. Dive, A. A. Cordi, G. C. Tucker, R. Bareille, J. Amedee, L. Bordenave, J. Marchand-Brynaert, *J. Med. Chem.* **2009**, *52*, 7029.
[123] M. Lemieux Justin, C. Horowitz Mark, A. Kacena Melissa, *J Cell Biochem*, *109*, 927.
[124] V. Tsikaris, *J. Pept. Sci.* **2004**, *10*, 589.
[125] J. Benkhoff, R. Boese, F. G. Klarner, *Liebigs Ann./Recl.* **1997**, 501.
[126] J. Panitzky, *Dissertation*, Universität-Duisburg-Essen, **2001**.
[127] F.-G. Klarner, U. Burkert, M. Kamieth, R. Boese, J. Benet-Buchholz, *Chem.--Eur. J.* **1999**, *5*, 1700.
[128] D. N. Butler, R. A. Snow, *Can. J. Chem.* **1975**, *53*, 256.
[129] M. Kamieth, *Dissertation*, Universität-Duisburg-Essen, **1998**.
[130] P. Hobza, H. L. Selzle, E. W. Schlag, *J. Phys. Chem.* **1993**, *97*, 3937.
[131] P. Hobza, H. L. Selzle, E. W. Schlag, *J. Am. Chem. Soc.* **1994**, *116*, 3500.
[132] A. P. Farwell, M. P. Tranter, J. L. Leonard, *Endocrinology* **1995**, *136*, 3909.
[133] M. Kajimura, M. E. O'Donnell, F. E. Curry, *J. Physiol. (Cambridge, U. K.)* **1997**, *503*, 413.
[134] C. Chassagne, C. Adamy, P. Ratajczak, B. Gingras, E. Teiger, E. Planus, P. Oliviero, L. Rappaport, J.-L. Samuel, S. Meloche, *Am. J. Physiol.* **2002**, *282*, C654.

[135] M. Aumailley, M. Gurrath, G. Mueller, J. Calvete, R. Timpl, H. Kessler, *FEBS Lett.* **1991**, *291*, 50.
[136] T. Shono, Y. Mochizuki, H. Kanetake, S. Kanda, *Exp. Cell Res.* **2001**, *268*, 169.
[137] E. Noiri, J. Gailit, D. Sheth, H. Magazine, M. Gurrath, G. Muller, H. Kessler, M. S. Goligorsky, *Kidney Int.* **1994**, *46*, 1050.
[138] H.-P. Hammes, M. Brownlee, A. Jonczyk, A. Sutter, K. T. Preissner, *Nat. Med. (N. Y.)* **1996**, *2*, 529.
[139] M. Pfaff, K. Tangemann, B. Mueller, M. Gurrath, G. Mueller, H. Kessler, R. Timpl, E. Juergen, *J. Biol. Chem.* **1994**, *269*, 20233.
[140] J. Chatterjee, C. Gilon, A. Hoffman, H. Kessler, *Acc. Chem. Res.* **2008**, *41*, 1331.
[141] M. Gurrath, G. Mueller, H. Kessler, M. Aumailley, R. Timpl, *Eur. J. Biochem.* **1992**, *210*, 911.
[142] G. Müller, *Angew. Chem.* **1996**, *108*, 2941.
[143] X. Dai, Z. Su, J. O. Liu, *Tetrahedron Lett.* **2000**, *41*, 6295.
[144] *MacroModel 9.0*, Schrödinger, Inc., Portland, OR.
[145] S. J. Weiner, P. A. Kollman, D. A. Case, U. C. Singh, C. Ghio, G. Alagona, S. Profeta, Jr., P. Weiner, *J. Am. Chem. Soc.* **1984**, *106*, 765.
[146] S. J. Weiner, P. A. Kollman, D. T. Nguyen, D. A. Case, *J. Comput. Chem.* **1986**, *7*, 230.
[147] D. M. Ferguson, P. A. Kollman, *J. Comput. Chem.* **1991**, *12*, 620.
[148] D. Q. McDonald, W. C. Still, *Tetrahedron Lett.* **1992**, *33*, 7743.
[149] C. Schmuck, B. Bickert, M. Merschky, L. Geiger, D. Rupprecht, J. Dudaczek, P. Wich, T. Rehm, U. Machon, *Eur. J. Org. Chem.* **2008**, 324.
[150] K. C. Nicolaou, A. A. Estrada, M. Zak, S. H. Lee, B. S. Safina, *Angew. Chem., Int. Ed.* **2005**, *44*, 1378.
[151] S. D. Lepore, Y. He, *J. Org. Chem.* **2003**, *68*, 8261.
[152] B. Raju, R. Ragul, B. N. Sivasankar, *Indian J. Chem., Sect. B: Org. Chem. Incl. Med. Chem.* **2009**, *48B*, 1315.
[153] R. G. de Noronha, C. C. Romao, A. C. Fernandes, *J. Org. Chem.* **2009**, *74*, 6960.
[154] A. B. Gamble, J. Garner, C. P. Gordon, S. M. J. O'Conner, P. A. Keller, *Synth. Commun.* **2007**, *37*, 2777.
[155] K.-h. Choi, Y.-D. Hong, M.-S. Pyun, S.-J. Choi, *Bull. Korean Chem. Soc.* **2006**, *27*, 1194.
[156] K. Zimmermann, S. Roggo, E. Kragten, P. Furst, P. Waldmeier, *Bioorg. Med. Chem. Lett.* **1998**, *8*, 1195.
[157] J. R. Albani, *Principles and Applications of Fluorescence Spectroscopy*, Blackwell Pub Professional, **2007**.
[158] H. Mohri, T. Ohkubo, *Peptides (Pergamon)* **1993**, *14*, 861.
[159] M. Ayaki, M. Mukai, F. Imamura, T. Iwasaki, T. Mammoto, K. Shinkai, H. Nakamura, H. Akedo, *Biochim. Biophys. Acta, Mol. Cell Res.* **2000**, *1495*, 40.
[160] S. S. Srivasta, L. A. Fitzpatrick, P. W. Tsao, T. M. Reilly, D. R. Holmes, Jr., R. S. Schwartz, S. A. Mousa, *Cardiovasc. Res.* **1997**, *36*, 408.
[161] J. S. Kerr, R. S. Wexler, S. A. Mousa, C. S. Robinson, E. J. Wexler, S. Mohamed, M. E. Voss, J. J. Devenny, P. M. Czerniak, A. Gudzelak, Jr., A. M. Slee, *Anticancer Res.* **1999**, *19*, 959.
[162] W. P. Malachowski, J. K. Coward, *J. Org. Chem.* **1994**, *59*, 7616.
[163] D. C. Stepinski, D. W. Nelson, P. R. Zalupski, A. W. Herlinger, *Tetrahedron* **2001**, *57*, 8637.
[164] C. Grison, P. Coutrot, S. Joliez, L. Balas, *Synthesis* **1996**, 731.
[165] H. Sajiki, K. Hattori, F. Aoki, K. Yasunaga, K. Hirota, *Synlett* **2002**, 1149.
[166] W. J. S. Lockley, D. Hesk, *J. Labelled Compd. Radiopharm.* **2010**, *53*, 704.

[167] P. H. Allen, M. J. Hickey, L. P. Kingston, D. J. Wilkinson, *J. Labelled Compd. Radiopharm.* **2010**, *53*, 731.
[168] D. Hesk, C. F. Lavey, P. McNamara, *J. Labelled Compd. Radiopharm.* **2010**, *53*, 722.
[169] R. Koller-Eichhorn, T. Marquardt, R. Gail, A. Wittinghofer, D. Kostrewa, U. Kutay, C. Kambach, *J. Biol. Chem.* **2007**, *282*, 19928.
[170] Y. S. E. Cheng, C. E. Patterson, P. Staeheli, *Mol. Cell. Biol.* **1991**, *11*, 4717.
[171] R. A. Rossi, J. F. Bunnett, *J. Org. Chem.* **1973**, *37*, 3570.
[172] M. Mizuno, M. Yamano, *Org. Lett.* **2005**, *7*, 3629.
[173] T. J. Houghton, K. S. E. Tanaka, T. Kang, E. Dietrich, Y. Lafontaine, D. Delorme, S. S. Ferreira, F. Viens, F. F. Arhin, I. Sarmiento, D. Lehoux, I. Fadhil, K. Laquerre, J. Liu, V. Ostiguy, H. Poirier, G. Moeck, T. R. Parr, Jr., A. R. Far, *J. Med. Chem.* **2008**, *51*, 6955.
[174] W. L. F. Armarego, C. Chai, *Purification of Laboratory Chemicals, 5th Edition*, **2003**.
[175] K. Schwetlick, *Organikum*, 23. Auflage, Wiley VCH, **2009**.
[176] E. Kaiser, R. L. Colescott, C. D. Bossinger, P. I. Cook, *Anal. Biochem.* **1970**, *34*, 595.
[177] V. K. Sarin, S. B. H. Kent, J. P. Tam, R. B. Merrifield, *Pept.: Synth., Struct., Funct., Proc. Am. Pept. Symp., 7th* **1981**, 221.
[178] A. Madder, N. Farcy, N. G. C. Hosten, H. De Muynck, P. J. De Clercq, J. Barry, A. P. Davis, *Eur. J. Org. Chem.* **1999**, 2787.
[179] H. Friebolin, *Ein- und zweidimensionale NMR-Spektroskopie*, 4. Auflage, Wiley VCH, **2006**.
[180] D. J. Cram, M. DeGrandpre, C. B. Knobler, K. N. Trueblood, *J. Am. Chem. Soc.* **1984**, *106*, 3286.
[181] F.-G. Klaerner, U. Burkert, M. Kamieth, R. Boese, *J. Phys. Org. Chem.* **2000**, *13*, 604.

VDM Verlagsservicegesellschaft mbH

Die VDM Verlagsservicegesellschaft sucht für wissenschaftliche Verlage abgeschlossene und herausragende

Dissertationen, Habilitationen, Diplomarbeiten, Master Theses, Magisterarbeiten usw.

für die kostenlose Publikation als Fachbuch.

Sie verfügen über eine Arbeit, die hohen inhaltlichen und formalen Ansprüchen genügt, und haben Interesse an einer honorarvergüteten Publikation?

Dann senden Sie bitte erste Informationen über sich und Ihre Arbeit per Email an *info@vdm-vsg.de*.

Sie erhalten kurzfristig unser Feedback!

VDM Verlagsservicegesellschaft mbH
Dudweiler Landstr. 99   Telefon +49 681 3720 174
D - 66123 Saarbrücken   Fax   +49 681 3720 1749
www.vdm-vsg.de

Die VDM Verlagsservicegesellschaft mbH vertritt

Printed by Books on Demand GmbH, Norderstedt / Germany